节能减排小组活动丛书

节能减排

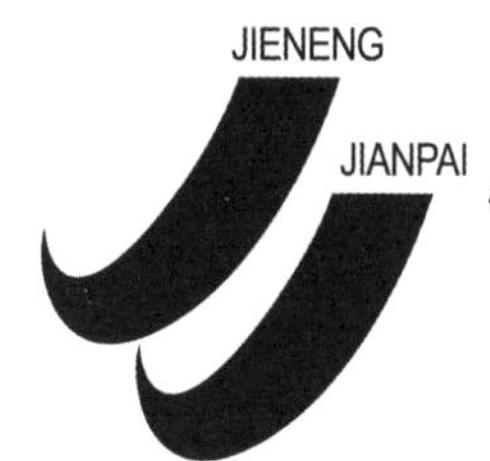

小组活动

建材行业篇

上海市经济团体联合会
上海市能效中心　　　　编著
上海建材(集团)有限公司

上海交通大学出版社
SHANGHAI JIAO TONG UNIVERSITY PRESS

内容提要

本书是节能减排JJ小组活动丛书之一。介绍了全球以及我国能源和环境所面临的严峻状况，通过独具一格的QUEST研究模式，阐述了国内外建材行业节能减排的现状与发展趋势，总结了建材行业节能减排的发展特点与主要任务，分析了建材行业主要生产领域节能减排的技术应用与工程案例，对建材行业“十三五”时期节能减排的前景做了分析与预测。提出了建材行业能源管理的主要任务，对建立能源管理体系、编制能源规划与计划、规范能源计量与监测、开展能源技术与评估等工作提出了构想。

本书可作为企业节能减排的基础读本、工具书和参考书。它既是一本全面了解行业节能减排的政策性读本，也可作为实际工作中的技术参考书。

图书在版编目(CIP)数据

节能减排JJ小组活动. 建材行业篇/上海市经济团体联合会，上海市能效中心，上海建材(集团)有限公司编著. —上海：上海交通大学出版社，2016

ISBN 978-7-313-15155-1

Ⅰ. 节... Ⅱ. ①上... ②上... ③上... Ⅲ. 建筑材料工业—节能—研究 Ⅳ. TK01

中国版本图书馆CIP数据核字(2016)第137296号

节能减排JJ小组活动

建材行业篇

编　　著：上海市经济团体联合会
　　　　　上海市能效中心
　　　　　上海建材(集团)有限公司

出版发行：上海交通大学出版社　　地　　址：上海市番禺路951号

邮政编码：200030　　电　　话：021-64071208

出 版 人：韩建民

印　　制：上海宝山译文印刷厂　　经　　销：全国新华书店

开　　本：787mm×1092mm 1/16　　印　　张：21

字　　数：382千字

版　　次：2016年6月第1版　　印　　次：2016年6月第1次印刷

书　　号：ISBN 978-7-313-15155-1/TK

定　　价：68.00元

节能减排小组活动丛书编委会名单

节能减排小组活动丛书
建材行业篇编委会名单

序

节能减排已成为我国和上海市经济社会发展的一项紧迫任务。我们一定要从全面贯彻落实科学发展观的高度,充分认识节能减排工作的重要性和紧迫性,把这项工作作为贯彻国家宏观调控的重点,作为结构调整的突破口和重要抓手,作为实现经济又好又快发展的重大举措,切实抓紧抓实抓好。

为了贯彻落实党中央、国务院关于节能减排工作的一系列部署,形成以政府为主导、企业为主体、全社会共同参与的强有力的工作格局和长效机制,上海市经济团体联合会、上海市工业经济联合会根据《上海市节能减排工作实施方案》要求,在调查研究的基础上,倡议在全市开展节能减排小组活动(简称“JJ小组活动”),并拟定了行动计划,为配合开展试点工作,组织编写了《节能减排小组活动通用读本》,以推动企业开展节能减排小组活动,把节能减排的任务落实到基层,落实到班组,落实到每个岗位。

节能减排小组活动是全民参与节能减排活动的一项创举。通过开展节能减排小组活动,动员广大企业员工针对生产运行和管理中存在的能耗、污染问题,找出关键原因,运用技术和管理手段,进行改进和组织攻关,以达到节约能源和资源,减少污染物排放的目的,并通过PDCA循环,不断总结提高,不断推动节能减排取得实效。因此,节能减排小组活动是推动节能减排工作的有效形式和重要措施。我衷心希望全市广大企业员工进一步增强责任感和使命感,充分发挥聪明才智和创新精神,扎实有效地开展节能减排小组活动,为努力建设资源节约型、环境友好型城市,使上海真正走出一条可持续发展之路做出贡献。

上海市市长 

2008年11月

注:作序者为时任上海市市长,现任中共上海市委书记。

前　言

正值由美国次贷危机而引发的全球经济形势复杂多变的时刻，上海按照党中央、国务院的决策和部署，充分认识全球“金融海啸”产生的影响，积极应对全球经济形势，坚持不懈走科学发展之路，以保持上海经济社会良好的发展势头。节能减排作为深入贯彻落实科学发展观的重要举措，已成为本市经济社会发展的一项十分紧迫的工作任务。

为贯彻落实党中央、国务院关于节能减排工作的一系列部署，上海市经济团体联合会、上海市工业经济联合会根据《上海市节能减排工作实施方案》要求，向市政府建议围绕全市和二、三产各企业节能减排的目标和任务，在全市开展节能减排小组活动，把节能减排的任务落实到基层，落实到生产工作第一线，落实到每个岗位。韩正市长为此作出重要批示，号召和支持在全市大力倡导开展节能减排小组活动。

在上海市节能减排领导小组的领导下，市经团联、市工经联对上海市节能减排小组活动的推进工作进行了总体安排，形成了上海市关于节能减排小组活动的行动计划，并为配合开展节能减排小组活动试点工作，编写了《节能减排小组活动通用读本》。

本书介绍了全球以及我国能源和环境所面临的严峻状况，阐述了我国及上海节能减排的战略举措和目标任务，并且通过大量的事实和数据说明：企业是实现节能减排战略目标的主体；领导在节能减排活动中具有举足轻重的地位；管理在实现节能减排目标中发挥着重要作用。还专门论述了群众性节能减排小组活动（简称“JJ 小组活动”）是实现企业节能减排目标的有效形式，并介绍了相关的成功案例。

本书由上海市经济团体联合会、上海市工业经济联合会组织、上海市质量协会等参与编写，上海市发展和改革委员会、上海市经济和信息化委员会、上海市环境保护局等部门的领导对本书的编写提出了许多指导性意见，在此表示感谢。

编写这样一本节能减排知识普及性读物，是一次新的探索和尝试。本书力求通俗易懂，但不当之处在所难免，敬请读者批评指正。

全国政协常委
上海市经济团体联合会　会长　蒋以任
上海市工业经济联合会

2008 年 11 月于上海

绪　论

“十二五”规划以来，我国建材行业取得了巨大的发展，传统产品不断升级换代，各种新型建材持续涌现，产品质量不断提高，能源和原材料消耗逐年下降，中国已经成为世界上最大的建筑材料生产国和消费国。但建材行业在发展中也面临着产能过剩严重、结构调整步履艰难、节能减排形势严峻、新兴产业发展缓慢等影响行业健康有序发展的瓶颈问题。

建材行业多数产品在生产过程中大量消耗化石能源和天然矿物原料，是国民经济中能源消费总量较大的行业之一，也是减排重点行业。随着资源能源和生态环境约束日趋强化，加快推进建材行业由能源、资源消耗型向资源节约型、环境友好型方向的转变，实施低碳转型，既具有重要的“行业节能减排”的示范意义，也是行业转型发展的不可或缺的战略举措。

“十三五”规划是我国建材行业推进结构调整、转型升级战略的关键时期，绿色建材将成为行业共同追求的发展目标。加大绿色建材生产和使用规模、加快新兴产业发展步伐将成为行业发展的关键驱动力。随着国家构建产业新体系，《中国制造 2025》纲要的实施，推动建材行业从传统建筑材料产业向中高端材料及制品、新型环保产业转型的窗口期已然来临，行业发展的主要特点将由量的增长变为质的提升。建材行业的“节能减排”已经成为与“技术创新发展新兴产业，开发新产品”和“淘汰落后产能、调整结构、转型升级、提高经济效益”并列的行业三大基本任务。

2015 年，京津沪穗四城市建材集团发布《加快转型升级上海宣言》，提出“我国建材行业已由传统制造业转向新兴产业、新型节能环保绿色产业，大城市建材集团应增强社会责任意识，率先推进结构调整、转型升级。以科技创新驱动行业发展，提升经济效益、社会效益、生态效益。以大都市城市建设的特点和生态文明建设必须领先的原则提升发展质量和水平，以全球化思维确定中国大都市建材发展战略。”

建材行业开展节能减排工作，加大资源综合利用，积极发展循环经济，有助于促进建材行业优化升级，实现发展方式的转变；有助于减少行业能耗总量和排放总量，提高企业的节能减排收益；有助于提高建材产业技术装备水平，提高标准、加快淘汰落后产能，规范中国建材市场竞争秩序；有助于加快发展建材新兴产业、增加新产品、加快中国建材装备和产品走出去的步伐。

建材行业自身经济体量大、产业关联度也大，节能减排工作既包括建材生产环节的节能减排，还包括绿色材料在节能减排各领域的应用。建材行业提供的产品和服务，与建筑节能、工业节能、新能源开发、资源综合利用等领域具有高度相关性。因此，建材行业是节能减排产业链中的重要环节，既是节能减排的主阵地，也是相关领域节能减排的助推器和催化器。建材行业不仅可以建设成为一个现代化、智能化的原材料工业，而且可以发挥其优势成为一个综合利用废弃物、处置城乡垃圾、净化环境美化环境、推动生态文明的产业。

《节能减排JJ小组活动——建材行业篇》的成稿，是上海市经济团体联合会牵头的节能减排JJ小组活动对国内建材行业，尤其是上海建材行业的节能减排现状的深度剖析和对策研究的成果。JJ小组通过独具一格的QUEST研究模式，分析了国内外建材行业节能减排的现状与发展趋势；总结了上海建材行业节能减排的发展特点与主要任务；提供了建材行业主要生产领域节能减排的技术应用与工程案例；对建材行业“十三五”规划节规能减排的前景作了分析与预测。《节能减排JJ小组活动——建材行业篇》提出了建材行业能源管理的主要任务，对建立能源管理体系、编制能源规划与计划、规范能源计量与监测、开展能源技术与评估等工作提出了构想。

在经济保持持续健康发展的同时，实现资源能源的节约，控制环境污染，是城市建设者面临的重大课题，也是建材行业几乎所有企业面前的重大课题。节能减排小组活动是推进重点领域节能减排的创新举措，反映了政府主管部门、行业协会，以及作为市场主体的企业对节能减排工作的重视和共识。此书在“十三五”规划的起步之年付梓，相信一定会成为提升行业节能减排成效的重要工具，推进节能减排工作更上一个台阶。

上海建材(集团)有限公司总裁

2016年2月

目　　录

第一篇　建材行业节能减排现状与发展趋势

第二篇　建材行业生产过程节能减排

第三篇　“十三五”规划建材行业前景展望

第四篇　节能减排JJ小组活动的理论与实践

附　　录

第一篇　建材行业
节能减排现状与发展趋势

第1章 国内外建材行业现状与节能减排发展趋势

1.1 世界建材行业现状与节能减排发展趋势

建材工业的生产特点是矿业加窑业为主,是国民经济中能源消费总量较大的行业之一。建材工业能源消耗品种主要是煤炭、电力、燃料油以及少量的天然气、煤气、焦炭等。其能源消耗结构以煤炭为主,因此,建材行业煤炭清洁利用情况不容忽视。在国民经济快速发展的强劲拉动下,建材市场的需求和应用领域不断扩大,主要建材产品产量持续增长,能源消耗总量亦相应增加。

据了解,建材工业能源消耗主要集中在水泥、砖瓦、建筑卫生陶瓷、石灰、平板玻璃、玻璃纤维、水泥制品等子行业。

建材行业在整个生产过程中产生的主要污染物有:烟粉尘、SO_2、NO_X、CO_2、废水以及固体废弃物等。其中烟粉尘、SO_2 和 NO_X 对环境影响较大。随着行业落后产能淘汰力度加大,新型干法水泥快速发展,高效除尘设施大量使用,主要污染物单位排放强度不断下降,尽管与国际先进水平还存在差距,但环保治理初见成效,虽然主要建材产品产量不断增长,主要污染物工业烟粉尘排放强度和总量保持持续下降趋势。但总体来说,建材行业节能减排工作面临的形势要求和要完成的任务,仍十分艰巨。

1.1.1 美国建材行业现状与节能减排发展趋势

美国目前对建筑的热工性能、节约能源等方面的要求及规定,已出现了一些新的变化。目前美国政府高度重视建筑节能工作,明确规定要提高建筑的节能效果,不但普通住宅的建造需要采用节能材料和产品,而且公共建筑也必须采用节能建材及产品。美国能源部委托美国全国门窗等级评定委员会制定了一套节能计划,并指定专业机构专门制定了门窗生产相关的技术标准,特别是在中空玻璃的热工性能以及密封寿命两个方面提出了具体要求,并进行监督和检查。

新的节能计划不仅对建筑的设计、用材、施工等环节明确了节能标准,而且要求每个家庭都要重视建筑节能,要通过使用节能产品、采用节能技术等方法来节约能源,并且每年节省的费用,折合人民币要不少于100元。计划中提到,虽然100元人民币(合10多美元)不算多,但美国大概有近1亿个家庭,如果实现这个目标,每年就可以节约100亿元人民币，节约效果是相当可观的。

美国全国门窗等级评定委员会制定的这套节能计划，在2008年春季正式实施，并且是强制执行。包括窗框、玻璃和间隔条的使用都将执行新的规定，不管是民用建筑还是公共建筑的建造，必须要在适应美国各地气候的情况下显现出特定的节能效果。

1.1.2 欧盟建材行业现状与节能减排发展趋势

1.1.2.1 德国建材行业节能减排发展现状

德国是个能源资源贫乏的国家，除煤炭外，油、气几乎依赖进口，他们认为无论从经济平稳运行还是从能源安全供应战略高度来看，都应该大力节省常规能源并积极发展可再生能源。同时，德国作为一个出口导向型国家，节约能源同样重要，节能节钱已成为节能项目选择的首要原则，节能减排带动产业链发展是德国积极推动节能的重要动力。德国政府将节能和发展可再生能源作为德国能源发展的长期战略，并和欧洲其他国家形成战略伙伴，在法规标准和政策制定、示范项目运作等诸多方面都建立了欧洲一体化的大市场合作模式。

1）德国节能减排政策

德国的节能减排政策与欧盟基本保持一致。欧洲能效政策基于三个基本思想：可持续发展、能源供应保持竞争力和能源安全。其政策支持领域包括立法、欧洲能源效率行动计划、财政支持、研究与开发、国际合作、支持项目和能源效率合作网等。目前欧洲节能的主要立法有：《欧洲能源效率行动计划》(EEAP)、《欧洲最终用户能源效率和能源服务条例》(ESD)、《欧洲建筑物能源条例》《欧洲耗能产品节能设计要求框架条例》《节能标志条例》《欧洲促进热电联供条例》等。德国能源政策和节能政策很系统，有70种措施，包括法律、规章、税收标准和工业界的目标协议、财政赞助、技术革新赞助等。

2）德国节能目标

德国提出从2008—2020年实现三个20%的欧洲节能减排目标，即以1990年为基准年，到2020年实现温室气体减排量达20%，能耗降低20%，可再生能源占一次能源比例达20%。

德国在上述三个20%的欧洲目标基础上，提出到2020年的一系列更高标准的新目标，包括二氧化碳减排量、能源生产效率和经济性，发展可再生能源、汽车燃料利用生物质燃料、来自太阳能的热力供应等。对建筑、电力和交通重点领域还分别提出了具体目标。

目前，德国已提出到2050年长远节能减排目标：与2000年相比，能效增加35%，可再生能源增加35%，二氧化碳减少75%。

3）德国政府能源和气候行动计划

政府从立法到具体产品、项目推行了一系列节能减排行动和具体措施，其中，能源和气候计划中关于提高能源效率的计划从以下13个方面推进：节能法、热电联供法、用电的智能测量程序、节能产品、节能技术产品和服务业、现代能源管理系统、社会基础设施的能源改造、建筑物能源改造计划租房的运营费用计算规定、CO_2减排的建筑改造、小汽车油耗标定、能源研究和革新、除建筑物之外的气候和能源效率的赞助项目及国际合作节能减排项目等。

为了更好地实施能源效率政策，德国制订了具体的德国能源效率行动计划目标，采取了一系列可操作的措施，包括：建立中小企业能源效率基金，开展私人家庭的能源咨询、节能咨询，实施德国节能出口行动计划，实行建筑物能源证书制，大力开展合同能源管理。

4）德国节能政策制订策略

德国节能政策从两个方面入手制订。一个方面即是出台支持政策，包括直接资金支持、贴息贷款、税收优惠等。政府对中小企业节能咨询给予直接补助，对采取节能措施给予贴息补助。政策资金鼓励方式采取分层鼓励，如对公共建筑的节能资金支持是政府和州或市、乡政府各出一半。而补贴资助额度确定依据是根据大量实践经验和不同的节能发展阶段提出并调整，如德国能源署（DENA）根据经验和建设实践提出建筑物节能资助政策建议，由交通和住房建设部确定补助多少，每年进行适当调整。

另一方面，就是不断提高节能要求和标准。如德国原来对钢铁、水泥等行业实行减免能源税产业支持政策，新规定则要求这些企业必须建立能源管理系统，并证明已经采取了全方位节能措施，通过审核方能减免能源税。

5）德国在节能减排重点领域的主要措施

德国在推进节能工作中主要采取政府法规支持、经济政策促进、市场机制推动三大措施。特别是在如何利用市场机制推动方面的经验值得我们借鉴。

德国政府从节能市场需求出发制订了一系列政策法规和技术标准，从石油危机时代起，就对建筑、交通、工业、可再生能源发展等重点领域，建立建筑物、汽车、耗能设备能耗标准制度。在财政方面，给予强有力的经济促进政策，同时通过市场化运作，有效便捷地实施资助计划。在德国有多个覆盖全国的以提高建筑领域能效为目的资助计划，如德国复兴信贷银行集团的资助计划包括给住宅节能及二氧化碳减排建筑物改造提供低息贷款等，各州银行还提供各种地区性的资助计划。

充分利用市场机制推动包括中介咨询机构的设立，各类资质认证、设立建筑能耗证书制度、节能产品标识、举办能源管理师培训和各类对社会公众开放的宣传展示等。同时，德国将培训一支节能队伍放在重要位置，将能源管理师誉为能源领航员。德国民间组织还在尝试开展区域性城镇能源管理试点工作，借助欧盟资助和募集资金，能源服务公司作为外来的指导者与当地政府和能源管理专家组成节能小组，共同商议地区系统节能。

1.1.2.2　法国建材行业节能减排发展现状

法国的节能服务公司主导模式为“合同运营模式（contract of operation）”，起初主要用于暖通空调系统，也就是“能源管理外包模式”。该模式并没有明确能效改进投资，而是确保对现有系统的优化运行，以较低费用提供约定的舒适度水平。节能服务公司可以通过投资节能设备减少能耗或获取较低价格的燃料，来降低成本，提升利润。此合同通常也包括能耗诊断和查明节能需求等活动，包括供暖和空调安装，确保合适的温度。

此类合同期限在法律上有限定，如提供完全维护和维修服务的合同期限最长可为16年；对于不提供完全的维护、维修服务的固定价合同，则最长期限为8年，其他类型合同则为5年。

第三方融资的能源管理外包的正式合同出现于1983年，但是，因传统运营合同模式根深蒂固，第三方融资模式并未获得大规模应用。

能源管理外包模式的合同包含如下几方面的内容。

1）能源供应

能源费用为此类项目合同中最大的支出，合同报酬一般是按约定的固定价或者按能源消耗量的变动。同时合同中可提供激励条款，约定节能效益或超额能耗的分担，具体数量按实际使用时长和天气状况调整。此类激励条款的优点在于可使实际居住者和节能服务提供商共同分享节能效益。

2）日常运营

主要对供能设施进行控制和日常的维护。实际上，劳动力和咨询是所有这类运营合同的基础。单纯的日常运营合同是不涉及节能约定的，单纯的运营合同只确保功能设施日常运营的正常进行。但是，该类型的合同能源管理可与能源供应及维护、维修相结合，并可约定节能激励条款。

3）完全维护

主要对能源设备和设施进行重大的维护、更新、更换、升级，这种情况下业主一般根据设施的使用状况每年只付固定的费用。此类合同可与能源供应合同结合，或与

新节能设备投资结合，达到节能的目的。

4）新设备投资

目前，法国的节能服务产业和市场的部分由FG3E协会主导，据其预测该市场年度营业额为30亿欧元。该协会的任务是开发节能工具，制定相关规则，促进能效服务市场及合同能源管理的发展，并向节能服务公司提供如下信息：①潜在的节能渠道；②可能节省能耗支出的技术和经济途径；③供求投资等分类信息；④对参与节能服务各方的定位。

最近，法国出现了一种新型的公私合伙（public-private partnership，PPP），对节能融投资产生了一定的影响。这是一种特别的合同约定，其允许将能耗目标写入招标书中，尤其对于实现的能耗水平的约定。这类合同实际上是带有行政合同的属性，地方政府或公共机构与第三方联合，进行节能服务的投资、设计、运营、维护等活动。此类合同能源管理主要用于新建建筑的节能项目。

法国建立了"环境能源控制署"，作为法国政府推进节能、控制环境污染的国家事业机构。

该机构目前用于节能和环保的资金主要来自政府拨款（国家环保局和工业部）和企业环境污染收费（或称环境治理收费）。环境治理收费主要用于环境治理项目，其使用的比例是：71％通过能源服务公司（ESCO）为工业企业实施节能项目，13％用于环能署节能环保项目的技术开发，13％用于资助愿意承担垃圾填埋场地的地方政府，3％用于治理已破产企业的环境问题等。

1.1.2.3　西班牙建材行业节能减排发展现状

在欧盟国家中，西班牙是电力相对短缺的国家之一，因此，开发电力满足经济发展对电力的需求成为西班牙节能服务公司产生、发展的契机和动力。近几年，西班牙政府从节约能源保护环境的目标出发，制定发布了一系列鼓励开发热电联产、可再生能源的"硬性"政策，这些政策的核心内容是：

（1）允许私人公司兴办热电联产和可再生能源发电项目。

（2）电力公司必须按政府规定的价格收购私人电力公司的电力。

这种政策极大地鼓励了私人投资者向热电联产和风力发电项目发展。由于这些私人公司为用户开发热电项目提供一系列的服务，完全采用合同能源管理的新机制，这对用户来说既避免了直接投资所带来的资金风险和项目技术风险，还从项目中受益，很受用户的欢迎。因此，ESCO的业务发展很迅速，目前其业务每年以5％～10％的速度增长。此外，政府在扶持ESCO的发展方面不光通过政策给ESCO创造一个良好的环境，而且在市场开拓、技术开发、风险管理、运行机制等方面为私人公司做出示范。具体的做法是：将隶属于工贸部的能源研究所，逐步改制为兼有政策研究和项目示范（示范节能服务公司）双重功能的能源机构（IDAE），该机构不仅为西班牙政府制定节能政策，提供咨询服务和技术支持，而且也是一个地地道道的ESCO。但IDAE作为ESCO所开发的项目带有拓展和示范性质，特别是在项目融资、合同能源管理形式以及项目风险管理等方面，均在全国先行一步，一旦项目运行成功，就将有关的项目运行机制、市场潜力等通过各种媒体介绍给私人ESCO，如果私人公司启动这些项目后，IDEA就退出该市场，把好的市场和机会留给私人ESCO，然后再去开发新的项目和市场。西班牙私人ESCO之所以在全国发展迅速，除了其潜在的节能市场和政府的相关配套政策以外，IDAE的先导和示范发挥了很大的作用。

西班牙的ESCO项目运作机制同美国、加拿大基本相同，但也有其独到之处。

首先，西班牙的ESCO主要实施热电联产和风力发电项目，而工业节能改造项目和商厦照明项目较少。其原因是工业部门相对来说节能的潜力较小、项目实施的风险较大，而选择热电联产项目和风力发电项目，有政府政策的保证。而且，为了避免来自用户方面的市场风险，所选定热电联产的客户绝大多数为效益回报相对稳定的商业、医院、政府办公大楼等公益事业部门，这一点同美国、加拿大的ESCO选择政府大楼、医院、学校实施照明和楼宇控制系统改造的道理是一样的。

其次，ESCO具有融资和投资的能力，可以向银行贷款，也可以直接投资项目，这种投资方式称为“第三方融资”。具体地讲就是针对拟投资的项目成立专门的合资公司，由合资公司具体落实项目的投资、运营、管理和维护。项目的这种运行方式保证了项目的技术先进、一定的经济效益、后续的技术支持，企业在不增加负担的情况下，减少了能源运行成本，并在合同结束后得到一套先进的设备。

此外，由于西班牙ESCO经营的项目大多数为电力开发项目，因此与用户的合同方式也就多种多样，除了类似美国、加拿大ESCO的效益分享合同以外，还有BOT（建设、运行、转让）、BOO（建设、运行、拥有）和BLT（建设、租借、转让）三种形式。对ESCO而言，前两种形式投资的风险较小，项目建成后，完全由ESCO来运行、经营，而没有客户的介入，ESCO通过投资和项目的经营获得效益。第三种项目运营的方式，其实质是设备（项目）租赁。目前，私人公司开发的风电项目大多采用BOO，热电联产项目较多采用BOT和BLT形式。ESCO根据项目的技术和客户的情况，选择不同的合同管理方式，与客户签订不同类型的合同，以保证降低项目的风险。

在西班牙，热电联产项目对客户的吸引力，除了可降低能源成本和不需要增加投入而取得高效设备以外，还表现在如下两个方面：

(1) 热电联产和风电项目为客户建立了一套独立的能源供应系统，可以保证客户的能源供应，使客户免遭停电和停热的困扰。

(2) ESCO为客户的能源供应系统升级,为客户提供优质的服务而不花费客户的精力和时间,使其集中精力考虑企业的运营和发展,这一点正迎合了西班牙经营者的观念。

1.1.2.4 英国NSG集团扩大节能玻璃脱机镀膜产能

2011年4月,NSG集团宣布在位于英国默西赛德郡圣海伦斯镇Pilkington Cowley山的集团分部投资3 600万英镑(约合5 850万美元)安装脱机真空喷镀设备,制造一系列高档节能上釉玻璃制品。这次扩产受到了来自英国区域成长基金500万英镑(约合820万美元)的支持,并于2012年10月进行投产。

该高科技镀膜设备的安装将拓宽集团高档镀膜玻璃生产的范围,使NSG集团的客户达到并超过英国在建筑节能方面的规定,在集团深入人心并且被广泛运用的Pilkington K Glass™online低辐射制品的基础上进行补充,不断满足英国建筑方面规定的要求。NSG集团的目标是增加客户的选择。这项新的投资将拓宽节能制品的范围,满足不断严格的规定。在英国当地生产目前需要从欧洲工厂进口的产品,可以帮助减少运输成本和对环境的影响,这与NSG集团可持续发展的目标是一致的。

1.1.3 日本建材行业现状与节能减排发展趋势

日本的建材工业是在近20年内迅速发展起来的。在20世纪50年代,它与西方发达国家相比,在产品和工艺技术上都是落后的。60年代是日本建材产品技术更新的年代,更新的立足点放在引进、消化、吸收和创新上。如水泥工业1963年从德国引进了SP窑,玻璃工业从英国引进了浮法工艺,墙体材料以石膏为例,采用了美式折边型的连续自动化生产技术。在70年代,日本围绕环境问题和能源问题进行新技术的开发和老企业的技术改造。进入80年代以后,根据消费者需求情况的变化,建材生产由单一产品发展到生产具有多功能的、能满足消费者在物质生活、精神生活和环境条件等方面综合要求的组合式的功能商品。近20年来,日本建材产品的产量发展很快,质量迅速提高,能源消耗大幅度下降。

目前,在产量、质量、花色品种、能源利用、文明生产和自动化程度等方面。日本都达到了世界先进水平,有许多领域和产品处于世界领先地位。从日本建材工业发展所走过的道路看,以下一些经验值得借鉴。

1) 引进、消化、吸收、创新

50年代日本建材生产用的机械设备大部分靠进口。60年代引进国外先进技术,通过消化、吸收、创新,开始出现了具有本国特色的技术和设备。如水泥工业在引进SP窑后,很快消化吸收,并在此基础上创新发展了窑外分解技术和装备,使日本很快

由进口国变为能成套提供先进设备的出口国。水泥生产用的立式磨，开始是通过引进联邦德国的专利合作制造。后在生产中进行了改进，目前三菱、石川岛等公司都在此基础上开发了一种结构新颖、比德国莱歇磨运转更为可靠、能耗更低的新型立式磨。

2）对传统工艺进行改进

日本在引进和发展先进生产工艺技术的同时，对传统工艺采取更新与改进并举的方针。日本从1964年引进浮法后，仍坚持对传统的有槽引上工艺进行改进，1971年形成了旭法专利，使有槽法的产量、质量有明显提高，窑炉使用周期延长。1971—1975年旭玻璃公司将4座有槽33台引上机全部改为旭法。近20年来日本浮法工艺发展很快，一直到80年代，日本仍是各种成型工艺俱全的国家，而且各种成型工艺的主要技术经济指标在世界上都是第一流的。

3）以节能为中心改造老企业、发展新产品

70年代以后出现的能源危机，使日本建材工业的技术进步转向以节能为中心。如水泥窑外分解技术，每千克熟料的热耗已达到760千卡左右的先进水平，冷却机废气(240℃左右)和窑尾废气(380℃左右)的低温余热利用，开发低温余热发电技术，其发出的电量可以满足工厂生产用电的20%，而成本只有购电的1/4左右。同时，大力发展具有保温隔热性能的建筑墙体材料，如玻璃纤维隔热材料、矿棉隔热材料、加气混凝土及各种复合隔热材料，降低建筑物的能耗。

4）新产品、新技术的开发与应用技术的开发并驾齐驱

新产品生产出来后，日本重视对产品应用技术进行开发，使产品得到正确、合理的使用，使其功能得到合理发挥，从而扩大新产品市场，反过来又促进生产的发展。如在加气混凝土的发展中，同时对与加气混凝土应用有关的设计规范和施工技术进行研究，并重视对产品应用技术的宣传和培训专业施工队伍，从而促进了加气混凝土制品的扩大生产和推广应用。

5）先进建材企业案例

世界最大玻璃制造商日本AGC公司与武汉美林玻璃有限公司结成商业合作伙伴，在武汉生产目前世界上技术最先进的节能镀膜玻璃，并把武汉作为其向中西部推广的大本营。

日本AGC是世界最大的玻璃制造商，始创于1907年，平板玻璃与汽车玻璃市场占有率全球第一，显示器玻璃销量排世界第二。2007年，开始推出节能镀膜玻璃，又称低辐射玻璃。这种玻璃能阻断热量通过玻璃传输，夏天时把热空气挡在外面，冬天时不让屋内热气流失，从而减少空调、暖气等能源的使用。与普通中空玻璃比较，这种玻璃在夏季可节能30%，冬季节能25%。在北方使用暖气的地方测算，安装节能

镀膜玻璃，每年每平方米可节约300元。

6）近年来日本节能服务机构的发展现状

日本于1996年开始涌现与节能服务公司相关的业务活动。目前，日本节能服务业每年以30%的速度增长，市场规模超过1 300亿日元。

从资金来源构成分析，政府补助金额占比大幅度下降，显示出该领域通过政府的前期扶持，市场化程度正在不断提升；同时，合同能源管理从业者的资金占比上升，显示出资金来源的多样性。此外，通过金融机构的融资比例也较高，达34%。

日本的节能管理机构可以用简单的一厅四机构来总结。从最高层面来看，经济产业省根据国家总体要求，制定完善法规、条例，制定经济、产业政策，对企业的节能提出要求和奖惩措施。而具体的节能管理工作由经济产业省所属的能源厅专门负责。

（1）日本能源厅。日本政府进行机构改革后，在原来1府22省厅调整合并为1府12省的条件下，节能管理机构由原来资源能源厅煤炭部的节能课升格为能源厅，下设政策科、节能对策科和新能源对策科，负责对全国节能工作实行统一管理。

（2）四机构主要是指日本的四大节能机构。日本的节能中介机构健全，主要有节能中心、能源经济研究所、新能源和产业技术综合开发机构。节能中介机构是日本推进节能工作的重要力量，它们负责调查研究节能情况，搜集整理相关数据，研究提出政策建议，并负责具体落实和组织实施各项节能政策。这有利于推进节能政策、强制性标准、规划和计划等的实施。

第一，日本节能中心（ECCJ）为独立法人，是日本推动节能活动的核心机构，其实质是属于准政府机构，具体负责节能措施的实施。总设在东京，成立于1978年10月，采用会员制。

第二，日本新能源和产业技术综合开发机构（NEDO）。为了支持节能、新能源的研究开发和利用，日本政府在经济产业省下，组建了作为独立法人的日本新能源和产业技术综合开发机构。NEDO既负责组织、管理研究开发项目，也负责提供研究经费。NEDO的使命主要有两个方面：一是提高日本的产业竞争力。二是解决能源、环境上的技术问题。

第三，日本能源经济研究所（IEE）。IEE的职能主要有五个方面：一是对国际能源动向等情报信息进行搜集、整理、分析；二是分析日本国内的能源市场、产业动向；三是分析预测对能源的需求；四是对涉及能源政策的企业经营战略等相关课题进行研究，并提出建议；五是推进国际能源机构间的交流互动，共同完成相应的项目。IEE是研究能源对经济活动的影响及发展的社会科学机构。职能核心是为政府提供政策措施依据，分析能源形势。

第四，能源服务公司(ESCO)。ESCO是指提供节能服务，收取为顾客节省能源费用中的一部分作为报酬的企业。其服务内容包括节能方法的开发、咨询，引入节能项目的筹备、设计、施工及其管理；实施节能方法后对节能效果的计量和验证；对新建的节能设备和系统进行维护和管理；与企业节能相关的财务规划和金融安排。据推算，日本ESCO潜在的市场规模约为2.5兆日元。

1.2 我国建材行业现状与节能减排趋势

1.2.1 我国建材行业发展概况、挑战与对策

1.2.1.1 我国建材行业发展总体概况

随着“十二五”规划以来节能降耗工作的全面展开，淘汰落后产业工作的深入推进，全国建材行业产能调整力度不断加大，着眼于转方式、调结构、提水平等方面。截至2015年前三季度，从各项经济指标来看(见表1-1)，产品销售收入增幅回落、利润总额下滑、亏损企业亏损额大幅提升，这些指标既反映了近期国家基础工程建设步伐的放缓，也体现了该行业正经历着结构转型升级的阵痛。

表1-1 2013年、2014年及2015年前三季度全国建材行业经济指标情况

指标	2013年		2014年		2015年前三季度	
	指标量	增幅(%)	指标量	增幅(%)	指标量	增幅(%)
应收账款净额(千元)	510 545 920	24.97	587 788 016	15.13	647 858 356	10.53
产成品(千元)	159 057 530	13.78	178 498 490	12.22	190651270	6.5
流动资产平均余额(千元)	1 890 794 777	21.91	2 088 200 209	10.44	2 204 614 045	6.98
资产总计(千元)	4 019 050 159	20.04	4 467 478 591	11.16	4 750 562 080	8.42
负债合计(千元)	2 170 811 923	19.14	2 361 931 343	8.8	2 562 898 803	7.93
产品销售收入(千元)	5 128 428 371	18.73	5 664 614 194	10.46	4 239 256 661	3.7
产品销售成本(千元)	4 314 790 189	19.42	4 826 329 105	11.86	3 661 137 264	4.62
产品销售费用(千元)	135 356 888	18.65	150 442 725	11.15	115 076 291	6.75
产品销售税金及附加(千元)	38 378 766	17.38	42 474 899	10.67	29 656 924	1.79
管理费用(千元)	175 139 548	20.51	190 925 658	9.01	146 694 475	8.27

（续表）

指 标	2013 年		2014 年		2015 年前三季度	
	指标量	增幅（%）	指标量	增幅（%）	指标量	增幅（%）
财务费用（千元）	64 977 829	15.12	72 936 238	12.25	56 352 820	3.79
利润总额（千元）	375 682 669	20.34	392 464 523	4.47	242 803 214	−8.1
企业单位数（个）	30 468	—	31 922	—	33 721	—
亏损企业单位数（个）	3 206	—	3 279	—	5 005	—
亏损企业亏损总额（千元）	23 446 931	3.56	27 577 621	17.62	35 374 314	54

数据来源：国家统计局、中商产业研究院。

1）主要建材产品产量增幅收窄

2015 年前三季度，我国建筑用石、玻璃纤维及制品、土砂石、防水材料、卫生陶瓷等行业生产和销售保持回升态势，但这些行业体量都很小，促使建材市场整体增速止跌趋稳的主要是传统产业增速下降幅度收窄。2015 年前三季度全国水泥产量 17.2 亿吨，同比下降 4.7%，下降幅度比 1～8 月份收窄 0.3 个百分点。受国务院推进城市地下综合管廊建设宏观调控政策影响，8 月份以后商品混凝土、水泥混凝土排水管和压力管、水泥混凝土电杆等主要产品产量增速已经回升。2015 年前三季度全国平板玻璃产量 5.7 亿重量箱，同比下降 7.5%，下降幅度比 1～8 月份收窄 0.5 个百分点。钢化、夹层、中空等加工玻璃产量同比增速在三季度不断加快。

2）建材产品出厂价格持续下滑

2015 年前三季度，我国建材及非矿产品出厂价格平均比上年同期下降 3%。建材产品价格持续下降，是 2015 年以来建材销售收入增幅下降和利润下降的主要原因。

2015 年以来水泥价格持续下滑，前三季度全国通用水泥平均出厂价格每吨比上年同期下降 10%。9 月份全国通用水泥月平均出厂价格是 2008 年国际金融危机以后最低水平。因水泥价格大幅度下跌，前三季度水泥制造业销售额减少 700 多亿元，这也造成了当前水泥行业的资金短缺问题。

2014 年 11 月以后，全国商品混凝土价格随着水泥价格的下跌同步下滑。2015 年前三季度全国商品混凝土月平均出厂价格每立方米比上年同期下降 3.2%。按混凝土生产消耗水泥数量比例换算，混凝土价格下降幅度与水泥价格下降幅度基本一致。

平板玻璃价格已经触底，但回升乏力。9 月份全国平板玻璃平均出厂价格每重量箱62元，其中建筑级每重量箱56元。2015年前三季度全国平板玻璃平均出厂价格同比下降6.5%，其中建筑级平板玻璃下降6%。

3）建材固定资产投资增速回落

2015年以来，与全国工业固定资产投资变动趋势一样，建材工业固定资产投资增速呈现持续放缓的态势。2015年前三季度建材工业完成限额以上固定资产投资1.1万亿元，同比增长7.6%，增幅同比回落5.2个百分点。

4）建材的出口增速大幅度回落

2014年1～12月，建材商品进口463.3亿美元，同比增长110.8%；累计出口额为361.2亿美元，同比增长5.3%，自7月份以来持续保持逆差。这是自20世纪90年代以后的第1次。主要原因是，钻石、宝石、翡翠、软玉等非金属矿商品进口额的大幅增长，2014年1～12月份进口额总计348亿美元，占全部建材商品进口额的75%，扣除这四种产品，其他建材商品进口额同比仅增长2.3%。

2015年8月份我国建材出口下降。8月份建材出口额为29亿美元，同比下降10.3%，1～8月出口额为242亿美元，同比增幅从1～7月份的9.2%急剧下滑到6.4%。2015年前三季度建材出口额为273亿美元，同比增长5%。扣除汇率和价格因素实际下降1.5%。

1.2.1.2 我国建材工业发展中遇到的问题和挑战

1）我国建材产能过剩矛盾突出

以水泥为例，尽管产能增长势头得到明显遏制，但2014年建成投产水泥熟料生产线仍有54条，总产能达7000多万吨，加上2015年在建项目建成投产，这些产能集中释放将对市场产生冲击。由于目前投资水泥行业效益较好，见效快，对部分落后地区很有吸引力，新上扩能项目的欲望依然较强。

2）我国建材效益增幅收窄明显

虽然2014年建材行业总体经济效益尚可，但值得关注的是，全年主营业务收入、利润总额增速不但低于上年，而且逐月收窄，分别由年初2月份的13.7%、34.7%下降到12月份的10.1%、4.8%，呈现前高后低的态势。这预示着2015年全行业经济效益继续提高的难度加大。

3）我国建材市场竞争秩序失范

我国建材行业污染物排放总量较大，是环保执法的重点。一些大企业为减少大气污染物排放，通过技术改造采用清洁能源并配套上马脱硝、除尘等环保设施，加大了生产成本。而一些小企业并未完善环保设施，也未受到处罚，导致不公平竞争。此外，由于市场监管不到位，还有部分无证生产和假冒伪劣产品流入市场。

1.2.1.3　我国建材行业发展的对策分析

1）加快建材工业结构优化升级

进一步落实科学发展观，加快建材工业组织结构和产品结构调整。实施大企业大集团战略，发展主业突出的建材工业园区；大力发展新型建材和无机非金属新材料，进一步提高在建材工业中的比重；发展建材深加工产品，形成产品链，拓展建材产品在交通、电力、电子通信、国防军工等领域的应用和市场空间；鼓励建材生产企业和物流业有机结合，打造新型产业发展模式；大力开展节能减排工作，加大资源综合利用，积极发展循环经济，促进建材行业优化升级，努力实现发展方式的转变。

2）提高传统建材产业技术装备水平

新建、扩建、改造的水泥项目必须采用先进的矿山开采技术和先进的矿石输送方式，采用立磨、辊压机、高效选粉机等先进节能粉磨工艺技术和装备，采用节能降耗效率高的窑炉、预热器、分解炉、篦冷机等煅烧工艺技术和装备，采用节能减排效率高的破碎、冷却、输送、计量、烘干、变频等节能技术和装备，采用先进、高效、可靠的环保技术和装备，采用先进的计算机生产监视控制和管理控制系统，配置脱除 NO_X 效率不低于60%的烟气脱硝装置，安装在线排放监控装置，配套建设纯低温余热发电装置。新建、扩建、改造的平板玻璃项目必须是日熔化600吨及以上优质浮法玻璃生产线、电子工业用超薄(1.3毫米以下)浮法玻璃生产线、太阳能产业用超白(折合5毫米厚度可见光透射率>90%)浮法玻璃生产线，采用窑炉余热综合利用技术、全氧燃烧技术、配合料预热技术、烟气脱氮技术，配套建设低温余热发电装置。建筑陶瓷工业要采用大吨位球磨机、大吨位全自动压机、大规格喷雾干燥塔，积极采用低温快烧技术、釉面砖一次烧成技术，积极推进富氧燃烧技术在建筑陶瓷工业中的应用，积极开发推广干法制粉新技术。玻璃纤维企业要积极采用全氧燃烧技术。墙体材料企业要采用真空挤出成型、人工干燥和隧道窑烧成工艺，采用高效节能的引风机、破碎设备、搅拌挤出设备和成型设备；烧结页岩砖企业必须采用先进的矿山开采技术和先进的矿石输送方式，提高资源利用率，保护生态环境。

3）大力发展新型建材和无机非金属新材料

鼓励和支持企业大力发展新型建材，努力开发和生产无毒、安全、环保、节能、节水、功能强、质量优、档次高的新型建材和装饰装修材料，积极采用废弃资源生产建筑材料；鼓励和支持企业采用先进的工艺技术，大力发展无碱玻璃纤维及制品、玄武岩纤维及制品、特种陶瓷、特种玻璃、人工晶体及制品等无机非金属新材料，进一步扩大规模，提高市场占有率。

4）鼓励企业做大做强

鼓励企业积极利用资本市场筹集资金，发展市场潜力大、技术含量高、产品附加值高的大项目。鼓励企业采取股份制、兼并联合等多种形式进行资产重组，发挥大企业在资本运营、技术创新、市场开拓等方面的优势，形成一批主业突出、跨地区、跨行业、跨所有制的大型企业集团，促进产业的集中化、大型化、基地化，带动行业的发展。支持优势企业强强联合，兼并重组弱势企业，做大做强。在符合产业政策和行业规划的前提下，对企业资产重组项目优先给予支持。

5）鼓励企业加快淘汰落后产能

鼓励水泥企业、平板玻璃企业加快淘汰立窑、中空干法窑、湿法窑等落后水泥生产能力、小平拉和格法等落后平板玻璃生产能力。对淘汰落后产能完成较好的地区和企业，市级有关部门在安排技术改造资金、节能减排资金、项目核准备案、土地开发利用、融资支持等方面给予倾斜。对积极淘汰落后产能企业的土地开发利用，在符合国家土地管理政策的前提下，市级有关部门优先予以支持。对到期应关闭和未按期淘汰落后产能的企业，市级有关部门不办理产品许可证并收回已有的生产许可证，依法吊销工商营业执照，依法吊销排污许可证，依法停止供电。对政府明确要求淘汰的落后生产能力企业，金融机构不提供任何形式的新增授信支持。对所有落后产能企业严格执行差别电价。禁止落后工艺生产的水泥进入重点建设工程和建筑结构工程，禁止商品混凝土搅拌站使用非新型干法水泥。对未按计划完成淘汰落后产能任务的地区，市级有关部门严格控制对该地区安排工业投资项目，严格控制该地区工业投资项目的环评审批，不予批准新增工业用地。

6）支持企业加大节能减排改造力度

支持企业积极采用高效节能技术和设备、高效环保技术和设备降低能耗，减少排放，使能耗达到国家规定的限额，努力达到先进指标，污染物排放达到国家规定的标准。鼓励企业积极参与国际碳排放交易。对企业节能减排项目，有关部门优先给予支持。对水泥、平板玻璃、建筑陶瓷、砖瓦、玻璃纤维等行业中，能耗未达到国家规定的能耗限额限定值的企业，坚决实行惩罚性电价；对污染物排放未达标的企业，环保部门依法给予处罚。

7）支持企业大力发展循环经济

大力支持水泥企业广泛开展利用各种冶金、化工等工业废渣作原料的研究与应用，积极开展利用新型干法水泥生产线协同处置城市垃圾、城市污泥和危险废弃物工作；支持新型干法水泥企业和浮法玻璃企业加快建设纯低温余热发电装置；支持玻璃

纤维企业积极开展对生产过程中产生的余热、污泥及废丝的回收利用；支持墙体材料企业利用工业、农业废弃物和城市建筑垃圾生产无毒、安全的新型建材；支持建筑陶瓷企业积极开发利用工业废渣作原料，减少天然矿物原料；支持人造板企业利用小薪材、木材“三剩物”和农作物秸秆为原料。对于企业开展资源综合利用，发展循环经济，有关部门优先给予科技、创新、资源综合利用等资金支持。

8）大力推进技术创新

支持企业建立技术研发中心，加大新产品、新技术的研发力度。发挥科研院所和大专院校的科技优势和人才资源优势，鼓励企业、科研院所、大专院校开展产、学、研、用合作，提高建材行业自主创新能力，形成自主知识产权。重点支持在建材产品智能化制造技术、低碳制造技术、功能性材料和产品等方面的开发，掌握核心技术，促进企业技术进步和产品的升级换代，提高核心竞争力。

9）大力支持生产性服务业的发展

支持发展散装水泥、预搅拌混凝土、干粉砂浆等加工制品物流业，建立高效、低成本物流配送体系。支持发展建筑陶瓷、石材等装饰装修材料的功能设计、结构设计，培育具有竞争力的专业化服务机构。

10）进一步加大招商引资力度

坚持把改革开放作为实现建材工业跨越发展的重要战略措施，牢牢抓住国外制造业向外转移和内资西移的机遇，加大招商引资力度，创造更好的投资环境，作好招商引资项目的储备和前期工作，进一步承接好国内外产业转移，促进建材工业上规模、上档次、上水平，产业结构进一步优化升级。

11）用信息技术带动建材工业的发展

推进信息技术在建材行业中的应用，用信息技术改造传统产业。支持开发推广适应于建材行业的计算机辅助设计、制造技术和计算机集成制造系统、企业管理信息系统、企业资源计划、电子商务等系统。支持企业采用先进适用的信息技术，建立信息管理系统，实现管理信息化。鼓励企业积极利用信息技术加快改造和完善生产工艺，实现产品设计、生产过程和监测的自动化控制，提高生产效率，降低消耗。鼓励大中型企业建立起独立网站、企业网页及内部网络管理系统。

1.2.2　我国建材行业节能减排现状与发展趋势

1.2.2.1　我国能源生产情况分析

2014年，我国一次能源总产量为36.0亿吨标准煤，同比增长0.34%。其中，原煤产量38.7亿吨,原油产量2.11亿吨,天然气产量1301.6亿立方米,发电量56495.8亿千瓦时(见表1-2)。

表1-2　2009—2014年我国一次能源生产情况统计

年份	能源生产总量(万吨标准煤)	增长率(%)
2009	286092.22	—
2010	312124.75	9.10
2011	340177.51	8.99
2012	351040.75	3.19
2013	358783.76	2.21
2014	360000.00	0.34

数据来源:国家统计局、中商产业研究院。

1.2.2.2　建材行业能源消费结构特征

煤炭、电力和燃料油是建材行业消耗的主要能源。2005年建材行业原煤、电力和燃料油消耗折合标准煤占建材行业能源消耗总量的92.9%,原煤、电力和燃料油消耗分别占建材工业能源消耗总量的77.3%、10.3%和5.3%(见图1-1)。

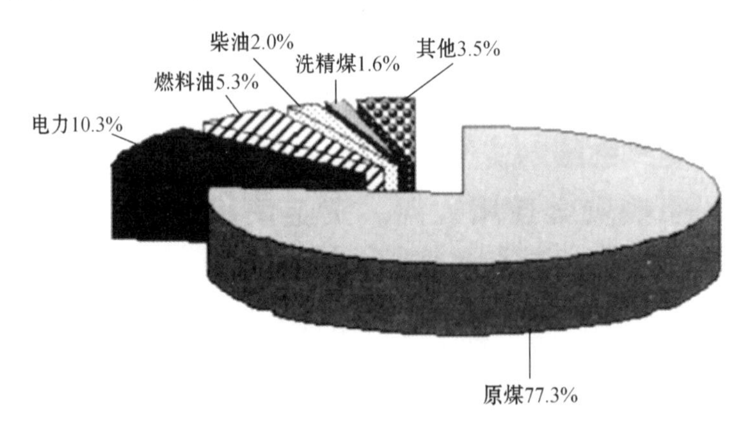

图1-1　2005年规模以上建材企业能源消耗比重

近年来,我国规模以上建材企业能源消耗总量逐年增加(见图1-2),但万元增加值综合能耗却逐年下降。据建材联合会信息部统计,按电热当量法计算,2006年规模以上建材企业能源消耗为1.8亿吨标准煤,同比增长16.8%,远低于建材工业增长速度;2006年规模以上建材企业万元增加值综合能耗为5.82吨标准煤,比上年降低14.8%。

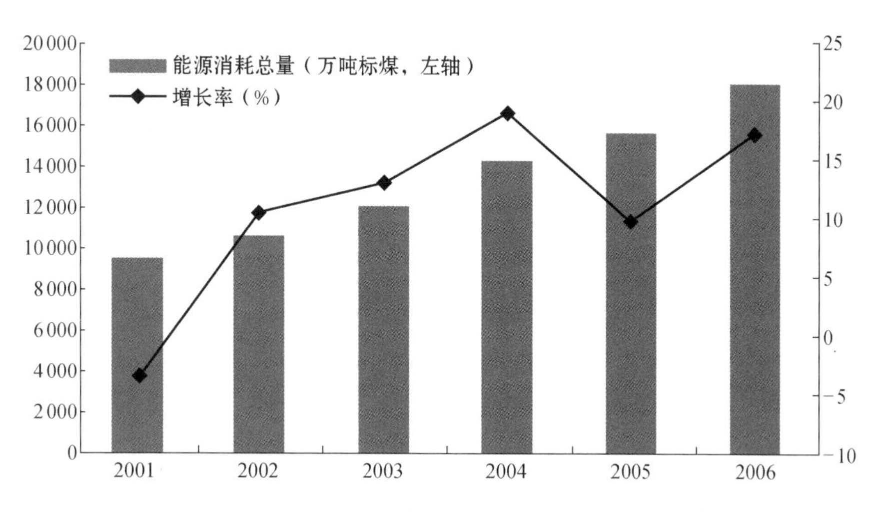

图 1-2　2001—2006 年我国建材行业能源消耗总量和增长率

1.2.2.3　我国建材行业主要污染物排放种类

建材工业生产过程中产生的主要污染物包括废气、粉尘和烟尘、SO_2、NO_X、CO_2、固体废弃物和废水等，这些污染物不仅对环境产生一定的影响，而且严重地危害人体健康。其中废气、粉尘、烟尘与 SO_2 的影响较大。

随着建材行业生产的快速增长，生产过程中排放的废气量也逐年增加，但占全国工业废气排放量的比重却有所下降。据统计，2005 年建材行业排放废气 51 133 亿标准立方米，较 2001 年增加了 48.2%，占全国工业废气排放量的比重却降低了 2.4 个百分点。

在建材产品产量快速增长的情况下，粉尘排放量呈现小幅上升趋势，由 2001 年的 546.3 万吨增加到 2005 年的 574.55 万吨，增长 5.2%，占全国工业粉尘排放量的比重由 2001 年的 55.13%增加到 2005 年的 63.05%。在全国工业粉尘排放中位居前列。

近年来，建材工业 SO_2 排放呈现逐年下降趋势，2006 年 SO_2 排放量为 177 万吨，比 2005 年降低 3.9%；烟粉尘总体排放量呈现小幅上升的态势，2006 年建材工业烟粉尘排放量达 738 万吨，比 2006 年增长 3.2%。

2001～2006 年规模以上建材企业烟粉尘和二氧化硫排放情况如图 1-3 所示。

从以上对我国建材工业能源消耗现状和污染物排放情况分析可以看出，近些年我国建材工业在节能减排方面取得了很大进步，以至于全行业的能耗、污染物排放增长低于生产能力增长，各企业在技术、装备进步、产品开发与调整等方面都做了许多有成效的工作。

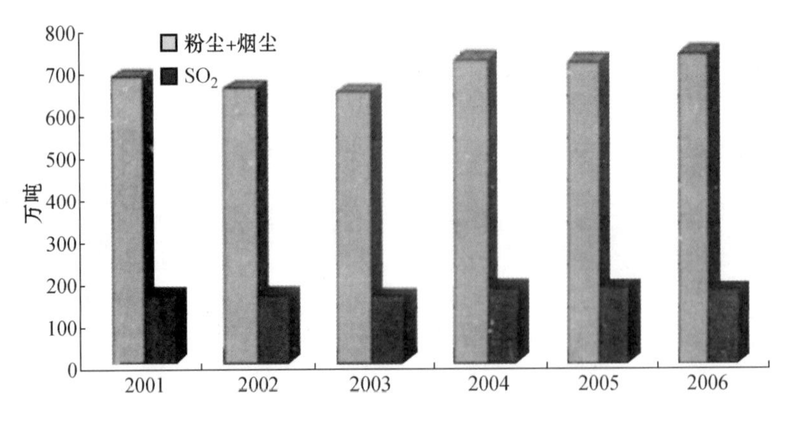

图 1-3　2001—2006 年建材工业粉尘和 SO_2 排放

1.2.2.4　我国建材行业主要品种的节能减排特点

1）水泥

水泥行业提高能源效率、推动节能降耗的主要措施包括：大力发展新型干法水泥并提高其产量比重，淘汰落后水泥生产能力；提高装置规模，实现设备大型化；推动低温余热发电、大型高效立磨、可燃废弃物利用等节能技术在水泥企业中的应用。

“十五”计划期间，全国共有新型干法水泥生产线 136 条，产量 7 188 万吨，新型干法水泥占全国水泥总产量的比重为 12%；全国新建投产新型干法水泥生产线 470 余条，新增产能 4 亿多吨，2005 年新型干法水泥产量达到 4.77 亿吨，占全国水泥总产量的比重为 45%。立窑水泥产量在“十五”期间虽有所增加，但比重下降了 25 个百分点。

“十五”计划期间，新建投产的新型干法水泥生产线规模也有较大提高。2000 年全国新型干法水泥生产线平均规模为 1 500 吨熟料/天，日产 4 000 吨熟料及以上规模的生产线比重很低；“十五”规划以来尤其是 2003 年以来，新建的新型干法水泥生产线规模明显提高，日产熟料 4 000～5 000 吨规模的生产线占一半左右，新投产生产线平均规模可达到 3 000 吨熟料/天；2005 年，日产 4 000 吨熟料及以上规模生产线共有 104 条，其产量占全部新型干法水泥产量的 1/3 左右，全国新型干法水泥生产线的平均规模提高到 2 500 吨熟料/天左右。在新型干法水泥生产线中运用中低温余热发电技术，生产每吨熟料可额外发电 32～48 千瓦时。2000 年仅有 5%左右的新型干法水泥生产线运用了此技术，到 2005 年该技术的运用率已达到 20%左右，年节能量为 32 亿千瓦时。此外，大型高效立磨技术、可燃废弃物利用技术等在“十五”计划期间也进一步扩大了应用比例。

2）墙体材料

墙体材料行业的节能降耗措施主要包括：大力发展新型墙体材料，逐步减少实心黏土砖产量；提高新型墙体材料生产线规模，采用高性能制砖机械；此外，淘汰黏土砖生产中的土窑和简易轮窑工艺也可在短期内实现一定的节能效果。

“十五”期间，随着国家墙体材料革新与建筑节能工作的推进，170个城市“禁实”工作取得显著成效，墙体材料产品结构调整步伐加快，新型墙体材料总量和比重呈较快上升趋势。黏土实心砖总量由“十五”计划初期的5 400亿块下降到2005年的5 100亿块，产量比重由2000年的72%下降到目前的60%以下；烧结空心制品、各种废渣砖、煤矸石砖、粉煤灰砖、灰沙砖产量分别由2000年的200亿块、800亿块、50亿块、30亿块、50亿块上升到2005年的1 600亿块、1 400亿块、80亿块、50亿块、90亿块，新型墙体材料比重由2000年的28%上升到2005年的40%以上。

“十五”期间，在引进国外先进制砖设备的基础上，通过消化吸收和改进提高，已开发出具有自主知识产权的烧结制品和非烧结制品全套设备，墙体材料行业装备技术水平有了进一步提高。此外，“十五”期间墙体材料行业装置规模也有所提高，新建烧结利废制品生产线大多达到了3 000万块/年的经济规模。在实心黏土砖生产中，到2005年土窑烧砖工艺已基本被淘汰，能源效率相对较高的轮窑和隧道窑比重进一步上升。

我国除了对水泥以及新型墙体材料生产采取节能措施以外，还根据具体情况对平板玻璃以及建筑卫生陶瓷生产环节进行了节能改进。

3）平板玻璃

平板玻璃行业的节能降耗措施主要包括：优化生产工艺结构，提高浮法玻璃比重；采用国外先进技术装备，提高装置规模；加快优质浮法玻璃生产线的建设并提高其产量比重；对玻璃企业实施综合节能技术改造，包括窑炉全保温技术、富氧/全氧燃烧技术等。

2000年，全国共有浮法玻璃生产线70条，浮法玻璃产量14 400万重箱，占平板玻璃总产量的比重为78%；“十五”期间，全国共投产浮法玻璃生产线73条，新增先进产能近2亿重箱，2005年浮法玻璃产量达到3亿重箱，占平板玻璃总产量的比重上升到86%。

2000年以前建设投产的浮法玻璃生产线规模以日融化玻璃液400吨左右为主，平均单线规模为390吨/天；“十五”期间陆续建成了一批具有国际先进水平的、平均单线规模在500吨/天左右的大中型浮法玻璃生产线，其中不乏700吨/天、900吨/天等超大规模生产线；2005年全国浮法玻璃生产线平均规模达到450吨/天，比2000年提高15%。

优质浮法玻璃生产线的建设在“十五”期间进一步加快。2000年全国仅有8条优质浮法线，产量1 470万重箱，占浮法玻璃总产量的比重为10%；到2005年，全国共有优质浮法线20余条，Low-E、超白超薄玻璃等优质浮法玻璃产量增长了近4倍，达到6000万重箱，占浮法玻璃产量比重达到20%。

“十五”期间，窑炉全保温技术、富氧/全氧燃烧技术等节能技术在平板玻璃行业得到进一步推广应用。窑炉全保温技术可减少15%～20%的燃料消耗或提高熔化温度20～30℃，目前约有70%的玻璃窑炉应用了该技术，比2000年提高30个百分点，累计节约燃料油消耗8万吨。实施富氧燃烧技术，可降低2.5%的燃油消耗，目前该技术应用率达到10%左右。

4）建筑卫生陶瓷

建筑卫生陶瓷行业的节能降耗措施主要包括：通过引进国外先进设备和国内消化吸收相结合实现装备技术水平提高和装置大型化；淘汰落后生产窑型；对陶瓷炉窑进行综合节能技术改造，如炉体结构的设计优化、燃烧系统的完善，以及炉体材料的轻质化和提高可靠性等。

近几年来，约有600多家建筑陶瓷企业全线或主机引进国外设备，40多家卫生陶瓷企业引进了国外先进技术与装备。同时，我国自主研究开发的生产线也陆续在大中型企业中普遍推广使用。建筑卫生陶瓷7800吨大型液压自动压砖机、50～100吨的大吨位球磨机、7000吨喷雾干燥塔、多功能施釉线、2.5～3米宽200米长的辊道窑等大型先进设备已在企业中应用，部分企业技术已达到国际先进水平；卫生陶瓷生产线技术装备中，组合浇注成型、中高压注浆成型、机械手施釉机，2.5米节能烧成隧道窑，60～180平方米以上梭式窑等装备已广泛应用，技术可达20世纪90年代中后期国际水平。

2000年，全国规模最大的建陶企业年产量不超过3000万平方米，1400多家建陶企业年平均产量约120万平方米，全国规模最大的卫陶企业年产量200万件；经过5年发展，目前国内最大的建陶企业年产量近1亿平方米，1200多家建陶企业年平均产量超过250万平方米，最大的卫陶企业年产量达到700万件。

2005年，建筑陶瓷行业基本淘汰了辊道窑以外的推板窑、多孔窑等落后窑型，卫生陶瓷行业中隔焰隧道窑、推板窑、多孔窑等落后窑型比重大幅下降，以天然气、洁净煤气、液化石油气、轻柴油作燃料的明焰大型隧道窑、宽截面梭式窑、辊道窑已成为行业主导工艺。

1.2.3 我国建材行业节能减排发展规划

1.2.3.1 加快产业结构调整，以先进生产工艺代替落后生产工艺

调整产业结构是建材工业实现节能减排的根本途径。建材工业产业结构调整的

重点是水泥工业和墙体材料工业，因为水泥与墙体材料工业每年消耗的能源占全行业能源消耗的 75%左右，同时还是建材工业排放污染物的主体，这两个行业调整好了，建材工业节能减排任务就完成了大半。

重点抓好淘汰落后小水泥厂产能，坚定不移地淘汰落后水泥生产线，定期向社会公布淘汰落后产能企业的名单和执行情况，接受社会监督。各地区必须遵照国家“禁实”的要求，按时或提前完成规定的任务。与此同时，相应地发展先进工艺和先进生产能力。

建材其他行业也要按照国家的产业政策、规定、行业发展规划(例如国家发改委办公厅发布的《关于做好淘汰落后平板玻璃生产能力有关工作的通知》(发改办运行[2007]1959 号)和《平板玻璃准入条件》)做好本行业的产业调整工作。

1.2.3.2　加强对各类工业废弃物的利用，发展循环经济

我国建材工业一方面大量消耗能源，同时又潜含着巨大的节能空间。它在生产过程中既污染着环境，却又是全国消纳固体废弃物总量最多，为保护环境做出重要贡献的产业。

许多工业废弃物都可作为生产建材产品的替代原料和燃料，在工业废弃物综合利用方面，建材工业已经进行了很多有益的探索，并取得了初步成效。目前，建材行业固体废弃物利用量迅速增加，2006 年建材工业固体废物利用量达到 4.53 亿吨，比 2005 年增长 15.5%。

水泥和墙体材料行业是建材工业综合利用工业废弃物最大的两个行业，水泥行业从能源和资源两方面利用各种废弃物，如利用粉煤灰、高炉矿渣等工业废渣作原料和混合材取代天然资源，减轻了环境负荷。利用工业和生活垃圾等可燃废弃物作原料和燃料，减少化石类资源的消耗。其他工业部门难以处理的有机和无机废料，一般都可通过气化或在水泥回转窑中作原燃料使用。如浙江三狮集团用太湖淤泥、废矿渣、煤矸石等废弃物生产高标号水泥，利用大窑低温余热发电等，既节能又减少了污染。

墙体材料行业可以大量消纳和利用工业废渣和农业废弃物，替代天然资源制造环保利废型墙体材料，如粉煤灰砖、煤矸石砖、建筑用纸面草板、采用塑料、稻壳、秸秆等废弃物做成的“木头”、垃圾做成的“面包砖头”等产品，显著节省了资源和能源，保护了环境。

玻璃行业除了工艺线内 20%左右的废玻璃自身回炉利用，实现企业内部的小循环，如能像一些发达国家那样实现 80%～90%的废旧玻璃的回收利用，对我国玻璃工业来说将产生巨大的节能、节省资源和保护环境的效益。玻璃纤维生产过程中的

废丝也可像废玻璃一样回收利用。

多年来，建材工业无论在自身生产中废弃物的利用上还是在社会其他产业废弃物的利用方面都做了大量工作，并取得了丰富的经验和积极成果。在这些工作中已经和其他产业形成关联关系，为建立循环经济产业链奠定了良好的基础。今后只要更加能动的发展循环经济必将对节能减排、对社会做出更大贡献。

1.2.3.3 提高产品质量，延长使用寿命，大力发展绿色建材，把建材工业发展和保护生态环境、污染治理有机结合起来

用循环经济的理念看，提高产品质量、延长产品使用寿命是对资源、能源的最大节约，是减少对环境污染的最有效措施。目前，我国有相当数量的建材产品质量不高，甚至有部分劣质产品，实际上是对资源、能源的严重浪费，反之说明，我国建材产品提高质量的空间很大。另外，我国建材产品以单一材料生产为主，部品、部件生产不发达，因此，今后应从材料使用、产品设计入手，把产品(包括部品、部件)质量、功能融合在一起，不但提高其使用寿命，而且在提高产品功能中寻求节约资源、节约能源的途径。

绿色建材不仅包括生产过程中对资源、能源的节约化、对环境的清洁化，而且包括在使用过程中对人和环境的无害化。因此，今后建材工业的发展应该以人为本，以保护生态环境为目标，大力发展绿色建材并实现生产过程的清洁化。

建筑节能是我国节能事业的重要组成部分。目前我国建筑能耗已占全国总能耗的28%以上，预计到2020年将达到33%～35%，与发达国家水平相近。但是，由于我国建筑及其材料方面的原因，建筑物能源利用水平很低，利用率远低于发达国家，浪费严重。建筑业是建筑材料的最大市场，建筑节能也离不开建筑材料，所以建材工业大力开发节能、环保材料是今后产业发展的重点之一。

为了节约、保护不可再生能源，我国的新能源开发工作正在积极进行，例如太阳能、风能、生物能利用等。而新能源的开发与建材工业如玻璃、玻璃纤维、玻璃钢、特种陶瓷等有着十分密切关系，发展适应新能源开发需要的新材料也将是今后产业发展的重点之一。

第2章
上海建材行业现状与节能减排发展趋势

2.1　上海建材行业发展现状

上海建材业的生产应用、科技发展、贸易流通、行业管理水平等方面一直处于国内领先。上海在全国率先成立市建材业管理办公室，对全市建材业实施行业管理和行政管理职能。遵照“政企分开，小政府，大服务”“宏观要管住，微观要搞活”等精神，不断探索总结以法律手段、行政手段、经济手段、质检手段和宣传手段五管齐下，落实“规划、立法、协调”的工作职能，为上海建材业引航铺路、规范监管。以建材业规划引导企业选择经济发展目标，进行产业结构、规模结构、技术结构与产品结构的调整。以产业政策和管理法规推动建材业健康有序地发展。如“墙改”市长令、“散装水泥”市长令、“使用安全玻璃”市长令的出台，对上海乃至全国建材业影响甚大。对影响建设工程质量和安全的建材、建筑机械设施实施准用管理，质量监督从企业生产现场延伸到施工现场，加强动态监督，规范建材市场，确保建设工程质量。

2.1.1　建材行业的节能减排指标完成情况

从对建材行业节能减排在上海市节能减排中的比重分析来看，结合2011—2013年上海市节能目标考核情况，建材集团能耗、万元产值能耗指标统计对比分析如图2-1、图2-2所示。

2.1.2　建材集团的节能减排指标完成情况

对上海市各集团2011—2014年的数据进行比对分析，可以看到建材集团的总能耗(降序)排在26个集团中的第16位，且通过产业结构的调整其每年的总能耗在下降，而万元产值能耗(降序)排在26个集团中的第5位，集团的总产值(降序)排在26个集团中的第24位，属于非常典型的低产值、高耗能集团，目前产业结构的调整仅把高能耗企业外迁，产值的相应外流使万元产值能耗不降反升，这些情况迫切需要引入新技术、新产业，进一步优化产业结构调整。

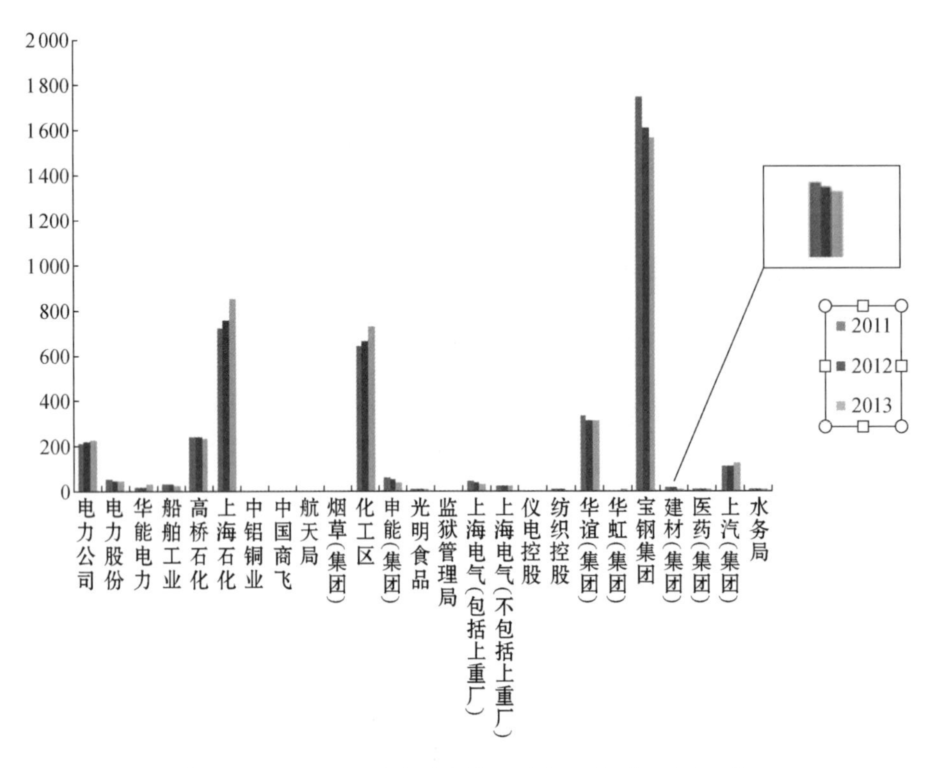

图 2-1　2011—2013 年各集团公司总能耗(单位:万吨标煤)

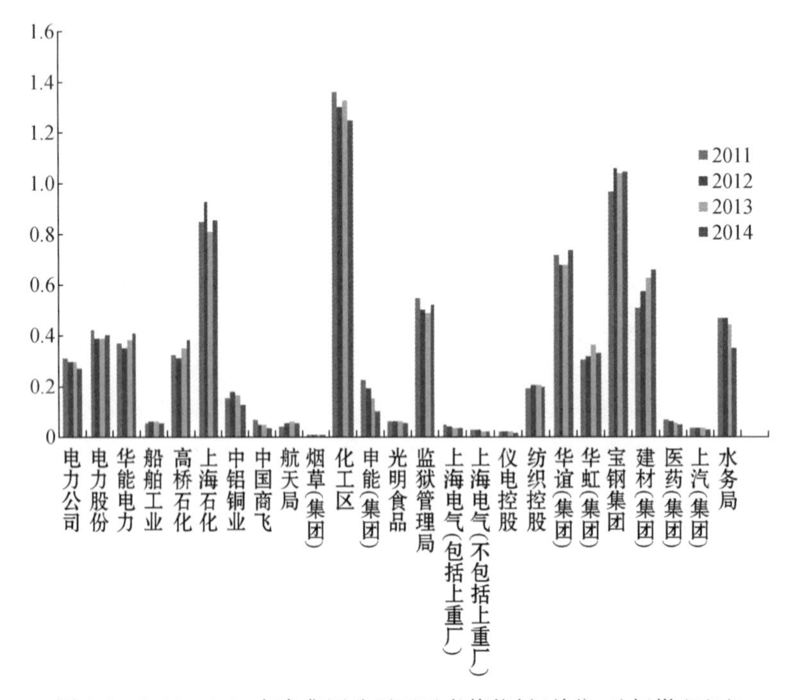

图 2-2　2011—2014 年各集团公司万元产值能耗(单位:吨标煤/万元)

2.1.3　上海新型建材在建筑节能中的应用概况

2.1.3.1　上海新型节能建材应用取得突破进展

上海注重管理创新，完善管理体系，实现建筑节能和建材同步发展，具体体现在以下七个方面。一是管理制度体系不断完善。上海市通过拟定《上海市建筑节能专项资金管理办法》，协调落实支持资金，加大政策和资金激励力度；拟定新建高标准节能建筑、既有建筑节能改造、可再生能源建筑应用等三类示范项目管理办法，促进建立一批技术先进、节能效率高的市级建筑节能示范项目。二是试点示范工作成效显著。上海相继完成了全市申报国家级示范项目 23 个。在完成全市申报国家级示范项目的同时，积极推进市耐高温蝶阀级示范项目。三是能耗管理工作实现新的突破。全市共完成 58300 个建筑能耗统计上报，初步完成全市的建筑信息普查工作；完成 70 个大型公共建筑能源审计；对 37 个公共建筑进行能耗调查情况公示；完成 19 个建筑用能分项计量；对 9 个试点项目开展建筑能效测评标识，总建筑面积为 17 万平方米。四是节能宣传力度持续加强。上海市组织全市有关单位参加相关博览会，集中展示了全市建筑节能的最新成果和发展前景。五是节能技术研究不断深化。上海市坚持以节能新技术、新材料的研发为重点，大力推进科研项目的立项和管理工作；并组织开展了《新建民用建筑节能模式研究》等科研项目，保证了先进技术在建设工程中的应用。六是以商品砂浆推广应用为重点，有效推进散装水泥工作。对禁止现场搅拌砂浆、禁止堆放包装水泥和石灰等作了规定；进一步规范预拌砂浆市场行为，制定政策措施，引导预拌砂浆市场健康发展。七是以脱硫废渣排放利用为重点，推进资源综合利用工作。上海市建立了常态管理机制，完善统计网络，夯实工作基础；积极开展市粉煤灰散装机场调研，摸清各燃煤电厂、水泥厂、纸面石膏板厂情况，并组织召开专题研讨会；加强方案研究，确保资源综合利用工作稳定有序开展。

2.1.3.2　既有建筑改造

既有建筑节能改造是针对建筑中的围护结构、空调、采暖、通风、照明、供配电以及热水供应等能耗系统进行的节能综合改造，通过对各个能耗系统的勘察诊断和优化设计，应用高新节能技术及产品，提高运行管理水平，使用可再生能源等途径提高建筑的能源使用率，减少能源浪费，在不降低系统服务质量的前提下，降低能源消耗，节约用能费用。

在公共建筑（特别是办公楼、宾馆、商场等）的全年能耗中，有 50%～60%消耗于空调制冷与采暖系统，20%～30%用于照明。而在空调采暖能耗中，对于夏热冬冷地区，大约35%由外围护结构传热所消耗。因此，这些建筑在围护结构、采暖空调系统及照明方面，有着很大的节能潜力。

1）既有建筑改造适用技术

围护结构墙体是建筑外围护结构的主体，其材料的保温性能直接影响建筑能耗。根据绝热材料在墙体中的位置，外墙的节能改造技术有内保温和外保温两种。

建筑围护结构热工性能最薄弱的环节是门窗，其能耗占建筑总能耗的比例较大。在保证日照、采光、通风、观景等要求的条件下，应尽量减少建筑外门窗的面积，并提高门窗的气密性和门窗本身的保温性能，以减少冷风渗透及门窗本身的传热量。因此，外窗的节能改造措施主要有更换窗框和更换玻璃(低辐射玻璃、中空玻璃)、增设外遮阳等。

对屋面的具体改造措施有：将平屋顶改为坡屋顶，并内置保温隔热材料；在屋面铺设高效的保温隔热层和通风隔热层；采用种植屋顶、冷屋顶等。

空调系统的能耗主要有两个方面，一方面是为了供给空气处理设备冷量和热量的冷热源消耗，如压缩式制冷机耗电，吸收式制冷机耗蒸汽或燃气，锅炉耗煤、燃油、燃气或电等；另一方面是为了给房间送风和输送空调循环水，风机和水泵所消耗的电能。故适用于上海市公共建筑空调节能的技术措施如下：

(1) 降低冷却水进水温度。冷却水的进水温度每上升1℃，冷机的COP下降近4%。冷却水进水温度可以随室外湿球温度降低而降低，以提高制冷剂的COP。

(2) 提高冷冻水出水温度。冷冻水出水温度每提高1℃，冷机的制冷系数可提高3%。根据室外温度的变化调整冷冻水出水温度，在室外温度降低时，适当提高冷冻水出水温度。

(3) 采用变风量系统。变风量空调系统不但可以节省空调设备的投资，而且能降低系统的运行能耗。尤其是办公楼，更能发挥其操作简单、舒适、节能的效果。

(4) 使用变频水泵。使用变频调速水泵使空调冷、热循环水量随空调负荷变化而增减，不但可以减少冷却水和加热水的能耗，还能节省其输送能耗。

(5) 冷却塔免费供冷技术。在室外空气湿球温度较低时关闭制冷机组，利用流经冷却塔的循环水直接或间接地向空调系统供冷，提供建筑物所需的冷量，从而降低冷水机组的能耗。

(6) 充分利用天然冷源。常用的天然冷源有地下水和室外空气。地下水常年保持在18℃左右，不仅在夏季可作为冷却水为空调系统提供冷量，还可以在冬季利用水源热泵机组为空调系统提供热量。过渡季节当室外空气的焓值低于室内空气的焓值时，可利用新风直接供冷。

照明系统照明能耗是建筑总能耗中继空调能耗之后占比例最大的部分，节能潜力很大。归纳来说，降低照明能耗的节能措施如下：

(1) 使用节能灯。荧光灯比白炽灯节电 70%，适用于办公室、宿舍等室内照明。紧凑型荧光灯发光效率比普通荧光灯高 5%，细管型荧光灯比普通荧光灯节电 10%，因此，紧凑型和细管型荧光灯是当今“绿色照明工程”实施方案中推出的高效节能电光源。在开、闭频繁、面积小、照明要求低的情况下，可采用白炽灯。

(2) 充分利用自然光。靠近窗户的灯具与远离窗户的灯具分开控制，根据室外自然光照度来决定开启灯具的多少，节省能耗；利用室内受光面的反射性，有效提高自然光的利用率，如白色墙面的反射系数可达 70%～80%，也能起到节电作用。

(3) 加强照明节电的管理。主要以节电宣传教育和建立实施照明节电制度为主，使人们养成随手关灯的习惯，按户安装电表，实行计量收费。

基于上述既有公共建筑的节能改造措施，有些措施适用于上海市，有些则不适用。如上海市的既有公共建筑多为高层建筑，而对高层建筑屋顶的节能改造效果基本只对顶层房间起到一定的节能作用，对整栋建筑来说效果甚微，故屋顶的节能改造不适用于上海市既有公共建筑；又如，上海属于夏热冬冷地区，存在室外气温适宜的过渡季节，因此，降低冷却塔进水温度、提高冷冻水进水温度、利用冷却塔免费供冷均是适合上海的节能改造技术。

总的来说，适用于上海的既有公共建筑的节能改造技术有：外墙保温、窗户改造、过渡季节温度重整、变风量技术、水泵变频、冷却塔免费供冷、过渡季节采用全新风、更换灯具、自然采光技术等。

2) 对既有建筑的数字建模研究

既有建筑改造已受到越来越多人的关注，但其实际工程的复杂程度也是不可忽略，如果不能事先制订一个合理、高效且低成本的改造方案，可能最后的成果会不尽如人意，不仅浪费公共资源同时也未能解决能耗问题。

因此现在有不少学者倾向于数字建模研究，在具体实施项目前，先运用数字建模，对改造完成的建筑能耗进行模拟，再相应改善改造方案，这提高了改造的成功率，并且为后续改造提供了理论依据。

(1) 既有办公和宾馆建筑典型模型的建立。该模型采用软件 EnergyPlus 建立了既有办公和宾馆建筑的典型模型，将节能措施分别应用于两个典型模型进行模拟计算，分析各项改造措施的节能效果，计算各项改造措施的静态投资回收期，分析其经济性，确定出适用于上海既有办公和宾馆建筑的节能改造措施。

(2) 既有办公建筑典型模型的建立。如办公建筑模型 25 层，一层层高为 6 米，二层以上是标准层，层高为 4.2 米。窗墙比为 70%。该建筑模型中心为包括电梯、

楼梯等非空调区域的核心筒。一层的周边区为办公楼大堂、银行及便利店、零售商铺；标准层均作办公用。建筑朝向为正南。

上海市既有办公建筑的墙体材料以烧结普通砖、烧结多孔砖及烧结空心砖为主，故外墙的传热系数设为1.60瓦/(平方米·度)。外窗多采用铝合金窗框，双层白玻加内遮阳，传热系数设为3.02瓦/(平方米·度)，太阳得热系数为0.54。由于调研没有涉及屋顶相关资料，故在模拟时假设其传热系数为0.75瓦/平(方米·度)。室内负荷参数的设定及各功能区的运行时间根据上海办公建筑的实际运行情况设定。

既有办公建筑典型模型的空调系统是采用上海既有办公建筑中最为常用的风机盘管加新风系统。离心式冷水机组用于夏季供冷，制冷机COP=5.5；燃气锅炉用于冬季供热，锅炉效率80%。夏季供冷设计温度为24℃，冬季供热设计温度为20℃。

新风量根据房间用途不同而略有差异，一楼大厅的新风量每人2.7升/秒，一楼的银行和商铺的新风量为每人5.5升/秒，二楼以上的办公用房间每人的新风量为8.3升/秒。外区房间漏风率按照0.2小时/升计，空调系统开启时，因房间呈正压，漏风率为零。

非空调设备与系统包括照明系统、办公设备等，均在内部负荷中考虑，由程序自动计算。

电梯全年耗电量采用估算方法，估计办公建筑的总功率为320千瓦，根据电梯全年运行时间表估算出其全年总耗电量为511 820千瓦时，总费用为431 492万元。

(3) 既有宾馆建筑典型模型的建立。如宾馆建筑模型共12层，窗墙比为40%。一层包括咖啡厅、便利店、洗衣房等；二层主要是厨房和用餐间；三层以上是客房。一层的层高为5米，二层以上的层高均是3.5米。建筑模型为正南朝向。宾馆建筑模型外墙传热系数设为1.60瓦/(平方米·度)，外窗传热系数设为3.02瓦/(平方米·度)，太阳得热系数为0.54，屋顶传热系数设为0.75瓦/(平方米·度)。典型模型中宾馆逐月入住率参照某宾馆的实际入住率的统计设定；室内负荷及各功能区的运行时间表根据宾馆建筑实际运行情况设定。既有宾馆建筑的空调系统采用宾馆建筑中最为常用的风机盘管加新风系统，离心式冷水机组用于夏季供冷，制冷机COP=5.5；燃油锅炉用于冬季供热，锅炉效率70%。夏季供冷设计温度为24℃，冬季供热设计温度为20℃。

新风量根据房间用途不同而略有差异，一楼大厅和宾馆的辅助功能房间的新风量每人2.7升/秒，一楼便利店的新风量为每人5.5升/秒，二楼餐厅和厨房每人的新风量为5.5升/秒，三层以上的客房每人的新风量为每人11升/秒。房间漏风率按照0.2小时/升计，空调系统开启时，因房间呈正压，漏风率为零。

非空调设备与系统包括照明系统、设备等，均在内部负荷中考虑，由程序计算。

燃油锅炉只提供采暖所需的热水，生活用热水由燃气水加热器单独提供。电梯全年耗电量采用估算方法。估计宾馆建筑的电梯总功率为 160 千瓦，根据电梯全年运行时间表估算出其全年电梯总耗电量为 760 951 千瓦时，总费用为 507 672 万元。厨房和洗衣房所需的热水量参照《建筑给水排水工程设计计算》中的计算方法估算，得出全年洗衣房和餐厅所用热水所耗的天然气为 171 标立方，总费用为 394 元。

既有办公和宾馆建筑节能改造模型的建立在典型模型的基础上，选取节能措施中的较为可行的技术措施（见表 2-1 和表 2-2）。

表 2-1 既有办公建筑节能改造措施

方 案	具体改造措施
节能措施 1	对外墙进行外保温改造，使外墙的传热系数降低至 0.96 瓦/(平方米·度)
节能措施 2	用 Low-E 玻璃替换外层的普通白玻，将窗户的隔热性能由 U=3.02 瓦/(平方米·度)/$SHGG$=0.54 改善为 U=2.14 瓦/(平方米·度)/$SHGG$=0.45
节能措施 3	将内遮阳更换成外遮阳，内、外遮阳均只在夏季起作用
综合措施 1	综合节能措施 1、2、3
节能措施 4	在不降低办公区照度的前提下，更换办公区灯具，将照明负荷降低至 12 瓦/平方米
节能措施 5	在方案 4 的基础上，充分利用自然采光，降低照明负荷
节能措施 6	将冷冻水二次泵和热水泵由定流量变为变流量
节能措施 7	冷冻水出水温度和锅炉的出水温度随室外温度变化
综合措施 2	综合节能措施 6、7
综合措施 3	综合节能措施 1、2、3、4、5、6、7

表 2-2 既有宾馆建筑节能改造措施

方 案	具体改造措施
节能措施 1	对外墙进行外保温改造，使外墙的传热系数降低至 0.96 瓦/(平方米·度)
节能措施 2	用 Low-E 玻璃替换外层的普通白玻，将窗户的隔热性能由 U=3.02 瓦/(平方米·度)/$SHGG$=0.54 改善为 U=2.14 瓦/(平方米·度)/$SHGG$=0.45
节能措施 3	将内遮阳更换成外遮阳，内、外遮阳均只在夏季起作用
综合措施 1	综合节能措施 1、2、3
节能措施 4	将冷冻水二次泵和热水泵由定流量变为变流量
节能措施 5	冷冻水出水温度和锅炉的出水温度随室外温度变化
综合措施 2	综合节能措施 4、5
综合措施 3	综合节能措施 1、2、3、4、5

3）模拟结果分析

（1）既有办公建筑的能耗及各项措施节能效果分析。在办公建筑典型模型的全年耗电量中，占最大份额的是空调系统电耗（包括冷机、水泵、风机和冷却塔），占总耗电量的47%，设备占27%，照明占26%。在空调系统耗电中，冷机的份额最大，其次是水泵，再次是风机和冷却塔。这是因为模型所采用的空调系统是风机盘管系统，水泵要将冷冻水、热水输送到各房间的盘管中，而风机只承担新风的输送，因此水泵的电耗相对较大，占建筑总电耗的14%，而风机的电耗较小，只占总电耗的4%。通过模拟计算得出各项节能措施的全年能耗、费用。通过询问市场报价及查阅相关资料确定各项节能改造措施的投资费用。（见表2-3）。

表2-3　办公建筑各节能措施的全年能耗、费用及静态投资回收期

	一次总能耗（GJ）	减少百分比（%）	总能源费用（万元）	节能效益（万元/年）	节能投资（万元）	静态投资回收期（年）
基本模型	56769		493			
节能措施1	56700	0.1	493	0	46	—
节能措施2	55929	1.5	485	8	457	57.2
节能措施3	56093	1.2	486	7	3	0.44
综合措施1	55225	2.7	478	15	507	33.8
节能措施4	54397	4.2	471	22	24	1.1
节能措施5	50992	10.2	438	55	30	0.54
节能措施6	54110	4.7	470	23	9	0.41
节能措施7	56727	0.1	493	0	0	—
综合措施2	54101	4.7	471	22	9	0.43
综合措施3	45667	19.6	389	546	546	5.25

从表2-3的数据可以看出，在上海的气候条件下，外保温措施对于办公建筑几乎没有什么节能效果，这是因为办公建筑为间歇空调，内部负荷比较大，且占很大面积的内区需常年供冷，在夏季制冷工况，外保温系统在加强围护结构的保温性能的同时，使得非空调时段室内热量难以散出。因此，外保温措施对于办公建筑的效果很小。同时，外保温措施改造投资成本非常高，故其回收期很长，远远超出标准回收期限，经济性很差。

将双层普通白玻更换为双层Low-E玻璃，可以显著降低外窗的传热系数和太阳辐射得热系数，减小全年耗电量。因为普通玻璃对长波辐射的吸收率和发射率都比较高。在冬季夜间，普通玻璃一方面吸收室内表面的长波辐射热，另一方面又被室内空气加热使其具有较高的表面温度，故会向室外低温环境以及低温天空以长波辐射的方式散热。而Low-E玻璃具有对长波辐射的低发射率、低吸收率和高反射率，能够有效地把长波辐射反射回室内，降低玻璃的温升，同时其低长波发射率可以保证其对室外环境的长波辐射散热量也大大减小。而在炎热的夏季，Low-E玻璃被室外空气和太阳辐射加热后向室内进行长波辐射的散热量也较普通玻璃显著减少。因此，将双层普通白玻璃更换为双层Low-E玻璃这一节能措施比较有效，全年可节省总费用8万元。但是由于Low-E玻璃的改造成本非常高，对于模型建筑，须花费457万元，其静态投资回收期为57.2年，经济性差。

将节能措施3的能耗结果与基本模型相比较发现，外遮阳能显著降低建筑的全年耗电量。由于遮阳系统能减小透光外围护结构的太阳得热，因此，在夏季采用遮阳系统能有效降低建筑冷负荷，从而减小耗电量。典型模型中采用的是内遮阳系统，节能措施3用外遮阳系统替换了内遮阳，两种遮阳系统开启的时间是一致的。内遮阳只能阻挡太阳直射，改善室内光环境和舒适度，无法减小太阳辐射得热，加设外遮阳系统的节能效果更为明显。同时外遮阳的改造投资仅需3万元，计算得其回收期限为0.44年，经济性好，是一种很好的节能措施。

综合措施是将外墙、外窗及遮阳措施一起采用，可节省全年能耗费用15万元，但改造成本过高，经济性不理想。

优化办公区照明全年可节省费用22万元，投资回收期需1.1年。如果在优化办公区照明的基础上，利用自然采光，在自然光能满足室内照度需求时，关闭部分照明灯具，节能效果更显著，全年可节省费用55万元，投资回收期需0.54年。因此，照明系统的节能效果好，而且投资回收期短。

使用变频水泵这一节能措施效果比较显著，在对水泵进行变频，降低水泵能耗的同时，也降低了冷机和冷却塔的能耗，全年可节省电费23万元，仅需投资9万元。冷机出水温度和锅炉出水温度随室外温度重整的措施几乎没有什么节能效果。而将这两种措施一起应用，模拟得到的电费节省反而比仅采用变频水泵要少，但回收期需0.43年，经济性较好。

如果将上述所有节能措施都应用在该建筑上，则可节省一次能耗19.6%，全年能耗费用节省104万元，需5.25年投资回收期。

(2) 既有宾馆建筑的能耗及各项措施节能效果分析。在宾馆建筑典型模型的全年耗电量中，占最大份额的是照明37%，其次是设备36%，空调系统电耗(包括冷机、水泵、风机和冷却塔)占建筑总能耗的28%(见表2-4)。

表 2-4 宾馆建筑各节能措施的全年能耗、费用及静态投资回收期

	一次总能耗(GJ)	减少百分比(%)	总能源费用(万元)	节能效益(万元/年)	节能投资(万元)	静态投资回收期(年)
基本模型	62602		390.4			
节能措施1	62483	0.2	389.2	1.2	52	43.4
节能措施2	62253	0.6	386.9	3.5	147	42.1
节能措施3	62361	0.4	388.5	1.9	1	0.52
综合措施1	61971	1.0	384.4	6	200	33.4
节能措施4	61460	1.8	383.0	7.4	2.3	0.31
节能措施5	62354	0.4	389.1	1.3	0	0
综合措施2	61266	2.1	382.1	8.3	2.3	0.28
综合措施3	60539	3.3	375.6	14.8	202	13.7

由表 2-4 可知，外墙外保温措施和更换玻璃对于降低总能耗效果很小，但对于降低全年总费用有一定的效果。这是因为外墙外保温和更换玻璃这两种节能措施增强了外围护结构的保温性能，在夏季，保温性能的加强可能反而使室内照明、设备的散热量不易排出室内；而在冬季，较好的围护结构能减小室内热量的散失，从而能减少热负荷，降低锅炉能耗。这两项措施成功率高，并且为后续改造提供了投资成本，故静态投资回收期短，经济性好。

将外墙、外窗及遮阳措施一起采用可节省全年能耗费用 6 万元，但由于 Low-E 玻璃价格较贵，改造成本高，故回收期长达 33.4 年，经济性差。

冷冻水泵和热水泵变流量全年可节省电费 7.4 万元，投资仅需 2.3 万元，故回收期为 0.31 年，经济性好；冷机出水温度和锅炉出水温度随室外温度调节措施的节能效益为每年 1.3 万元，但由于其无需投资成本，故经济性好。将变频水泵与温度重整一起使用则可节省全年能耗费用 8.3 万元，投资成本 2.3 万元，回收期短，经济性好。

采用上述所有节能措施则可节省全年一次能耗 3.3%，全年能耗费用节省 14.8 万元，但总投资成本高，回收期长，经济性差。

通过研究得出了以下结论：

(1) 由于办公楼和宾馆建筑用途的区别，两者在照明、设备及人员在室率等方面有很大差别。在办公建筑中，照明及设备只在办公时间运行，而宾馆建筑中的照明和设备几乎是全天运行的，故宾馆建筑的照明和设备耗能之和占建筑总能耗的比例较办公楼大很多。

(2) 同一种节能措施不一定对两类建筑都适用。例如，降低照明负荷和采用自然光这两种节能措施对办公楼适用，而且节能效果显著；但是由于宾馆对照明的舒适

性和显色性等要求较高，因此这两项节能措施对宾馆均不适用，因此在宾馆建筑的模拟计算中没有采取这两项措施。

(3) 同一种节能措施对两类建筑的节能效果不同。例如，外墙外保温措施对降低宾馆建筑的全年能耗费用较办公楼好。因为宾馆建筑的照明及设备的夜间发热量较高，增强外墙的保温性能可以更有效降低冬季的采暖能耗。因此，单从节能效果角度来看，对于办公建筑，更换 Low-E 玻璃、增设外遮阳系统、降低照明负荷、利用自然采光、水泵变频都是比较有效的节能改造措施；而对于宾馆建筑，外墙外保温、更换 Low-E 玻璃、水泵变频是相对有效的节能改造措施。

(4) 对于既有办公建筑，加装外遮阳设施、更换办公灯具、充分利用自然采光及冷冻水二次泵和热水泵变频的投资回收期均较短，具有很好的经济性；而外墙外保温、更换 Low-E 玻璃和调节冷冻水出水温度和锅炉出水温度的节能效益差，经济性差，不适用于上海地区办公建筑的节能改造。

(5) 对于既有宾馆建筑，加装外遮阳设施、冷冻水二次泵和热水泵变频和调节冷冻水出水温度和锅炉出水温度的投资回收期均较短，具有很好的经济性；而外墙外保温、更换 Low-E 玻璃的投资成本高，节能效益小，故投资回收期长，经济性差，不适用于上海地区宾馆建筑的节能改造。

(6) 采用典型建筑模拟分析各项节能改造措施的节能效果，其准确性很大程度上取决于典型模型的合理性和代表性。而建立典型建筑的基础是大量的调查数据，因此如能对上海商用建筑数据库进行扩充，将会对更具有代表性的典型模型的建立有很大的帮助，也将有利于获得更具说服力的分析结果。

2.1.3.3 上海装配式建筑概况

1) 装配式建筑

装配式建筑是指用预制的构件在工地装配而成的建筑。这种建筑的优点是建造速度快，受气候条件制约小，节约劳动力并可提高建筑质量。

这几年上海市在推进装配式建筑发展方面发布了不少政策、规定和指导意见，尤其是 2014 年市政府办公厅转发的《上海市绿色建筑三年行动发展计划》，对装配式建筑发展的目标、要求和主要措施都提出了相对比较高和明确的要求，如 2014 年全市供地面积总量中落实装配式建筑面积比例达到 25%，2015 年落实比例不少于 50%，2016 年，外环线以内符合条件的新建民用建筑全部采用装配式建筑。

2) 上海装配式建筑产业政策导向

世博会后，为进一步贯彻落实科学发展观，加快上海市住宅建造方式的转变，走出一条环境污染少、能源消耗低、科技含量高、综合性能好的产业发展新路，上海市在

2011 年 6 月出台了《关于加快推进本市住宅产业化的若干意见》,对上海市未来 5 年的住宅产业化的主要任务和目标进行了详细规划,为鼓励开发企业建设 PC 住宅,2011 年同时出台了《关于本市鼓励装配整体式住宅项目建设的暂行办法》,在建筑面积、建筑节能专项资金支持、保障性住房成本等方面制订了相应的激励措施(见表 2-5)。

表 2-5 激励性政策统计表

名 称	数 额	备 注
建筑面积	±0.000 以上同等容积率下,建筑面积可增加 3%	预制外墙或叠合外墙的预制部分可不计入建筑面积
建筑节能专项扶持资金	补贴 60 元/平方米	建筑面积 2.5 万平方米以上,预制率 15%以上
	补贴 100 元/平方米	建筑面积 2.5 万平方米以上,预制率 25%以上
新型墙体材料专项基金	10 元/平方米	免收。事先预缴,事后返退

2013 年 8 月 15 日,上海市人民政府办公厅转发了《关于进一步推进本市装配式建筑发展的若干意见》,明确了从 2013 年下半年起,各区、县政府必须在住宅土地供应中安排不少于 20%的比例使用装配式建造,2014 年和 2015 年分别要达到 25%和 30%;同时,公共建筑也应同比例安排使用装配式建造方式,此内容被纳入市政府对各区、县的年度考核目标。2014 年 6 月 17 日,上海市人民政府办公厅再次转发了市城乡建设和管理委员会等六部门制订的《上海市绿色建筑发展三年行动计划(2014—2016)》,修改了各区县政府在本区域供地面积总量中落实的装配式建筑比例,2014 年不少于 25%,2015 年不少于 50%;到 2016 年,外环线以内符合条件的新建民用建筑原则上全部采用装配式建筑,装配式建筑比例进一步提高。文件的出台意味着上海市装配式建筑的推广使用已从政府鼓励方式转向了政府强制性推行方式。根据上海市 6 年来的开发规模统计数据,上海每年的预制装配式建筑面积如表 2-6 所示,建筑产业化市场将迎来一个爆发性增长期。

表 2-6 2014、2015 年新开 PC 建筑面积预测表

年 份	新开预制商品住宅面积(万平方米)	新开预制商办建筑面积(万平方米)	合计(万平方米)
2014 年(25%比例)	375	250	625
2015 年(50%比例)	750	500	1 250

3) 上海装配式建筑所存在的问题

上海从 2006 年起,由万科集团、上海城建开始推行装配式住宅,至今已完成 100 万平方米的建筑,总体来讲,无论从建筑质量、建造工期,还是从现场节能、环境影响等方面都较传统方式具有较大的优越性。目前,上海已经在土地招拍挂或出让时纳

入了装配式住宅要求的评价条件，并对符合绿色建筑标准的示范项目给予经济上的政策奖励。一些具有社会责任感和市场敏感度的企业迅速跟进，但也有一些设计、施工和构件生产企业，不管是否具备条件，也以装配式住宅为噱头，大有一哄而起之势。所以随着预制装配式项目的大量落地，预制建筑产业仍然有较多问题需要研究解决。

（1）标准化程度低。装配式建造最大优势在于标准化、规模化生产施工，特别是类似于数量大、标准相对统一的保障房项目，更能体现其优势。从目前的住宅建筑市场来看，建筑个性化程度大，不同开发商各有各的建筑风格，房型平面千变万化，立面造型更是纷繁复杂，无论是商品房还是保障房，模数化、标准化程度都还比较低，通用化构件使用较少。特别是大量的保障房工程，目前上海市还没有相应可组合拼接的设计选用图集，造成装配式建筑的建造效率还较低，成本较高，无法充分发挥产业化的优势。

（2）产业链不成熟。目前国内的 PC 住宅产业，由于市场尚处于培育期，对预制构件的需求较少，尚未形成足够大的市场规模，因此，上下游配套产业链还远不成熟，满足预制住宅需求的产品、部品（如 PC 构件、钢筋连接套筒、防水胶条、密封胶等）的生产厂家还比较少，可供选择的产品范围还不大。产业链上设计、PC 深化、构件制作、配套材料生产、施工企业等资源跟不上市场扩容的步伐，产业链需要不断完善。

（3）装配式建筑总体成本高。目前预制构件大多数没有模数化、标准化设计，且生产厂家较少，还未形成充分的市场竞争，达不到规模化生产，造成相应产品、部品的价格较高。再加上构件蒸养、运输以及 PC 构件因生产、施工、构造要求而增加了钢材用量，造成建设成本有一定增加。这也是目前影响市场开发商积极推进装配式住宅的主要因素。

（4）产品质量良莠不齐。从建筑预制构件生产情况来看，20 世纪 60～80 年代是发展的黄金期，当时上海两大住宅建设主体单位建工局和住宅总公司分别建设了 7 个和 4 个预制构件生产厂，最大的占地约 20 公顷，生产构件供不应求，后来不少乡镇企业通过和国营大厂联营，也加入到构件加工行列，工厂总数在 200 家左右。到 90 年代初期开始，由于住宅建设由预制＋现浇逐步向全现浇转变，构件加工行业急剧萎缩，住宅构件订单减少，迫使构件加工单位逐步转向商品混凝土加工和市政构件加工，能够延续至今的住宅构件加工单位已屈指可数，这些工厂之所以能够延续至今，主要还是靠工厂其他主业产品，如商品混凝土、地铁管片、桥梁构件等，目前全国较有代表性的构件生产企业有：北京榆构（原北京第二构件厂）、上海城建物资（原住宅构件四厂）、上海建工三厂（原建工第三构件厂）、深圳海龙构件厂等。

近年来，由于鼓励政策的陆续出台，上海开始涌现不少构件生产厂家，但质量参差不齐。一些具有多年生产经验的企业构件产品质量较好、产品质量较为稳定。也有一些企业起步较晚，技术积累和管理经验缺乏，造成构件质量相对较差。

(5) 还未形成充足的产品供给。目前上海市有上海城建物资公司、上海建工、远大、城业管桩等企业，从事预制构件的生产，年供应量约为250万平方米，未来随着各家企业自动化生产线的上马和产能的扩大，将能实现1 000万～1 500万平方米的产能规模。但生产线的上马、技术工人的培训、产品质量的稳定都需要一个过程，还不能满足2015年上海市50%预制比例的需求(见表2-7)。

表2-7　上海市预制构件现有及远景供应量

序号	企业名称	现有供应量(万平方米)	远景供应量(万平方米)
1	上海城建筑资	150	600
2	上海建工	20	—
3	城业管桩	15	15
4	远大	60	360
5	中建八局	—	100

(6) 管理制度和运营模式相对落后。装配式建筑方式是生产方式的变革，是传统生产方式向现代工业化生产方式转变的过程。目前很多企业自发地开展产业化技术的研发和应用，但忽视了企业的现代化管理制度和运行模式的建立。管理制度和方式无法跟上，也阻碍了产业化的发展。

(7) 人才缺乏。在技术推广初期对人才的需求非常旺盛，而目前，预制技术领域面临的人才问题比较大。预制技术涉及的人才涵盖面比较广，不光有设计、深化设计、预制生产、施工管理和操作，而且项目管理者也需要更新知识。而人才的培养需要一个过程，目前上海市涉及预制产业链的人才资源还远远不能满足现实需求。

(8) 配套政策滞后。目前上海市已经出台了一系列关于装配式建筑的鼓励政策，对上海装配式建筑产业的发展产生了巨大的推动作用，走在全国的前列。但前阶段的政策更多着眼于落实装配式建筑比例，明确鼓励措施等，项目进入建设阶段后的一些配套政策还未出台，亟需补充或修改。同时，新的鼓励政策在实践中也出现了一些新问题。

(9) 标准、规程缺乏。目前已经出台的预制设计规程，只有2010年颁发的《装配整体式混凝土住宅设计体系规程》。以及2014年10月1日出台的行业标准《预制混凝土结构技术规程》；另外还有构件制作和施工方面的规程。2010年颁发的规程由于当时建成实例还不够多，规程覆盖的范围比较少，装配式住宅的生产、安装施工、验收评定等技术标准还尚未建立，亟需修订。上海市政府还鼓励在学校、医院、养老院、商业办公楼等建筑中推广预制技术，这方面的针对性规程目前还在制定中。

目前上海预制规范的广度和深度落后于北京。北京市目前已出台的预制规程有《装配式剪力墙结构设计规程》(DB11/1003—2013)、《装配式混凝土结构工程施工与质量验收规程》(DB11/T1030—2013)、《装配式剪力墙住宅建筑设计规程》(DB11/T970—2013)、《预制混凝土构件质量检验标准》(DB11/T968—2013)。虽然北京市预制规程的数量不多,但其针对住宅市场的预制技术规程的深度和针对性较好。

(10) 与传统验收程序存在矛盾。国外主流的框剪预制装配式建筑,多为上部结构施工的同时,下部结构进行二次结构或安装装修工程施工。日本施工速度最快的PC住宅,施工到第四层时,第一层已可以交钥匙。但根据国内目前验收规程要求,需待结构封顶后进行整体验收。因此在主体结构施工上还无法发挥建设周期短的优势。

(11) 与传统安全措施存在矛盾。按照传统的安全管理规定,工地现场需在建筑物外侧满布脚手架并搭设安全网,但有些预制建筑的施工工艺已可取消外脚手架的搭设,另外在取消脚手架后,在施工现场临时安全围护、外墙涂料吊篮吊绳作业方式上,都与上海现有的安全管理规定产生了矛盾。

(12) 配套政策带来的新问题。上海市新的激励政策出台后,逐渐暴露出一些新的问题,比如机械地执行装配式面积比例。各区土地出让环节建筑面积不少于20%的装配式住宅的规定,造成政府在土地出让时,将此比例落实到单个地块中,上海大多地块只有5万～10万平方米的建筑面积,但有1万～2万平方米的建筑面积需采用预制技术进行建造,而这种小规模的建造要求和现浇与预制两种作业方式在现场并存的状况,势必造成成本上升,难以管理等问题。

(13) 奖励政策的局限性。现有的鼓励政策,对在土地出让时已经明确采用装配式技术的地块,不再给予面积奖励,例如一个10万平方米建筑面积的地块,装配式比例25%,即有2.5万平方米需采用预制技术,则剩余的7.5万平方米即使开发商自愿采用预制技术进行建造,也无法享受面积奖励,这既打击了开发企业将预制技术扩大到整个地块的积极性,也与鼓励政策的初衷不符,而且在某种程度上限制了上海市预制建筑面积总量目标的落实。

(14) 高预制率体系无法推广的问题。目前的鼓励政策中,仅在文件中提出了鼓励企业提高预制率的说法,但如何鼓励并没有提出相应的配套措施,实际上造成企业从成本角度出发,只愿意贴着政策规定的预制率下限进行开发。而低预制率与高预制率的技术并不相同,为达到将来预制率不断提高的目的,势必需要采取一定的鼓励政策,鼓励企业开发高预制率建筑,做好相应的技术储备。

国外预制装配式建筑基本采用框剪结构体系,现在国内除了应用装配式框剪结构体系,还在对预制剪力墙结构等各种装配式建造体系进行不断的探索完善,全面推

广应用还有待总结提高。国内目前的PC预制技术尚未成熟,主要包括以下三个方面:

① 预制框架和框架剪力墙体系。该体系在国际上已经完全成熟,但由于结构体系本身的特点,室内具有凸出的梁柱,在中小套型住宅中使用时,凸出梁柱会有一些不利影响,需通过装修予以弱化。

② PCF体系或剪力墙内浇外挂体系。由于结构体系本身的限制,未来在预制率方面没有较大的提升空间,而且在现浇部分外部增加一层预制外皮的做法,并没有对传统作业方式产生革命性改变。

③ 预制剪力墙结构体系。该体系较适合国内中小套型室内规整的需求,但由于之前没有规范的支持,目前还在不断完善和扩大规模应用。社会认知度方面整个社会层面对预制装配式建筑的认识不足,很多人依然存在以往预制建筑抗震性差、易渗漏的旧观念,用户对于装配式建筑的认识和评价才是市场接受度提高的关键,需要在政策顶层设计和市场客户端(小业主)两方面双管齐下,PC产业才能顺利和迅速地得到发展。

4) 对策

基于以上因素,上海有必要考虑制定装配式住宅发展的顶层规划,加强管理,正确引导。优化建筑企业结构,淘汰技术力量薄弱、挂靠分包小队伍,促进建筑业结构调整。将致力于工业化住宅研究的企业、科研院校进行资源整合,健康发展,建立研究开发、建筑设计、技术推广与运营管理一体化的生产模式。建议在以下几方面加大统筹规划。

(1) 建立标准化、模数化建造方式,完善预制装配式建造体系。① 对数量大、标准相对统一的保障房,征集汇编可组合拼接的保障房设计选用图集,通过标准化规范、模数化协调,既可以加快设计施工进度,又可以降低预制构件生产成本。

② 在推进预制装配式商品房建造的近几年中,建议采用区域总量控制的方式,按照预制装配式项目相对集中建设模式进行,避免所有商品房在项目全面快速推进过程中,因设计、构件制作、施工等一系列质量问题而留下遗憾。

③ 除了将国外主要应用的预制装配式框剪结构体系技术进一步落地外,对预制装配式剪力墙结构各种体系不断总结完善,择优甄选。

(2) 标准化体系建设与推广。

① 鼓励产业链上各大型龙头企业针对市场需求,研发标准化产品系列并推广使用。可以从标准化构件角度出发,慢慢形成自身标准化预制户型体系。

② 政府倡导,学习中国香港及新加坡等地的成功经验,率先在保障性住房和政府投资项目使用标准化装配式建筑。

③ 对标准化产品采取适当的知识产权保护措施。

④ 在土地出让、审图、工业化建筑评定等环节中优先考虑标准化产品。

⑤ 在标准化体系建设与推广的同时，结合运用 BIM 技术，为传统建筑施工来一次真正意义上的革命，这也是符合创新驱动、转型发展的时代需求。

要加强对预制构件生产行业的产业规划，一方面要合理规划预制生产厂家地域分布，满足上海预制建筑需求的同时，辐射上海周边地带；另一方面应合理规划全市产能，防止一拥而上造成产能过剩，从而陷入恶性竞争的局面。

(3) 加大人才的培养和引进。亟需开展相应的技术培训，加大人才引进力度，并做好内部培养工作。

① 技术培训。建议经常由主管部门组织相关的技术培训，组织相互参观交流学习、标准宣贯工作，使预制装配式相关的标准让更多的企业掌握，让预制技术在更多的企业生根发芽。

② 人才引进。加强外省市相关人才的引进力度，促进上海相关产业的快速发展。例如将本领域作为人才引进重点领域，制定相应的 5 年人才引进计划，满足上海中长期对本领域人才的需求。

③ 重视人才培养，加强产学研合作。加强上海相关产业链企事业单位人才培养力度，制定人才培养计划，必要时可以给予外地户籍人才加快落户的优惠措施，促进人才稳定发展。建议在院校开设相关专业，聘请具有实践经验的工程师担任讲师，同时企业可作为院校的实习基地，重点培养理论和实践相结合的专业人才。

(4) 适时调整鼓励政策。在大力推广预制装配式建筑的近几年，对土地出让时有要求做装配式建筑而面积比例较少的地块，开发商自愿在同一地块内，对剩余面积也采用预制技术的，给予一定的面积奖励；在土地出让时，已明确预制率的项目，开发企业自愿提高预制率的，根据预制率的高低，给予一定的面积或费用奖励；对土地出让时，未明确采用预制技术而开发企业自愿采用预制技术进行建造的，可在目前 3% 面积奖励的基础上，根据预制率的不同，额外给予一定的面积或费用奖励。以上鼓励政策可以推动企业在走向预制装配式道路的基础上继续进行研究和探索，提高预制建筑的工业化水平。

(5) 金融政策支持。充分发挥金融支持作用，对装配式建筑产业实施鼓励性税收政策。政府通过税收工具，降低开发环节成本，可以充分调动房地产开发企业的积极性。比如日本建设省和通产省在 20 世纪 70 年代推广工业化住宅时，采取了一系列财政金融方面的鼓励政策，包括“住宅生产工业化促进补贴制度”，对新技术、新部品的使用，给予长期低息贷款等。对符合条件的预制建筑项目优先提供开发贷款、适度放宽负债率限制或降低开发贷款利率，对购买该类型住宅的购房者降低首付要求

或降低按揭贷款利率。

(6) 加快调整审批体系和验收、安全制度。管理制度创新应匹配技术进步发展的需要。针对装配式这种新工艺,各监管部门可根据装配式工艺的特点,调整原有的监管程序和监管要点。另外由于装配式建筑在管理体制上与传统建筑(设计、产品、施工相脱节)完全不同,属于有机、全过程的管理,因此原有的“串联审批”建议优化为“并联审批”。考虑到装配式建筑的特性,采用住宅产业化的工程验收可以考虑采用分批多次验收的方式,可以使项目开发周期大大缩短,发挥装配式建筑的优势,同时减少开发企业的管理成本和时间成本。在安全制度方面加快制定与预制建筑体系相配套的管理规定,适应预制装配式建筑生产方式的特点。

(7) 技术规程。加快相关技术规程的修订和编制,促进标准规程与市场需求的统一。同时,预制建筑技术发展是百花齐放的,各个企业可能有自己独特的体系,一本规程包打天下的做法不太现实,应鼓励各个先行企业将自己的企业标准提升为上海市标准。

(8) 质量保证体系。开发商和建筑商对质量的责任建议上升到立法高度,并贯彻建筑全生命周期,如延长保修期等。开发企业在构件产品的选择上,应慎重选择生产厂家。PC 建筑的起步阶段,需以优良的质量赢得口碑、培育市场,避免因产品质量问题影响 PC 建筑产品的形象和开发企业的形象。建立优良住宅部品认定制度,由专业的住宅部品认定中心对部品的外观、质量、安全性、耐久性、使用性、易施工安装性、价格等进行综合审查,公布合格的部品,并贴“优良部品”标签,设定一定的有效期。经过认定的住宅部品,政府可强制要求在保障性住宅中使用。优良住宅部品认定制度建立,可逐渐形成住宅部品优胜劣汰的机制,是提高部品质量和建筑产品质量,推动住宅产业和住宅部品发展的一项重要措施。

(9) 对传统作业方式加以限制。采取措施,有步骤、有计划、有区域地对传统建造方式加以限制,例如在一定阶段、一定区域内,仿照香港的做法,采用征收建筑废物处置费的形式促使减少建筑垃圾的产生,提高使用预制构件的积极性。在此基础上,渐进式、逐步地加以推进。

另外在装配式建筑的产业化生产方式中,应大力推广信息化技术,推进住宅工业化建造与信息化的深度融合,以保障性住房建设材料部品采购信息平台为基础,建立住宅工业化信息技术与管理系统,包括建立建筑部品部件的编码标识规范与体系等,逐步实现对建筑部品部件全生产过程、全寿命周期的跟踪监测,完善质量追溯机制。

(10) 社会宣传方面。需要加大预制装配式建筑以及示范项目的宣传,如打造公益性教育宣传基地,让老百姓实实在在感受到 PC 建筑带来的成效,感受到建筑质量提升、科技含量提升、住宅保值增值带来的实惠。

2.2 上海建材行业能源管理主要任务

2.2.1 建立能源管理体系

重点用能企业应率先贯彻GB/T23331《能源管理体系要求》，组建能源管理职能部门，落实专职人员开展能源管理工作，包括组建企业节能管理网络，制定能源管理制度，实行能源消耗指标考核。一个科学的、可操作的、可持续发展的能源管理体系，是企业节约能源和资源、减少污染物排放的保障。能源管理体系认证过程，也是企业持续开展节能技改，持续推进能源管理标准化的过程。

2.2.2 能源规划与计划

企业能源主管部门应根据企业发展的总体战略和发展规划，依据国家能源政策、法规和标准，结合企业能源特点和能源管理的任务，组织编制与企业规划（计划）期相一致的能源规划和行动计划，提出相应的技术、装备和管理措施，以满足企业发展的能源需求和管理要求，完成各项节能减排任务，为提高企业在市场经济中的综合竞争力而认真做好各项工作。

2.2.3 能源计量与监测

能源计量是指在能源流程中，对各环节的数量、质量、性能参数、相关的特征参数等进行检测、度量和计算。能源计量是能源统计的技术基础。能源统计建立在能源计量记录的基础之上，没有能源计量就没有能源统计，只有做好能源计量，才能做好能源原始记录、统计台账，进行统计汇总和统计分析。能源监测是对能源用户进行合理用能、规范用能、节约用能的管理与指导，包括新增用能管理、能源管线保护、用能设备监测以及能源管线“跑、冒、滴、漏”检查工作等。

2.2.4 能源统计与分析

能源管理部门根据国家、地方政府、行业部门的要求以及企业内部生产经营、能源管理、成本管理等的需求，在规定的周期内，对规定对象的能源消耗、使用情况进行收集、汇总、平衡并进行指标、参数的计算，形成报告（统计表）。能源分析工作是在能源管理部门的组织下，联络相关部门对汇总、平衡、计算后的能源数据、指标结果进行评价，分析其合理性，找出薄弱环节，作为下一轮能源计划编制的参考依据，并针对薄弱环节制定具体的措施和项目。

2.2.5 能源指标与节能

能源指标是反映企业、工序及其他部门能源管理水平高低的主要标志。它既有反映企业级、工序级的能源消耗综合指标，也有反映能源生产、供应系统的技术生产指标。能源管理部门根据能源统计的能源消耗结果，结合各用能单位的生产情况，计算完成各类能耗指标。

能源管理的节能工作，是通过能源管理部门对生产工序、部门能耗分析和与同类工序的国内外水平的比较及能源审计，从中发现各环节用能过程中的节能潜力。针对节能潜力组织力量进行技术改进与制度完善，从而降低能源消耗，提高能源利用效率。

2.2.6 能源技术与评估

按照国家标准GB/T7166—1977《企业能源审计技术通则》的要求，开展能源审计，并完成审计报告。通过能源审计使企业的生产组织者、管理者、能源使用者及时分析、评价和掌握能源管理水平和用能状况；排查问题、摸清薄弱环节；寻找节能方向、挖掘节能潜力、确定节能方案；提高企业能源利用率、降低能源消耗和生产成本。

2.2.7 能源利用和节能减排

《上海市节能和应对气候变化“十二五”规划》提出，“到2020年，上海力争实现传统化石能源消费总量的零增长，能源利用效率主要指标达到国际先进水平，人均能源消费量和碳排放量基本实现零增长，单位生产总值二氧化碳排放量比2005年下降40%～45%

基于建材行业和上海地域的特殊性，节约能源和控制环境污染是摆在上海建材行业几乎所有企业面前的重大课题。如何解决好这两大难题，是考验企业领导人智慧的试金石。在今后一段时期内，全行业企业仍需花大力气施行工业锅炉炉窑节能改造、电机系统节能改造、余热余压回收利用、企业能源管理中心建设和清洁生产管理建设等措施，促进节能减排技术和管理水平再上新台阶。

2.3 上海建材行业节能环保地方标准体系和服务平台

2.3.1 地方标准体系

上海市地方标准DB31/498—2010《水泥单位产品能源消耗限额》及国标

GB16780—2012《水泥单位产品能源消耗限额》中的一大亮点是“水泥配置”这种新型生产方式的提出。水泥配制工艺技术是近年来上海引入的水泥深加工应用技术，其通过采购优质的水泥成品，添加包括工业废渣在内的混合材，经一定的工艺技术设备加工配制，形成符合国家标准并满足市场需求的通用类水泥产品。它节省了原材料和成品间的差额运输能耗，单位产品生产能耗及排放极低，且可以对工业废弃物进行利用，已成为上海水泥行业一大特色。使用该生产模式的配置水泥生产厂不仅为上海提供了大量优质的水泥以满足建筑业需求，同时能耗水平只有传统水泥生产方式的1/10，大大节约了能耗和资源。

增设的“节能降耗导向”是标准的另一亮点，它明确了上海水泥生产鼓励发展和应用先进的工艺技术。上海的水泥生产企业积极以技术改造为抓手，在应用方面也体现了这一明确的导向。

(1) 部分企业逐步淘汰了旧的直径在3米以下的中小型球磨机，采用新型的$\phi 3.2$米的大型磨机，提高了粉磨的效率，降低了能耗。

(2) 有些企业增设了新型水泥磨设备，集粉碎、粉磨、烘干、选粉等工序于一体，使粉磨效率提高，电耗降低。

(3) 部分企业淘汰了旧生产线，采用闭路粉磨工艺流程，加设了选粉设备，可及时将已磨细的细粉排出磨外，有效地避免了过粉磨现象。此外，闭路磨内物料流速加快，各仓的研磨体分别恰当地承担着粉碎或粉磨任务，故使产量提高，电耗降低。

(4) 许多传统生产厂家淘汰了老式的第一代离心式选粉机和第二代旋风式选粉机，采用先进的第三代O-SEPA改进型选粉机和新型组合式选粉机。新型选粉机能大幅提高磨机产量：与传统闭路磨相比，产量可提高20%～30%，同时还降低了粉磨电耗，可节电15%～20%。

(5) 有的企业即便无法迅速转型进行生产线改造，仍在标准的引领下进行改造。如对衬板、隔仓板、球配等磨机的自身结构进行改造，改造后磨内实现粗细颗粒的筛分，有利于减少过粉磨现象；有的增设尾仓并采用小型研磨体，有利于水泥颗粒级配及球形化。这些措施都降低了能耗，节约了资源。

GB16780—2012《水泥单位产品能源消耗限额》标准中还突出了低温余热发电技术的重要性，以1条日产5 000吨水泥熟料的生产线为例，配置的余热发电机组每日可发电21万～24万千瓦时，每年可发电6 700万～8 000万千瓦时，可解决60%的水泥熟料生产自用电；产品综合能耗下降18%，每年可节约标准煤约2.5万吨，减排二氧化碳约6万吨。标准中的6.2.3.2条：“水泥生产企业宜利用水泥生产线协同处置废弃物，使水泥制造业向资源综合利用转型”，在此引领下，上海在水泥窑炉处置废弃物方面作了大量的尝试，取得了一定的实践经验。为此，根据上海水泥生产的产业政策，明确发展建设的全能水泥企业必须是建材资源综合利用和处置废弃物为主的水泥企业。以上海拟建的污泥处置项目为例，其建设的目的是为处理上海的污泥等废弃物，该新项目为更好地推进节约资源和能耗，在现行标准基础上对能耗指标提出了更高的要求（见表 2-8）。

表 2-8　新项目能耗指标与国际指标比较

分　类	可比熟料综合煤耗限额限定值（千克标准煤/吨）	可比熟料综合电耗 a 限额限定值（千瓦时/吨）	可比水泥综合电耗 b 限额限定值（千瓦时/吨）	可比熟料综合能耗限额限定值（千克标准煤/吨）	可比水泥综合能耗限额限定值（千克标准煤/吨）
新项目指标	102.8	59	85	97.11	91.5
新建 4 000 吨/天以上国标准入	≤110	≤62	≤90	≤118	≤96
4 000 吨/天以上国标先进	≤107	≤60	≤85	≤114	≤93

从表 2-9 可以看出在其他建材类型中，通过强制性能耗标准的实施，新产品生产，新企业的设计、施工、投产等将通过能耗的技术指标进行界定。建立了严格的产品与企业的市场准入门槛，现有企业的生产如不能达到能耗标准的要求应限期改造；若改造后仍达不到要求，则应明令关闭。因此，能耗标准的实施，强制淘汰了一大批高能耗、高耗材、高耗水、高污染环境的建材企业，为我国“十二五”规划纲要的顺利完成奠定了基础。

表 2-9　建材能耗标准实施的经济效益（上海）

标准名称	经济效益
GB16780—2012《水泥单位产品能源消耗限额》	80%的企业综合能耗 2014 年较 2010 年降低了 20%以上
GB21252—2013《建筑卫生陶瓷单位产品能源消耗限额》	上海 7 家建筑卫生陶瓷企业近年已迁走 2 家，剩余 5 家企业综合能耗下降明显；建筑陶瓷生产能耗下降约 15 千克标准煤/吨，卫生陶瓷生产能耗下降约 35 千克标准煤/吨
GB30184—2013《沥青基防水卷材单位产品能源消耗限额》	上海 15 家防水卷材生产企业有 1 家停产。标准实施以来，大部分生产企业自觉关心本厂该类单位产品的能耗，采取一系列措施来实现优质、低耗和清洁生产，生产过程中加强设备的日常维护工作，做好生产工序的节能降耗工作，提高产品的合格率；防水卷材单位产品能源消耗下降约 10%
GB30185—2013《铝塑板单位产品能源消耗限额》	上海铝塑板生产企业主动进行了技术改造，采用两辊热复合成型、电磁加热方式等先进工艺技术提高生产效率和能源利用率；配备余热回收等节能设备，最大限度地对生产过程中可回收的能源进行利用

2.4　上海建筑行业转型发展的现状及存在的问题

2.4.1　上海建筑行业转型发展现状

“十二五”期间，上海建筑业总体保持平稳增长。2014 年，上海建筑业总产值达到约 5 500 亿元，同期增长 7.8%。根据市委、市府关于实施创新驱动发展战略的要求，上海以建筑工业化发展为契机，全面推进装配式建筑，大力发展绿色建筑，积极推广 BIM 技术应用，各项工作均取得了一定进展。

2.4.1.1　政策管理体系初步建立

建立健全了推进机制，发布《上海市绿色建筑发展三年行动计划(2014—2016)》《关于本市进一步推进装配式建筑发展若干意见》《上海市推进建筑信息模型技术三年行动计划》等专项推进计划，明确提出了绿色建筑、建筑节能、装配式建筑和 BIM 技术发展目标和路线图。充分发挥政策引逼作用，颁布了《上海市建筑节能项目专项扶持办法》，进一步加大资金扶持力度，充分鼓励了绿色建筑、节能改造、装配式建筑、可再生能源等重点项目落地。发布了《关于进一步强化绿色建筑发展推进力度提升建筑性能的若干规定》等配套政策，在土地出让源头控制、技术标准、行政许可、市场激励等方面形成了面上推进与监管的机制。装配式建筑率先在住宅领域取得较快的发展，并逐步向公共建筑领域推进。在推动建筑行业 BIM 技术的应用方面，发布了《关于本市推进建筑信息模型技术应用的指导意见》，进一步推进 BIM 技术的应用发展。

2.4.1.2　技术标准体系不断完善

“十二五”期间，上海市在技术研发和标准体系建设方面成果显著，颁布了多项标准和图集。先后实施了《绿色建筑评价标准》《绿色建筑设计标准》《住宅建筑绿色设计标准》《公共建筑绿色设计标准》《公共建筑节能设计标准》《既有公共建筑节能改造技术规范》等绿色建筑和建筑节能地方标准。创建了全国首个“国家机关办公建筑和大型公共建筑能耗监测平台”，已累计对全市 1 288 栋建筑进行了能耗监测，覆盖建筑面积达 5 746 万平方米。编制了《装配整体式混凝土住宅体系设计规程》《装配整体式混凝土住宅构造节点图集》等 7 部标准、图集，初步完成从设计、构件制作、施工安装等通用标准的建设，材料部品化的研究也形成了相关图集、工法和验收标准。编制完成了全面推进上海市建设工程 BIM 技术应用的基础标准《建筑信息模型应用标准》。

上述标准规范与住建部发布的相关标准规范互为衔接补充，能够满足当前上海绿色建筑、装配式建筑发展的需求

2.4.1.3 产业市场培育初见成效

“十二五”期间，政府主管部门针对建筑业转型发展，颁布了一系列激励政策，有效激发了建设、设计、施工和中介服务机构的积极性和能动性，绿色建筑、装配式建筑和 BIM 技术的市场关注度持续升温。积极推动既有建筑节能改造市场化机制建立，促进本市绿色节能服务产业健康有序发展。推广合同能源管理方式，发布《民用建筑能效测评标识标准》，建立了国家能效测评机构培训基地，并组织开展业务培训，鼓励第三方机构参与节能量审核评价及建筑能效测评工作。施工企业积极开展绿色施工技术研发，成功创建了“南京西路 1788 工程”“上海中银大厦”等一批国家级绿色施工示范工程。部分行业龙头单位联合组建了上海建筑工业化产业技术创新联盟，涵盖了开发、设计、施工、构件生产和研发等各个工程建设环节，形成良好的互动平台。一些开发、设计和施工企业内部也相继成立了住宅产业化促进中心、科技创新中心、BIM 技术研发中心等部门，市场主体的转型意识逐步增强。

2.4.1.4 推进和监管机制逐步理顺

为了推进和协调上海市建筑转型发展的监管机制，上海分别建立了“上海市绿色建筑发展联席会议制度”“上海市新建住宅节能省地和住宅产业化发展联席会议制度”以及“上海市建筑信息模型技术应用推广联席会议办公室”。由市政府分管领导作为召集人，相关部门作为成员单位，共同组织制定和协调建筑转型发展、政策落实及项目建设。此外，上海市绿色建筑协会、建设协会等社会团体组织也积极探索行业转型发展道路，开展了绿色建筑和装配式建筑示范工程创建活动，发挥了行业示范引领作用。为保证绿色建筑和装配式建筑从报建到验收全程处于监管状态，上海市出台了《绿色设计专篇》《装配式设计深度规定、审查要点和安全质量》等监管要点，通过行政监管与市场激励相结合等手段，稳步提高绿色建筑、装配式建筑以及信息化模型技术应用水平，积极培育建筑转型市场的发展。

2.4.1.5 转型发展取得阶段性成效

上海在绿色建筑、装配式建筑以及 BIM 技术应用方面均已呈现出了快速发展的态势。绿色建筑已从单体示范进入规模化快速发展模式，虹桥商务区、国际旅游度假区、南桥新城等获评“国家级绿色生态城区示范区”。截至 2015 年 12 月底，全市已获得绿色建筑标识的项目总数达 297 项，其中二、三星级比例超过 80.5%，总面积超过

2 677 万平方米；完成国家级标准公共建筑节能示范改造面积 400 万平方米；共有 12 个项目获得“绿色建筑创新奖”，其中有 4 个项目获得“全国绿色建筑创新奖”一等奖。“十二五”期间，上海可再生能源建筑应用面积达到 1 552 万平方米。装配式建筑落实面积累计达 1 000 万平方米以上，并成功获批“国家住宅产业化综合试点城市”。上海市共有装配式钢筋混凝土住宅示范项目 21 个，示范项目建筑面积达到 100 万平方米以上，典型试点住宅预制装配率达到 50%～70%，在国内处于领先水平。在国内率先启动了 BIM 技术推广工作，通过世博园区、国家会展中心、上海迪士尼、上海中心、浦东机场等一大批重点工程的运用，积累了一定的工程实践经验。

2.4.2　上海建筑行业转型发展存在的问题

“十二五”期间，尽管上海在推动建筑业转型升级方面做了许多工作，但我们也清醒地认识到，上海建筑行业的转型发展总体上仍处于起步阶段。上海绿色建筑、装配式建筑和 BIM 技术应用三个方面发展不平衡，步伐不完全一致。对标国际一流，对照中央、市委市政府要求和行业发展需求，上海建筑行业转型升级依然任重道远，在建筑转型发展过程中还存在以下几方面不足。

2.4.2.1　转型发展步伐有待进一步加快

一方面，建筑行业对推动建筑业转型升级的紧迫感认识不足、动力不够。绿色建筑和装配式建筑建造方式的改变促使设计、施工等建设过程的各个环节发生重大变革，传统的建造习惯难以在短期内转变，使得部分企业转型发展的意愿不足。另一方面，在推进初期，部分建设单位对已出台的政策不熟悉，囿于增量成本、眼前利益，使得部分适合以装配式方式建造的项目未被很好落实，以土地出让为抓手的推进机制在部分地区落实尚不到位；绿色建筑规模化发展不够，区域发展不平衡，重绿色设计轻绿色运维，绿色建筑设计标识 95%，运营标识仅占 5%。BIM 技术仅在试点项目上应用，尚未在面上形成全方位的推广。目前建筑转型发展推进工作主要依靠政府管理部门，现有激励政策存在一定局限，市场主体的积极性尚未完全调动起来，难以形成长效的推进机制。

2.4.2.2　技术标准体系有待进一步完善

建筑业转型发展关系到工程项目开发、建设、运维管理全过程，尽管上海已经初步建立了绿色建筑、装配式标准体系，但仍缺少与之配套的技术标准、产品标准和管理标准等。在技术研发、试点应用过程中的标准和工法成果转化投入尚显不足。绿色建筑方面，缺少绿色施工验收的相关配套标准，现有的地方绿色建筑设计标准与国家的评价标准存在一定冲突，有待进一步协调完善；建筑工业化的技术体系以结构体系为主，对不同材料的预制结构以及不同功能的预制结构体系研究还不完整，预制装配式剪力墙结构连接、防水保温连接、现场安装施工及验收等配套标准、规范、工法需要补充完善。符合上海实际情况的 BIM 技术应用标准、数据交换标准、模型交付与验收归档导则等均未出台，满足 BIM 技术应用的招标和合同示范文本、BIM 技术应用服务和收费参考标准也未有统一要求。

2.4.2.3 工程建设模式有待进一步创新

传统建造模式中工程建设开发、设计、施工和运维等各环节相互割裂，建设模式亟需创新突破。工程总承包、承包与分包之间的相互关系、工程建设各阶段设计深度等建设管理机制尚未与转型发展需要形成联动。很多企业习惯于传统建设模式，自身的能力建设不够，还无法适应建筑转型发展，已形成的产业联盟还不能满足建筑转型快速发展的需求，符合建筑转型发展的产业集聚平台尚需进一步培育。此外，产品行业标准缺乏、建材与产品质量良莠不齐、施工过程环境影响问题突出、配套服务缺失等因素，影响了建筑质量和规模的发展。

2.4.2.4 综合监管体系有待进一步健全

目前，推进装配式建筑、绿色建筑的监管机制尚分散在各个部门和各个环节，导致已有的管理机制存在监管力度不均、缺乏统筹等现象，监管机制有待健全，尚需整合管理资源，需要多方形成合力。对绿色建筑和装配式建筑实施的监管方式主要以项目前期土地招拍挂、区域规划，以及项目报建、前期设计把控为主，对施工过程、竣工验收阶段和运营管理阶段的管控手段与措施还需进一步完善。政府行政主管部门对 BIM 技术应用掌握不足，现有管理模式尚未覆盖建筑全生命期，开发、建设、运维各环节管理较为独立，难以发挥 BIM 技术的管理优势。

2.4.2.5 人才队伍建设有待进一步加强

上海现有设计、施工、监理等建筑业从业单位 12 321 家(含外省市进沪单位)，从业专业技术人员 13 万人，劳务工人约 50 万人。上述单位和人员当中，从事过绿色建筑、装配式建筑和 BIM 技术的研究、设计、制作安装、管理的单位和人员远远满足不了本市建筑转型发展的要求。亟需在未来五年强化培育掌握绿色建筑、装配式建筑和 BIM 技术应用的专业技术人才、产业工人、项目经理和监督管理人员。建设行政主管部门人员对转型发展过程中出现的新技术、新工艺、新材料尚未及时掌握，专业技术水平和管理能力有待进一步提升。

第二篇　建材行业生产过程节能减排

第3章 建材行业主要生产领域现状及技能减排技术、工程和案例

3.1 水泥生产行业

作为国民经济建设的三大基础材料之一的水泥，在相当长时期内具有不可替代的作用。水泥工业在为中华民族伟大崛起做出贡献的同时，也大量消耗着原燃材料，并污染了环境。当前，我国水泥工业的技术进步共有三种，一是自主创新的高固气比生产新工艺，二是低温余热发电技术，三是协同处理城市废弃物技术。

我国绝大部分水泥企业靠近矿山，应采用具有自主知识产权的高固气比技术进行改造，将资源吃干榨尽，最大限度地减少对环境的污染。据初步估算，利用这项技术，我国每年可至少节约煤炭3000万吨以上，节电10亿千瓦时，减排二氧化硫41万吨，减排氮氧化合物118万吨。在城市周边恢复或新建一些主要用于垃圾或城市污泥处理为主的水泥厂，像欧洲一样彻底无害化地解决我国垃圾围城的困境。具有高温、气固反应面积大、中碱氛围和固化重金属离子强的水泥熟料煅烧过程，是处理工业固体废弃物、城市污泥、建筑和生活垃圾的最佳途径。2011年水泥工业就资源化地循环利用了钢渣、矿渣、粉煤灰和其他工业废弃物约8亿吨。在某些缺电、交通不便，但煤炭资源丰富又比较便宜的边远地区，不妨也建一些余热发电的水泥厂，保证边远地区的快速发展和繁荣稳定。但在电力供应充裕、水资源短缺的地方，决不能盲目发展这类项目。

相关概念：

(1) 水泥：加水拌和成塑性浆体，能胶结砂、石等材料并能在空气和水中硬化的粉状水硬性胶凝材料。

(2) 新型干法水泥生产技术：以悬浮预热器和窑外分解技术为核心，采用新型原、燃料均化和节能粉磨技术及装备，全线采用计算机集散控制，实现水泥生产过程自动化和高效、优质、低耗、环保。

(3) 矿渣硅酸盐水泥：由硅酸盐水泥熟料、粒化高炉矿渣和适量石膏磨细制成的水硬性胶凝材料。

(4) 硅酸盐水泥熟料：以适当成分的生料煅烧至部分熔融，所得以硅酸钙为主要

成分的产物。

(5) 粒化高炉矿渣:高炉冶炼生铁所得以硅酸钙与铝硅酸钙为主要成分的熔融物,经淬冷成粒后的产品。

(6) 工业副产石膏:指工业生产排出的以硫酸钙为主要成分的副产品的总称,又称为化学石膏、合成石膏。

(7) 危险废物:列入国家危险废物名录或者根据国家规定的危险废物鉴别标准和鉴别方法认定的具有危险特性的废物。

3.1.1 水泥生产行业资源能源消耗及污染物排放情况

本章在充分梳理现有的水泥行业清洁生产标准、污染排放标准、单位产品能耗限额、工艺消耗定额、行业准入条件等标准政策的基础上,结合国内外水泥企业调研信息的分析与比较,将水泥行业的资源能源消耗与污染排放水平划分为四个等级:国内准入、国内一般、国内先进、国际先进,为企业判定自身节能减排水平提供参考依据。

3.1.1.1 企业类型划分

2010年全国水泥总产量18.8亿吨,比上年增长13.8%;全国水泥熟料产量11.8亿吨,比上年增长7.8%,其中新型干法熟料产量9.5亿吨,比上年增长20.7%。截至2010年底,全国已有1316条新型干法水泥生产线在运行。所以主要针对新型干法水泥生产企业。为了能详细、全面反映实际耗能及排污水平,并在企业间具有可比性,将新型干法水泥企业按照生产线规模划分为4000吨/天以上(含4000吨/天)、2000~4000吨/天(含2000吨/天)、1000~2000吨/天(含1000吨/天)、1000吨/天以下四种类型。各规模生产线的数量及产能见表3-1。下文将分别介绍不同规模企业的资源、能源消耗与污染排放水平。

表3-1 各规模新型干法水泥生产线的数量及产能

企业分类	生产线数量(条)	熟料总产能(万吨/年)
产能规模≥4000吨/天	431	66549
产能规模≥2000吨/天~4000吨/天	537	49753
产能规模≥1000吨/天~2000吨/天~	307	11873
产能规模<1000吨/天	41	984

数据来源:中国建筑材料联合会。

虽然近几年我国新型干法水泥得到快速发展,但与国外相比,行业整体上无论是

生产工艺和装备的先进程度，还是企业规模、劳动生产率、产品质量、散装率、清洁生产和环保等方面，其差距之大仍显而易见。新型干法水泥占水泥总生产能力的比重不足25%，绝大多数水泥仍由落后的立窑、湿法窑和小型中空窑生产。水泥企业平均规模仅为十几万吨，远达不到经济规模要求。结构调整和技术改造的任务仍十分繁重。

3.1.1.2 能源消耗情况

1）能源消耗特点

我国水泥行业使用的能源主要为原煤和电，其中煤炭使用量占水泥行业总能耗的78%，我国水泥行业使用的能源种类及各品种使用量所占比例见表3-2。

表3-2 我国水泥行业各能源品种使用量所占比例

类型	比例(%)
能源使用总量	100.00
其中：原煤	75.60
洗精煤	1.71
电力	11.48
燃料油	3.33
天然气	1.91
柴油	1.86

数据来源：中国建材联合会。

水泥企业的能源使用与生产方法、生产方式、自动化水平和管理水平有很大关系。按生产方式，大中型新型干法水泥生产企业（产能≥2 000吨/天）的能耗最低；按生产方式和自动化水平，机械化、自动化程度越高，能耗控制得越好；按管理水平，管理越科学、越精细，能源浪费越少，节能效果越好。

水泥生产过程中耗煤主要用于熟料煅烧和原、燃料及混合材的烘干，但目前绝大多数新型干法水泥生产企业都采用余热对原、燃料及混合材进行烘干，还可以利用多余的余热来发电。因此，新型干法水泥生产企业的耗煤主要集中于熟料煅烧阶段。

水泥生产过程中的综合电耗包括从原、燃料进厂直至水泥包（散）装出厂的整个生产过程全部用电量。其中，生料与水泥的粉磨电耗占总电耗的65%～70%，是水泥生产的主要电耗，新型干法水泥生产各工序电耗所占比例见图3-1。影响水泥企业电耗的主要因素包括技术装备的先进可靠性、单机生产能力和物料的易碎性、易磨性等。

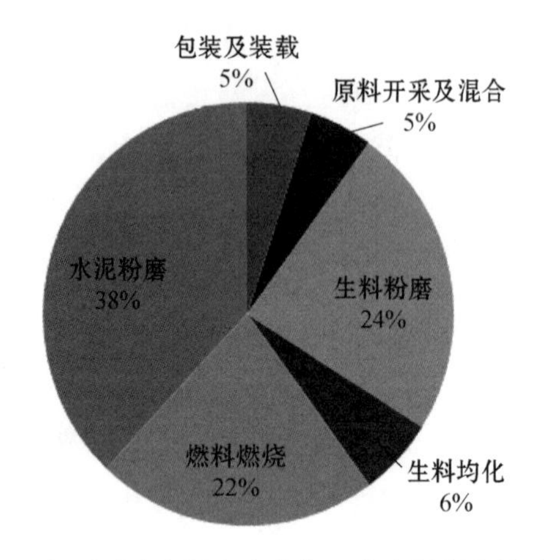

图 3-1　新型干法水泥生产中各工序电耗所占的百分比

2）能源消耗水平

根据所划分的企业类型，各规模新型干法水泥生产线能源消耗水平见表 3-3。

表 3-3　各规模水泥生产线能源消耗水平

能源消耗指标	单　位	消耗水平			
		国内准入①	国内一般②	国内先进②	国际先进
熟料综合电耗	千瓦时/吨				
≥4 000 吨/天		≤62	≤65	≤60	≤60
2 000～4 000 吨/天		≤65	≤70	≤63	≤63
1 000～2 000 吨/天		—	≤76	≤68	≤68
<1 000 吨/天		—	≤78	≤72	≤70
熟料综合煤耗	千克标准煤/吨				
≥4 000 吨/天		≤110	≤113	≤110	≤110
2 000～4 000 吨/天		≤115	≤120	≤115	≤115
1 000～2 000 吨/天		—	≤125	≤120	≤120
<1 000 吨/天		—	≤130	≤125	≤125
熟料综合能耗	千克标准煤/吨				
≥4 000 吨/天		≤118	≤113	≤110	≤110
2 000～4 000 吨/天		≤123	≤118	≤115	≤115
1 000～2 000 吨/天		—	≤122	≤118	≤118
<1 000 吨/天		—	≤132	≤123	≤123
水泥综合电耗	千瓦时/吨				
≥4 000 吨/天		≤90	≤90	≤85	≤85
2 000～4 000 吨/天		≤93	≤95	≤90	≤90
1 000～2 000 吨/天		—	≤100	≤95	≤95
<1 000 吨/天		—	≤115	≤110	≤108

（续表）

能源消耗指标	单 位	消 耗 水 平			
		国内准入①	国内一般②	国内先进②	国际先进
水泥综合能耗	千克标准煤/吨				
≥4 000 吨/天		≤96	≤95	≤91	≤91
2 000～4 000 吨/天		≤100	≤98	≤95	≤95
1 000～2 000 吨/天		—	≤110	≤100	≤100
<1 000 吨/天		—	≤115	≤102	≤102

注：①《水泥行业准入条件》，准入生产线规模 2 000 吨/天以上。
② 见《水泥行业准入务件》。

3）能耗现状

与新型干法相比，落后水泥生产工艺的能耗较高，水泥工业的节能潜力很大。如果我国水泥全部实现预分解窑生产，全行业能耗将降低 40%以上。

水泥生产过程对环境的污染仍十分突出，每年向大气排放的粉尘和烟尘量近 1 000 万吨，严重污染环境。我国新型干法水泥生产企业的环保设施比较完善管理比较到位，基本可以做到达标排放，但绝大多数落后生产工艺的水泥企业仍处于粗放型生产阶段，工人劳动环境恶劣，加上环保设施投入不足，难以做到达标排放，粉尘排放量高于新型干法生产排放的几十倍甚至上百倍。

近年来新建成的新型干法水泥生产线，有个别企业管理不规范，对环保问题不重视，为了节约成本，环保设备时开时关，白天开、夜晚关，不能严格实行达标排放，部分地方存在环保监管不严的问题。一些项目建在风景名胜区、旅游度假区附近，造成对环境的影响和风景名胜景观的破坏。

3.1.1.3 资源消耗情况

1）资源消耗特点

水泥生产使用的原料主要为石灰石、硅铝质原料和铁质原料，其中石灰石的使用量占水泥原料配料量的 80%～85%；硅铝质原料占原料配料量的 12%～15%。近年来部分水泥企业开始使用砂岩、页岩、江（湖）泥、风积沙等；铁质原料约占原料配料量的 3%～5%，多数使用化工厂的废渣（硫酸渣），以及低品位铁矿石等。除上述三类用于生产水泥熟料的原料外，还需要使用石膏作为调凝剂，使用量占水泥产量的 3%～5%，以及火山灰、凝灰岩、沸石、硅藻土等其他天然资源。水泥生产过程中使用的新鲜水（含自来水、地下水、地表水，但不包括重复使用和循环利用水量）主要用于设备冷却，而目前绝大部分水泥生产企业都已采用循环水。

部分企业虽然建设了先进的水泥工艺装备生产线，却不能按新型干法水泥的要求组织生产，存在资源浪费、环保和清洁生产不达标等诸多管理问题。由于大部分地区在非金属矿产资源的地质勘查工作中投入较少，因而大量的石灰岩矿床未曾做过地质勘查工作，实际的资源总量究竟有多少，并不十分清楚，其储量也未被列入国土资源厅的统计之内。如浙江省石灰岩总资源量约为195亿吨，但已探明的储量总计只有21.25亿吨。由于民营企业习惯的立窑生产方式，虽然建设了大规模的水泥生产线，但石灰石仍多为民采、外购方式，大多数企业不重视矿山建设与开采，少数拥有矿山的企业，也缺少正规矿山设计与规范开采，普遍缺乏对矿山的投入，开采技术落后，作业环境恶劣，生产效率低，劳动强度大，矿产资源得不到有效合理的利用，同时易造成资源浪费和环境破坏，并存在较大的安全隐患。

我国电力供应紧张的局面，短期内不会彻底改变。这使相当一部分水泥企业不能连续生产，不但产量、效益受损失，回转窑停停开开，致使耐火砖脱落，造成较大经济损失。

2）资源消耗水平

生产1吨熟料，需要使用1.3吨左右天然原料，国内外基本一致，主要根据所使用原料的品质不同而略有差异。按照石灰石占原料80%估算，2010年我国熟料产量为11.8亿吨，熟料生产原料使用量约为17.7亿吨，其中石灰石约为14.7亿吨，硅铝质原料约为2亿吨，铁质原料约为0.6亿吨，我国水泥工业每年消耗的天然矿产资源量十分巨大。

水泥生产中的新鲜水消耗量企业间差异较大，采用余热发电的企业耗水量相对较高，我国水泥企业水资源消耗水平见表3-4。但从水泥行业整体情况来看，目前我国水泥生产企业的循环水利用率较高。

表3-4　我国水泥企业水资源消耗水平

资源消耗指标	单位	消耗水平			
		国内准入	国内一般	国内先进	国际先进
新鲜水用水量	吨/吨	1	0.3～0.6	<0.3	<0.3
循环水利用率	%	65	85～95	>98	>98

3.1.1.4　排放情况

1）排放特点

水泥生产过程中产生的主要污染物包括粉尘与烟尘、SO_2、NO_X，此外还包括温室气体CO_2，其中只有粉尘是水泥行业生产过程中直接排放出来的主要污染物，SO_2、NO_X等主要来自于煤的燃烧。

粉尘与烟尘：在水泥生产过程中，物料破碎、粉磨、烘干、煅烧、装卸、储存、运输等环节都会产生粉尘和烟尘，其产生量占物料量的5%～10%，其中20微米以下的粉尘和烟尘占50%以上。粉尘及烟尘减排的重点环节为熟料烧成工序中的窑尾部分。

具体到各生产企业，单位产品的粉尘与烟尘排放量差别很大。近几年来国内新建的新型干法水泥(熟料)生产线大多配套高效的除尘设备，能够保证生产达标排放，吨水泥产品的粉尘及烟尘排放量可低至0.3千克左右。

氮氧化物(NO_X)：水泥回转窑中温度达到1 500℃左右时，空气和煤中的氮大量转化为NO_X。目前我国水泥行业NO_X排放量仅次于火力发电和汽车行业，位居第三。水泥生产过程中NO_X减排的重点环节为熟料烧成工序。

二氧化硫(SO_2)：SO_2来自于含硫物料及煤的煅烧，水泥生产过程中SO_2的产生量主要取决于煤的含硫量。在各种水泥生产工艺中，新型干法窑的吸硫率可达98%，此外，新型干法窑生产单位水泥的煤耗最少，因此单位产品排放的SO_2也最少。SO_2减排的重点环节为熟料烧成工序。

二氧化碳(CO_2)：水泥生产过程中排放的CO_2主要来自于分解炉和水泥窑内生料中$CaCO_3$分解以及煤燃烧。CO_2减排的重点环节为熟料烧成工序，在水泥产量维持不变的前提下，减少煤耗、降低水泥产品中熟料的用量是降低CO_2产生和排放最有效的途径(见图3-2)。

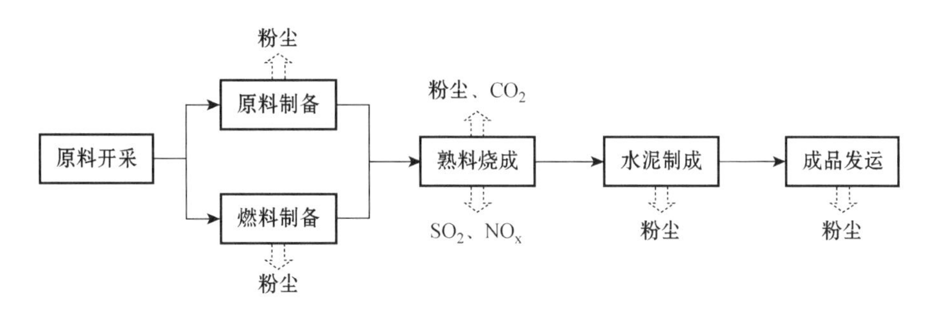

图3-2 水泥生产工艺流程中污染物的排放节点

2) 排放水平

我国水泥工业排放的污染物主要包括粉尘和烟尘(颗粒物)、SO_2、NO_X、氟化物，以及温室气体CO_2。大部分水泥企业都能对废水进行循环利用，不存在水污染。此外，也基本没有固体废弃物排放。各类型水泥企业大气污染物排放水平见表3-5。

表3-5 我国水泥企业大气污染物排放水平

污染物排放指标	单位	排放水平			
		国内准入[①]	国内一般	国内先进	国际先进
颗粒物	千克/吨	≤0.15	≤0.09	≤0.03	≤0.03
SO_2	千克/吨	≤0.60	≤0.30	≤0.09	≤0.09

（续表）

污染物排放指标	单位	排放水平			
		国内准入[①]	国内一般	国内先进	国际先进
NO_x	千克/吨	≤2.40	≤1.20	≤0.60	≤0.30
氟化物	千克/吨	≤0.015	≤0.003	≤0.0015	≤0.0010

注：①数据来自于《水泥工业大气污染物排放标准》。

3.1.1.5 资源综合利用情况

1）资源综合利用特点

由于水泥窑炉具有温度高、物料在炉中停留时间较长等优势，无机和有机可燃物均可以在窑内完全分解，最终实现终端处理和无害化处理，并且二恶英排放量较低，因此水泥行业可以利用自身的生产工艺特点消纳其他工业以及生活废弃物。水泥生产过程中可利用的固体废物主要有钢铁与有色金属行业产生的钢渣、粒化高炉矿渣、赤泥及多种尾矿渣；化工行业产生的硫酸渣、电石渣、磷石膏等；电力行业产生的粉煤灰、炉渣、脱硫石膏；煤炭行业产生的煤矸石等。此外，水泥企业还可以协同处置城市废弃的可燃物、垃圾焚烧炉产物、污泥及某些危险废物等。

2）资源综合利用水平

目前，国内大型水泥生产企业主要利用工业废渣作为水泥生产替代原料，在原料制备过程中进行配料，以及作为混合材生产水泥。在工业废渣的综合利用方面，我国水泥行业处于国际领先水平。此外，在资源综合利用方面，水泥生产企业还采用低品位石灰石、劣质煤、无烟煤等资源代替优质天然资源。我国水泥企业资源综合利用水平见表3-6。

表3-6 水泥企业资源综合利用水平

资源综合利用指标	利用水平(%)			
	国内准入	国内一般	国内先进	国际先进
采用CaO含量<48%的石灰石	<5	5～10	>10	>10
采用硅铝质替代原料	<30	30～50	>50	>50
采用低质煤	<20	20～30	>30	>30
废弃物作为水泥混合材料				
矿渣水泥	≥20～30	>30～40	>40～70	>37
火山灰水泥	≥20～30	>30～40	>40～50	
粉煤灰水泥	≥20～25	>25～30	>30～40	
其他工业废弃物在配料中使用	<10	10～15	>15	>15

3.1.2 水泥生产行业技术现状

3.1.2.1 水泥行业技术结构

近年来，在国家宏观调控政策的指导下，我国新型干法水泥产能持续增长，生产集中度不断提高，节能减排技术的研发与应用使水泥企业的效益明显提高。淘汰落后水泥产能的政策促进了水泥企业整体技术结构的进一步改善。我国水泥行业大中型企业基本上都采用新型干法窑外分解窑生产工艺，主要的生产设备大多采用国产设备，积极采取节能减排技术措施，努力将对环境的影响降到最小，进行资源综合利用。

通过搜集、整理水泥生产流程中各个工艺单位内的技术清单，构建了水泥行业技术体系(见图 3-3)。其中，每个工艺单位下的技术既包括经评估筛选得出的节能减排先进适用技术(用 * 号注明)，也包括现阶段行业内普遍采用的技术。根据各类技术在生产过程中的功能，细分为生产过程节能减排及资源能源综合利用、污染治理三大类技术，各类技术的逻辑关系用工艺流程框图的形式表示，如图 3-3 所示。

3.1.2.2 行业技术水平

“十一五”期间，受国民经济持续快速发展的拉动，我国水泥行业在产业结构、生产技术和工艺装备方面都取得了长足进步。“十一五”期间，我国水泥行业结构调整取得重大进展，累计淘汰落后水泥生产能力 3.4 亿吨，在提升行业整体生产技术水平和产品质量的同时，还提高了行业整体资源利用效率。

近年来，我国水泥行业技术发展取得了一批具有显著经济效益和社会影响的重大成果，已全面掌握了大型新型干法生产工艺技术，并具备了成套装备制造能力，技术装备水平接近或达到国际先进水平，基本完成了追赶世界先进水平的任务。新型干法水泥在预分解窑节能煅烧工艺、大型原料均化、节能磨粉、自动控制和环境保护等方面，从设计到装备制造都迅速赶上了世界先进水平，在全国制造业中率先实现了从产品出口向大型成套技术装备出口的跨越，其先进性、可靠性和优异的性价比得到国际业界的好评。

新型干法水泥的生产工艺过程包括原、燃料进厂、破碎、生料制备、熟料煅烧、水泥制成直至水泥包(散)装出厂，涉及的生产技术主要包括矿山开采、破碎、预均化、粉磨、输送、冷却、余热利用、污染物治理、替代原燃料等，主要可以分为生产技术、资源及能源综合利用技术及污染治理技术三类。

未来我国水泥行业技术发展的趋势主要集中于以下几个方面：不断自主创新，提高关键生产技术及装备的国产化率，缩小与国外先进水平的差距；加强污染物治理及温室气体技术的研发，努力将对大气的污染及影响控制到最低；加快对废弃物资源化利用相关技术的研发，促进水泥行业的快速、可持续发展。

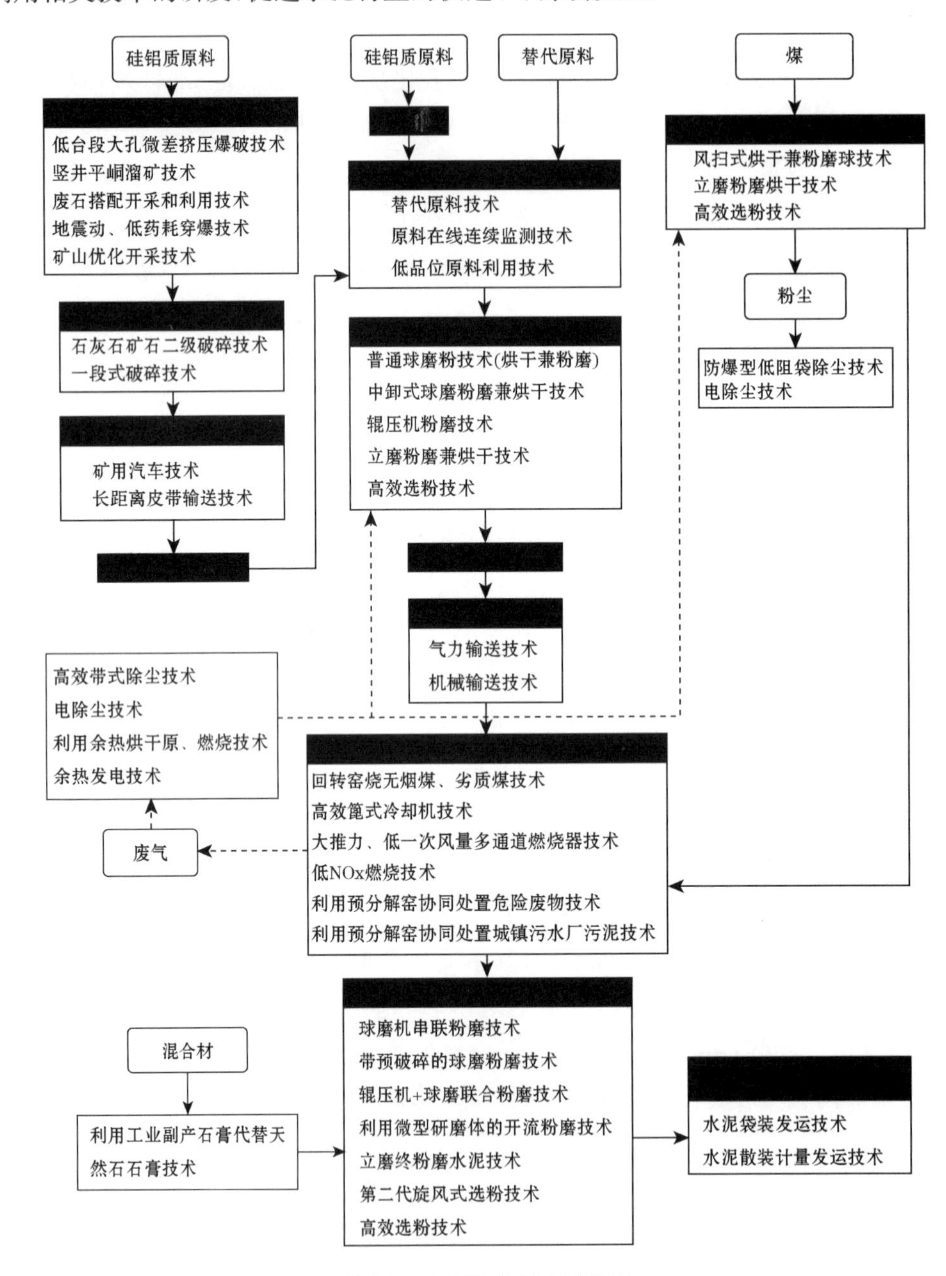

图 3-3　水泥行业技术结构图

3.1.3 水泥生产行业节能减排技术

3.1.3.1 节能减排先进适用技术

1）水泥行业节能减排技术概述

根据水泥生产的工艺流程将水泥生产分为原料开采及原、燃料制备，熟料烧成，水泥制成三大主要工序。在每个工序中，根据技术的功能，将所选择的技术划分为生产过程节能减排技术、资源能源综合利用技术和污染治理技术三大类，以便为企业提供分类指导。

生产过程节能减排技术是指产品生产过程中降低物耗、能耗，减少污染物产生量的源头削减技术，具体包括低能耗、低污染的新工艺与新技术；天然优质原、燃料的替代或预处理；过程优化等类型。

资源、能源综合利用技术是指将水泥生产过程中产生的余热、余压与废物等经回收、加工、转化或提取，从而生成新的可被利用的能源或物质，包括废热综合利用，高浓度废液处理回用以及固体废物资源化等类型。

污染治理技术是指通过化学、物理或生物等方法将企业中已经产生的污染物进行削减或消除，从而使企业的污染排放达到环境标准或相关要求。

根据行业调查情况来看，目前我国水泥行业节能减排技术水平现状如图3-4所示。

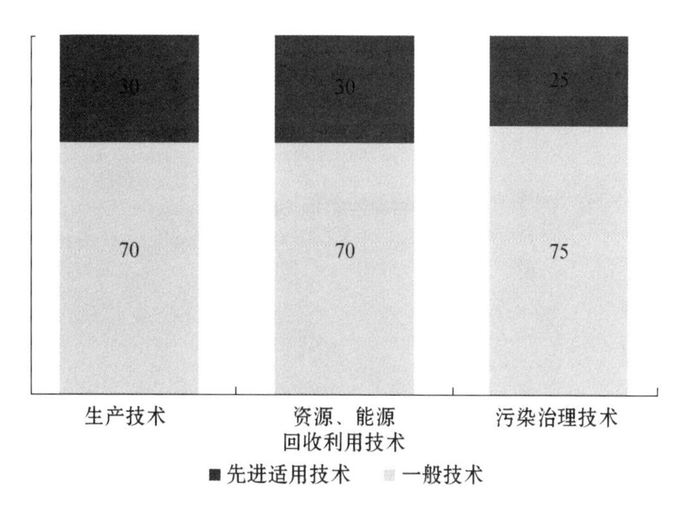

图3-4 水泥行业节能减排技术水平现状（%）

先进适用技术在现有市场中所占的份额（技术普及率）如图3-5所示。

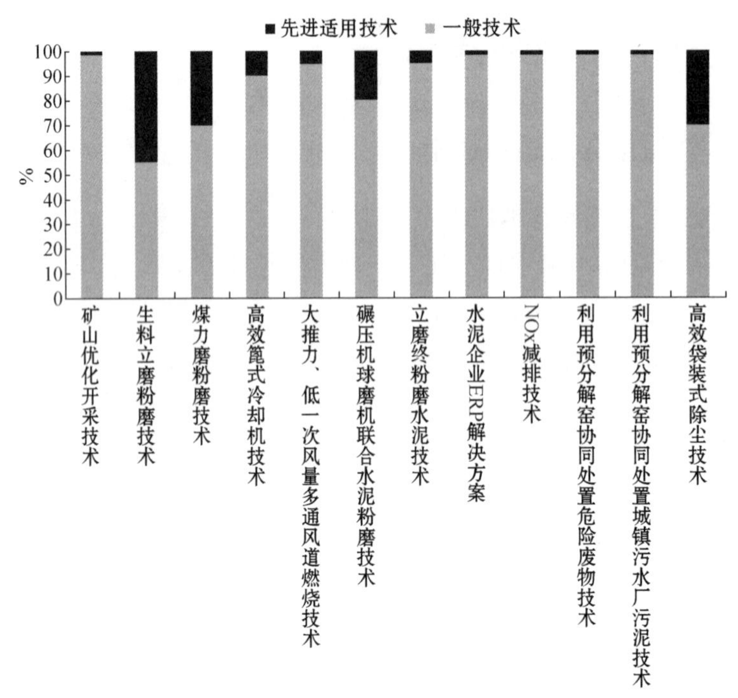

图 3-5　水泥行业节能减排先进适用技术水平现状

2）生产过程节能减排技术

(1) 矿山优化开采技术。

① 技术介绍。矿山优化开采技术是结合优化配矿系统与 GPS 自动调度系统的一体化生产管理系统，在三维化、网格化数字矿体模型的基础上，融合生产勘探、采场测控、过程控制等实时数据，建立配矿优化数学模型，按目标规划方式算出最优配矿方案，用于露天矿山优化采掘进度计划，实现生产调度指挥、监控和生产考核；矿山管理人员利用该系统(见图 3-6)，可优化生产计划编制，并实现对运输车辆、电铲和其他

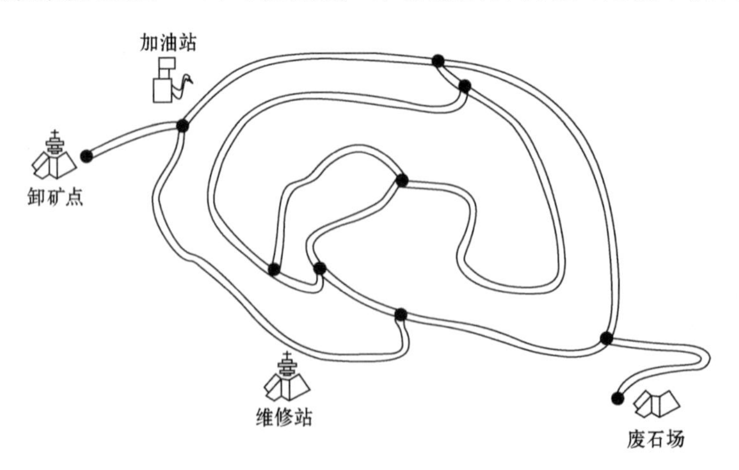

图 3-6　石灰石矿山数字管理系统基本原理图

生产设备的实时动态监控、优化调度、量化管理,从而大大提高矿山生产设备的利用率和生产效率,减少废石排放,提高生产安全性,加强科学管理,实现优化生产。

② 技术适用条件。适用于各种石灰石矿山的开采,尤其是剥采比较高的矿山。

③ 节能减排效果。矿山数字管理系统的使用,最直接的效果是降低车铲的总体消耗,提升设备的有效利用率,表3-7仅计算卡车的油耗和轮胎消耗两项指标。

表3-7 GPS石灰石矿山数字管理系统节能减排效果对比

指 标	传统技术	先进适用技术	节能量
	经验调度	采用数字管理	(减排量)/%
卡车油耗[升/(吨·公里)]	0.012	0.011	8.33
轮胎消耗[条/(万吨·公里)]	0.027	0.025	7.41

采用石灰石矿山数字管理系统可以综合降耗8%左右。此外,可以提高资源利用率,减少废石量49.1%。

④ 技术经济分析。按采剥总量800万吨,剥采比1∶1,平均运距2千米,30台终端规模计算结果如表3-8、表3-9所示

表3-8 预计总投资

主要项目	规格型号	单 价(万元/套)	数 量	小计(万元)
配矿优化	通用型	45	1套	45
终端	通用型	2	30台	60
中心		20	1套	20
网络、机房系统		10	1套	10
年运行费用		15	1套	15
其他费用				
小计				150

表3-9 预计年总节约

主要项目	节约单量	年总量	年节约总量	单价	年总节约
节约油耗	0.002升/(吨·千米)	1600万吨·千米	32吨	0.8万元/吨	25.6万元
轮胎消耗	0.002条/(万吨·千米)	1600万吨·千米	3.2条	20万元/条	64万元
总计					89.6万元

按上述两表,仅计算主要节约的消耗,约需1年零8个月收回全部投资,投入产出效果明显(见表3-10)。由此产生的产品质量提升、管理效率提升等间接效果并未计算在内。

表 3-10 预计排废减少总节约

主要项目	节约单量	年总量(万吨)	年效益
减少排废	1 元/(吨·千米)	20	20 万吨
新增矿石	15 万/吨	20	300 万元
总计			320 万元

同时减少排废石量,一年可以创造 320 万元效益,间接效果也极为明显。

⑤ 技术应用情况。

a. 概况。国内露天煤炭矿有 20%左右大型矿山已经开始采用此系统,冶金(包括黑色、有色)露天矿山有 30%也已经采用,但石灰石矿尚未开始广泛实施,将是今后推广的重点。技术应用普及率约为 2%,“十二五”规划期末预计推广达到的比例为 10%。

b. 工程应用实例。冀东大同矿通过采用现代信息技术、数据库技术、网络传输技术和无线通信技术所形成的数字化矿山,将使矿山在企业活动的三维尺度范围内,运用先进的生产、管理理念和方式,对矿山生产、经营与管理各个环节要素,实现网络化、数字化、模型化、可视化和集成化管理,将矿山资源管理实现质的飞跃,矿山生产过程自动化水平显著提升。

c. 具体效果。合理利用境界内的低品位矿,一方面增加了矿区资源储量,另一方面减少了废石排弃;初步估计矿山服务年限比预计延长 5 年;环境上少排弃 1 200 万立方米废石;实现合理配矿,优化配矿,减少了后续加工矿石质量波动,为水泥生产质量稳定夯实基础;实现不同质量矿石分爆、分装、分运,及时合理安排生产调度;可视化生产监控,实现采场作业设备、装卸场地、主要运输通道的远程可视化监控,及时发现露天矿各环节的运行问题,为露天矿的安全生产提供保证。

⑥ 技术知识产权情况。矿山优化配矿是国内外公认的矿山优化生产核心技术之一,国外在 20 世纪 90 年代初与矿山自动化技术一起开始使用,而且效果良好。国内在冶金矿山使用较早,进入 2000 年后才开始在水泥矿山使用。目前在矿石价格越来越高,成本控制越来越严的情况下,矿山优化配矿普遍成为各矿山降耗增效的重要手段。我国已拥有石灰石矿山数字管理系统中的优化配矿和 GPS 自动调度系统研发的自主知识产权。

(2) 生料立磨及煤立磨粉磨技术。

① 技术介绍。生料立磨及煤立磨粉磨是利用料床粉磨的原理对原料或燃料进行粉磨的技术,由于磨辊与磨盘之间存在速度差,以及通过料层(颗粒)的作用而引起的冲击破碎效果,使得物料在挤压、剪切(碾磨)和冲击复合力的作用下被粉碎,故粉

磨效率高。在粉磨的同时，通常采用窑尾热废气对粉磨物料进行烘干，热风将被粉磨的细粉送到其上部的选粉装置内进行分选，使合格的细颗粒随热风进入收尘器而被收集，再由输送系统送入粉料库储存；粗颗粒被分选出，通过中心下料斗回到磨盘再次被粉磨（见图 3-7）。

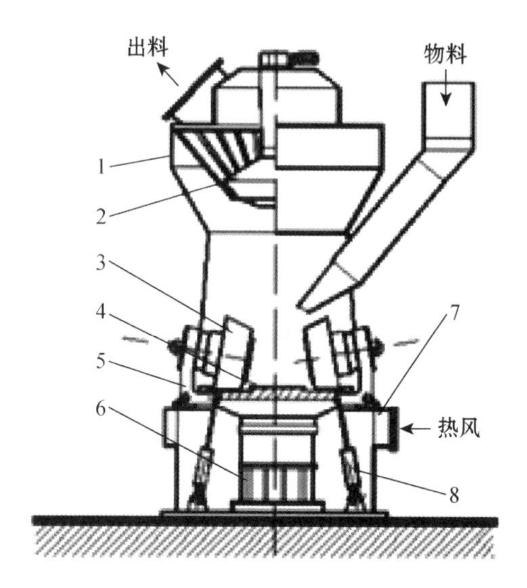

图 3-7　立磨构造图

1-机壳　2-分级装置　3-磨辊　4-磨盘　5-加压装置　6-传动装置　7-环形风道　8-滚压油缸

立磨不同于其他单体（组）粉磨设备，可集粉磨、烘干和分级于一体，具有占地面积小、粉磨效率高、单位电耗低、粒度调整简单、负压生产以及操控方便等优点，属于典型的节能环保型粉磨设备。

② 技术适用条件。适用于新建新型干法水泥生产线的生料及煤粉制备系统，也适用于改造和替换原先采用球磨等传统粉磨设备的生料及煤粉制备系统。

由于各地区石灰石的成分及易磨性不同，原料的配比有很大差别，需要合理选择耐磨件（主要是衬板和辊套）的材质，以维持高运转率和低维修率。位于偏远地区的企业应在购买立磨时购有必要的备件。

③ 生料立磨运行条件。适用于各种工况下，含水率低于 25％的水泥原料制备。由于水泥原料易磨性和磨蚀性的差异很大，同型号的立磨产量及产品单位电耗和耐磨件的磨损差别也很大，因此设计前需用小型试验立磨进行易磨性和磨蚀性试验，以确定较为准确的生产技术指标。

④ 节能减排效果。比球磨粉磨系统节电 20％～35％，即每吨生料省电 8～10 千瓦时；节省研磨材料重量 80％以上，节省研磨材料费用 20％以上。可充分利用窑尾热废气源粉磨兼烘干制备生料，粉磨水分超过 10％的原料时，需要配以辅助热源。

⑤ 技术经济分析。立磨系统可较球磨系统省去一道细碎工序，仅用一台设备即可完成粉磨、烘干和分级功能。立磨系统非常简单，结构紧凑，占地面积小，仅为球磨系统的50%左右，且可露天布置，直接降低企业的投资费用。在同等条件下，可比球磨系统节电30%以上，大大降低生产运行成本。

生料立磨：以5 000吨/天新型干法水泥生产线为例，生料立磨投资成本约为5 000万元，运行维护费用约为1 700万元/年。在原料易磨性为中等的情况下，每吨原料节电近10千瓦时；如果料耗系数取1.55，每年生产天数按300天计算，每年仅节电一项，即可达到2 250万千瓦时，投资回收期为3～5年。

煤立磨：在制备煤粉时，采用粉磨能力与球磨相同的立磨，后者的投资要比前者高出10%～20%，但以日产2 500吨水泥生产线测算，仅按节电费用计，采用立磨经一年多即可将高于球磨的投资成本收回。而立磨的研磨介质磨损仅为5～10克/吨煤粉，球磨则为100克/吨煤粉。

⑥ 技术应用情况。

a. 概况。目前，我国水泥行业已推广500余套生料立磨，水泥生料立磨已实现全部国产化。新建的5 000天/吨以上的新型干法水泥生产线的原料粉磨以及年产60万吨以上的矿渣粉磨线已全部采用立磨。新建水泥生产线中，煤粉磨采用立磨的生产线占90%以上，原有的水泥生产线制备煤粉仍主要使用球磨等传统粉磨设备。2010年生料立磨粉磨技术普及率约为45%；"十二五"规划期末预计推广应用比例为80%；煤立磨粉磨技术普及率约为30%；"十二五"规划期末预计推广应用比例为70%。

b. 工程应用实例。浙江虎山集团5 000吨/天水泥生产线采用HRM4800立磨进行原料粉磨，主要技术经济指标达到国际先进水平，其主要技术参数见表3-11。

表3-11　虎山集团用立磨粉磨原料的主要技术参数

入磨物料粒度	≤100毫米
入磨物料综合水分	6%～8%
入磨物料Band指数	≤13千瓦时/吨
产量	420～500吨/小时
产品细度(R0.08)	16%～18%
产品水分	≤0.5%
出磨风量	70万～75万立方米/小时
出磨风温	≤90℃
磨盘中径	ϕ4 800毫米

（续表）

磨盘最大外径	φ6 100毫米
磨辊直径	φ2 650毫米
磨辊数量	4只
磨盘转速	25转/分
单位产品电耗	13.53千瓦/小时

海南华润水泥（昌江）有限公司2 500吨/天水泥生产线煤立磨系统2009年主要技术参数见表3-12：

表3-12 华润水泥（昌江）公司用立磨制备煤粉的主要技术参数

煤品种	无烟煤
产地	越南
入磨原煤水分	7%～12%
平均水分	10%左右
无烟煤粉消耗量	10.77万吨
煤磨运行时间	5 106小时
磨机平均台时产量	21.1吨
煤粉细度	2.7%
煤粉水分	0.9%
单位产品电耗	30.9千瓦时/吨
主机单位产品电耗	14.2千瓦时/吨

在相同细度要求下磨制无烟煤，用高细煤粉立磨楞比球磨省电10千瓦时/吨以上，每年节电110万千瓦时，按工厂用电平均单价0.57元计算，每年可节省电费62.7万元。

⑦ 技术知识产权情况。我国迄今已研制出具有自主知识产权并成功应用在水泥原料粉磨工序中的立磨，包括适合10 000吨/天水泥生产线配套的各种规格的水泥原料立磨，以及用于5 000吨/天大型水泥生产线的水泥原料立磨，几乎完全取代进口立磨。而2008年以前，国内4 000吨/天及以上的大型水泥生产线几乎全部采用进口立磨，或者用2台小型立磨粉磨原料。

（3）高效篦式冷却机技术。

① 技术介绍。高效篦式冷却机采用一组具有气流自适应功能的充气篦板，使之排列组成静止篦床进行熟料冷却供风，并采用一组可往复移动的推杆推动熟料层前

进，具有主体无漏料、模块化结构，高热回收率、高输送效率、结构较紧凑以及更利于节能等特点（见图 3-8）。

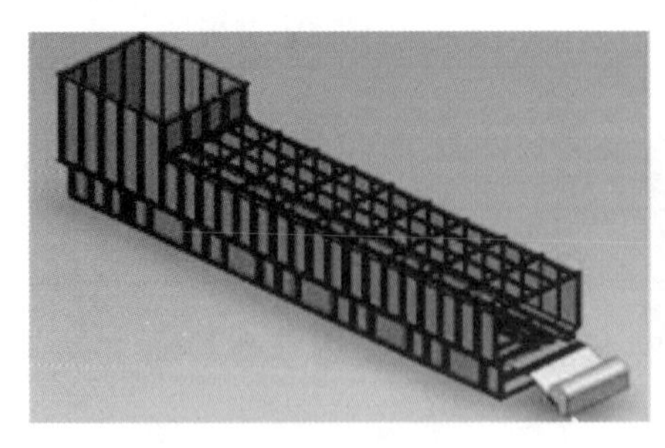
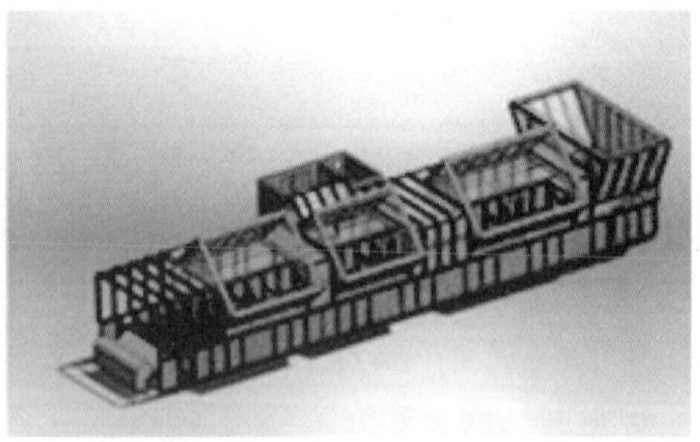

图 3-8　高效篦式冷却机总体结构图

② 技术适用条件。此项技术普遍适用于新建新型干法水泥生产线熟料的冷却工艺，以及原有传统冷却系统的升级改造。

③ 节能减排效果。高效篦式冷却机电耗约为每吨熟料 4 千瓦时，热回收率可达 74%以上，比原有的第三代篦冷机高 4%～6%，熟料热耗可比第三代篦冷机降低 60～90 千焦/千克；体积、重量仅为第三代的 1/2～1/3，设备自身能耗也比第三代篦冷机降低 20%，冷却效率高，篦板使用寿命长，运转率高，节能减排效果显著。

④ 技术经济分析。以 5 000 吨/天（150 万吨/年）水泥生产线为例，高效篦式冷却机的投资约为 2 000 万元，运行维护费用约为 500 万元/年，每年可节煤 4 000～4 500 吨，投资回收期为 3～5 年。

⑤ 技术应用情况。由于该技术产生时间较晚，目前在国内普及率尚低，但因具有多项显著优点，应用前景广阔。当前技术普及率不到 10%；"十二五"规划预计推广比例为 25%。

⑥ 工程应用实例。江西圣塔实业集团 3 000 吨/天生产线采用高效篦式冷却机技术，投资额约 800 万元，建设期为 3 个月，年节能 3 390 吨标煤，年节能经济效益约 237 万元，投资回收期为 3.5 年。

河北燕赵水泥有限公司 5 500 吨/天水泥生产线采用高效篦式冷却机技术，投资额 1 000 万元，建设期为 3 个月，年节能 5 330 吨标煤，年节能经济效益约 370 万元，投资回收期为 3 年。

⑦ 技术知识产权情况。国内外均有相关技术专利。目前我国自主研发的高效篦式冷却机，性能已达到国际先进水平，可代替进口产品，而价格仅为同类进口产品的 50%左右。

(4) 大推力、低一次风量多通道燃烧器技术。

① 技术介绍。大推力、低一次风量多通道燃烧器（见图 3-9）是通过合理设计燃

烧器的风速和通道，有效利用二次风、降低一次风量、形成大推力的燃烧技术。具备有效利用二次风，降低一次风量，形成大推力，具有一次风用量少(8%以内)、燃烧效率高、风速高、推力大、调节灵活、火焰形状可调等优点。

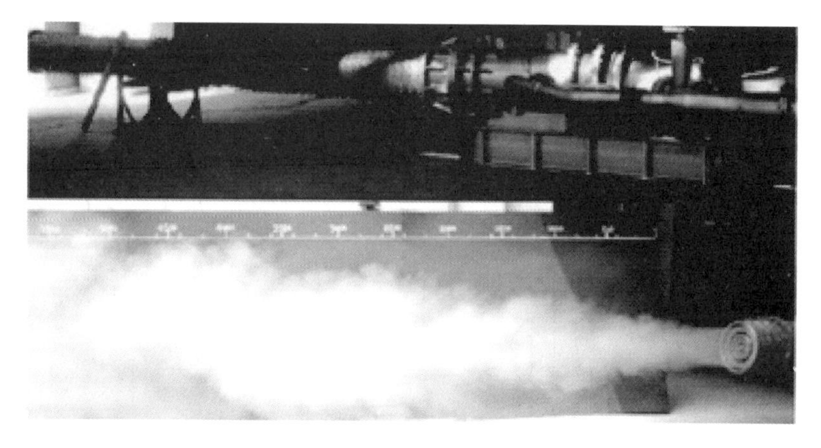

图3-9 大推力、低一次风量多通道燃烧器

② 技术适用条件。普遍适用于新型干法水泥生产线烧成系统。使用时应注意与水泥回转窑的窑型、燃料种类及特性相匹配，通过调控相关通道的推力来调控火焰形状，以适应窑的操作要求。

③ 节能减排效果。多通道燃烧器一次风用量较低，为7%～10%，较传统燃烧器低4%～7%；而一次风用量每降低1%，熟料单位热耗便可降低8千焦/千克，因此多通道燃烧器可比三通道燃烧器降低热耗约33千焦/千克。与传统燃烧器相比，可节煤10%左右。

④ 技术经济分析。此项技术节能减排效果显著，除具有节煤的特点外，还可使用无烟煤、高灰分、低热值的廉价低质煤以及替代燃料，并且生产的熟料质量高。此项技术改造投资约100万元，运行维护简单，经济效益显著，投资回收期为1～3年。

⑤ 技术应用情况。此项技术目前已经成熟，得到行业内的普遍认可，技术普及率逐年提高。可以烧替代燃料的多通道燃烧器也有少量应用，但因使用时间尚短，须待积累经验后，逐步扩大应用。2010年技术普及率不到5%，“十二五”规划期末推广应用比例为30%。

⑥ 工程应用实例。河北燕赵水泥有限公司5 500吨/天水泥生产线窑头燃烧器改造，节能技改投资额约60万元，建设期3天，年节能约1 218吨标准煤，年节能经济效益约83万元。

⑦ 技术知识产权情况。国内外均有相关技术专利。国内拥有自主知识产权的大推力、低一次风量多通道燃烧器技术水平基本已达到国外先进水平，且国产化装备

的价格仅为国外同类产品的1/4～1/3。

(5) 辊压机＋球磨机联合水泥粉磨技术。

① 技术介绍。联合水泥粉磨系统由辊压机、打散分级机(或V型选粉机)、球磨机和第三代高效选粉机组成。经辊压机挤压后的物料(包括料饼)再进入打散分级机(或V型选粉机),使小于一定粒径(一般为小于0.5～2.0毫米)的半成品送入球磨机继续粉磨,粗颗粒返回辊压机再次挤压(见图3-10)。

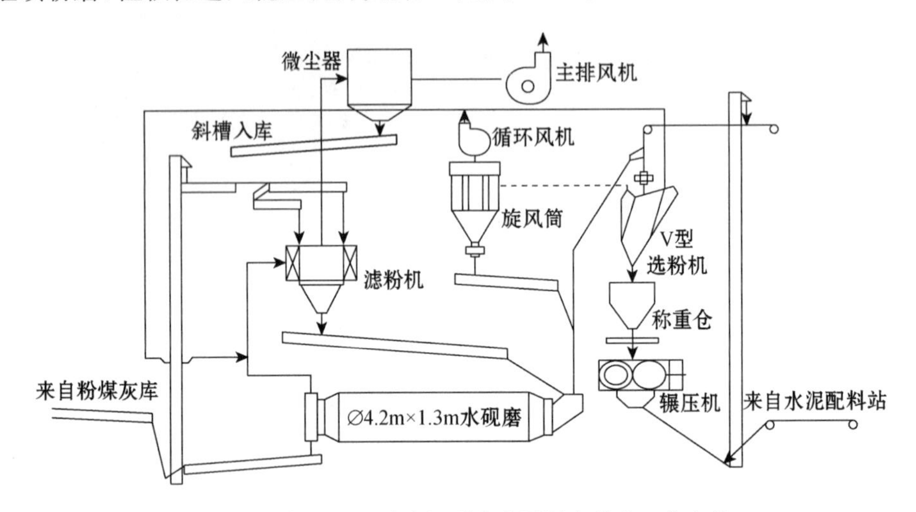

图3-10 辊压机＋球磨机联合水泥粉磨技术工艺流程

② 技术适用条件。普遍适用于新建新型干法水泥生产线和水泥粉磨站,也适用于原有粉磨系统的升级改造。

辊压机操作宜采用国际公认粉碎效率最高的多循环方式,以提高辊压机在粉磨系统中的做功比例,同时还应提高打散分级机(或V型选粉机)对半成品的分散分级效率,以降低进入球磨机的物料的最大粒径。

③ 节能减排效果。联合粉磨系统吨水泥粉磨电耗可降低8～12千瓦时,较传统球磨系统节电15%～30%,可使原球磨机增产幅度超过100%。

生产32.5等级的水泥,台时产量可达到175吨以上时,吨水泥电耗为30千瓦时。生产42.5等级的水泥,台时产量可达到160吨以上时,吨水泥电耗为33千瓦时。同时,还可以提高混合材的掺加量,减少熟料的用量,在降低生产成本的同时实现节能减排。

④ 技术经济分析。联合粉磨系统的产量较纯球磨系统增加100%以上,比纯2套球磨系统减小占地面积30%。由于联合粉磨系统的破碎与粗磨完全由辊压机完成,球磨机仅完成细磨工作,因此球磨机内钢球直径大幅度下降,可减少金属磨耗50%以上,车间噪声由原来的110分贝降至65～80分贝,降低了噪声污染,改善了工

作环境。

以5 000吨/天水泥生产线的水泥粉磨系统和年产200万吨水泥粉磨站为例，每年节约电能2 000万千瓦时，约合1 000万元，年运行维护成本10万～15万元。采用HFCG160-140辊压机＋ϕ4.2×13.0米球磨机的双闭路系统的5 000吨/天水泥生产线，生产42.5等级水泥时，产量可达190吨/小时，技术总投资5 000万元，运行维护费用2 700万元/年，投资回收期为3～5年。

⑤ 技术应用情况。目前此项技术已非常成熟，新建新型干法水泥生产线及粉磨站普遍采用此项技术，同时也是很多传统水泥粉磨设备改造的首选技术。2010年技术普及率约为20%；“十二五”期间此项技术被广泛应用于水泥粉磨系统的技术改造中，推广比例约为50%。

⑥ 工程应用实例。海南三亚华盛水泥有限公司年产200万吨水泥粉磨站一期工程采用HFCG160-140大型辊压机＋HFV4000气流分级机＋ϕ4.2×13.0米球磨机闭路挤压联合粉磨工艺。以生产PO42.5等级水泥为主，在物料邦德功指数为15.96千瓦时/吨，系统产量为206吨/小时，粉磨系统电耗为27.87千瓦时/吨。2009年实际产量超过140万吨，单位水泥节电达10千瓦时/吨以上，实际节电1 400万千瓦时，节约电费超过700万元。

合肥东华建材有限公司年产200万吨水泥粉磨站一期工程采用HFCG160-140大型辊压机＋SF650/140打散分级机＋ϕ4.2×13.0米球磨机开路挤压联合粉磨工艺。以生产PO42.5等级水泥为主，系统平均产量180吨/小时以上，粉磨系统电耗27千瓦时/吨，粉磨站综合电耗小于32千瓦时/吨，与传统球磨机系统节电12千瓦时/吨，年节约电费600万元。

天津振兴水泥有限公司二线（2 400吨/天）配套的国产辊压机联合水泥粉磨系统，与一线ϕ3.8×13圈流球磨系统相比，单位水泥节电近7.0千瓦时/吨，按年产水泥90万吨计，年节电达630万千瓦时，节电费用300多万元。

⑦ 技术知识产权情况。国内外均有相关技术专利，目前国内拥有自主知识产权的辊压机＋球磨机联合水泥粉磨系统已达到国际先进水平，并且国产化装备的价格显著低于国外同类产品。

（6）立磨终粉磨水泥技术。

① 技术介绍。立磨终粉磨水泥技术采用料床粉磨原理对水泥进行粉磨，粉磨系统集粉磨、烘干、选粉于一体（见图3-11）。与球磨系统比较，具有粉磨效率高、能耗低、烘干能力大、物料在磨内停留时间短、有利于更换水泥品种、减少过渡产品量等特点，可用以替换球磨机磨制水泥。粉磨后的水泥产品颗粒分布和性能与球磨相比有所不同。

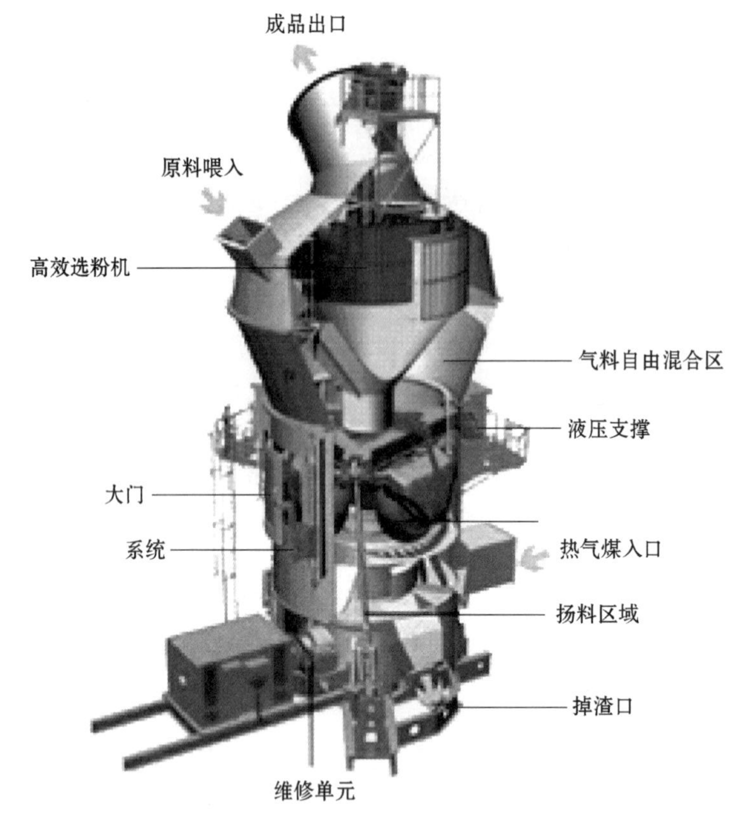

图 3-11　立磨原理图

② 技术适用条件。适用于新建新型干法水泥生产线水泥终粉磨系统，及原有终粉磨系统设备的升级改造，要求企业所处位置交通方便，便于技术提供方进行设备维护及配件更换。

③ 节能减排效果。电耗为 25～30 千瓦时/吨水泥，比球磨机系统低 10～15 千瓦时/吨；比球磨机节电 30%～40%。

④ 技术经济分析。以 5 000 吨/天水泥生产线配套的立磨终粉磨系统为例，投资成本约为 5 400 万元，年运行维护成本约为 2 500 万元，投资回收期约 2～3 年。

⑤ 技术应用情况。2010 年技术普及率不到 5%；"十二五"期间推广比例约为 30%。

⑥ 工程应用实例。湖北亚东水泥公司，生产 P. O42. 5 等级水泥时，磨机单位产量为 217. 5 吨/小时，单位电耗为 30 千瓦时/吨；生产 P. C32. 5 等级水泥时，磨机的单位产量为 199. 7 吨/小时，单位电耗为 34 千瓦时/吨，均优于设计保证指标。

天津水泥工业设计研究院有限公司研制的 TRM45. 4 水泥立磨终粉磨系统，成功应用于越南福山水泥公司，首次实现不喷水，不加助磨剂，并且水泥的品质不低于球磨机系统。主机电耗18～22千瓦时/吨，选粉机电耗0.3千瓦时/吨，风机电耗9千瓦时/吨。电耗较辊压机＋球磨机联合粉磨系统低4～6千瓦时/吨，较球磨系统系统低10～15千瓦时/吨。同时，由于结构紧凑，系统流程简单，此项技术总投资低于辊压机＋球磨机联合粉磨系统。

⑦ 技术知识产权情况。国内外均有相关技术专利，目前国内拥有自主知识产权的立磨终粉磨水泥技术已达到国外先进水平，国产化装备的价格显著低于国外同类产品价格。

(7) NO_X 减排技术。

① 技术介绍。

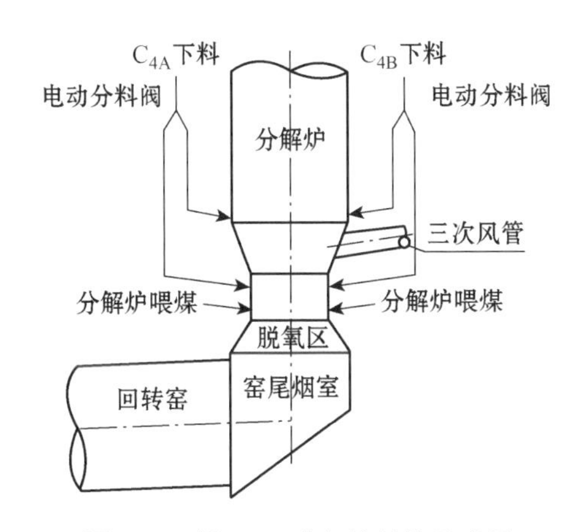

图 3-12 低 NO_X 分解炉结构示意图

NO_X 减排技术主要包括：

a. 优化窑和分解炉的燃烧制度，维持窑系统运行的稳定。

b. 改变配料方案，掺用矿化剂降低熟料烧成温度和时间，改进生料易烧性。

c. 采用低 NO_X 燃烧器、低 NO_X 分解炉等先进设备。

d. 在窑尾分解炉和管道中的阶段燃烧技术等。水泥煅烧过程中经济、实用的技术主要是采用低 NO_X 燃烧器、分级燃烧的分解炉(见图 3-12)及过程参数控制几种措施。在环保要求很高的情况下，需要在窑尾分解炉和管道中采用选择性非催化还原(selective no-catalyst return，SNCR)技术。

SNCR技术的工作原理是以氨(NH3)作为还原剂，在950～1050℃温度范围内，无催化剂作用，氨(NH3)有选择性地将废气中的氮氧化物还原为氮气(N_2)和二氧化碳(CO_2)。SNCR技术的工艺流程主要是在窑尾分解炉的某些部位喷入氨水或尿素等溶液，使之与烟气中的氮氧化物(NO_X)化合，将其还原成氮气(N_2)和水，最适宜的反应温度为950～1050℃(见图 3-13)。

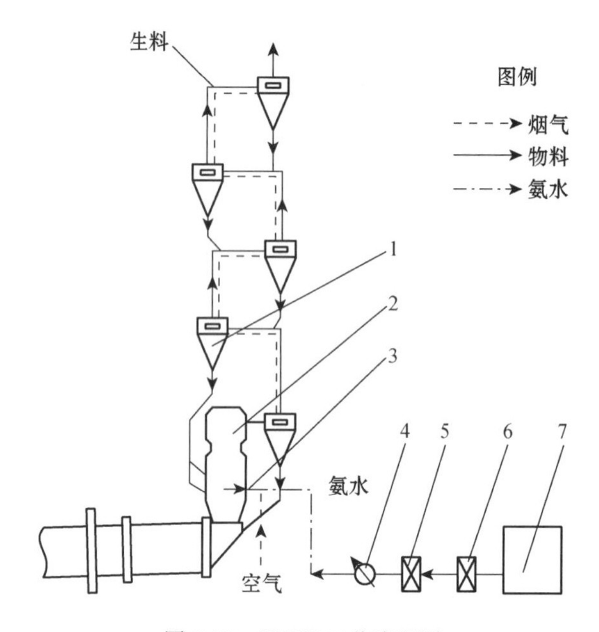

图 3-13　SNCR 工艺流程图

1-预热器　2-分解炉　3-喷嘴　4-流量剂　5-添加泵　6-过滤器　7-氨水储罐

② 技术适用条件。适用于新型干法水泥生产线。水泥生产企业需根据自身具体情况选择合适的 NO_X 减排技术及装备，同时注意保证窑系统运行的稳定。

③ 节能减排效果。采用低 NO_X 燃烧综合技术措施，NO_X 削减率为 10%～30%；采用 SNCR 技术，NO_X 去除率可达 50%～60%，排放浓度可降低至 200～500 毫克/标立方米。

④ 技术经济分析。此项技术的投资成本主要依据所采用具体技术的不同而差异较大，低 NO_X 燃烧综合技术投资约为 400 万元，选择性非催化还原（SNCR）技术投资约为 500 万元。SNCR 技术运行成本较高，排放浓度低于 500 毫克/标立方时，约为 5～10 元/吨熟料。

⑤ 技术应用情况。目前我国仅有个别几家水泥生产企业采用了此项技术，今后随着水泥行业 NO_X 排放标准执行的愈加严格，以及技术的不断成熟和成本进一步降低，此项技术将进一步推广普及。2010 年技术普及率不到 1%；"十二五"规划期末推广应用比例为 20%。

⑥ 工程应用实例。北京新北水水泥有限公司采用分级燃烧和选择性非催化还原反应后，窑系统 NO_X 的排放浓度低于 200 毫克/标立方。分级燃烧的工作原理是在分解炉内形成一个大的、具有高 CO 浓度的还原区域，确保把回转焚烧炉内形成的 NO 完全还原成 N_2，同时对分解炉内燃烧的燃料氮进行还原控制。废气脱硝技术则

采用废气的喷氨选择性非催化还原法(SNCR),该方法主要是在900℃的烟气中,喷入氨水作为还原剂,通过控制 NO/NH_3 的分子浓度比使80%的NO转化为 N_2。

⑦ 技术知识产权情况。通过引进消化吸收,目前国内已有相关技术专利。但同国外先进技术相比,我国拥有自主知识产权的 NO_X 减排技术水平仍需进一步提高,随着技术的不断成熟,NO_X 减排技术成本将进一步降低。

3.1.3.2 资源能源回收利用技术

1) 利用预分解窑协同处置危险废物技术

(1) 技术介绍。利用预分解窑能销毁许多其他行业产出的危险废物,包括废液、污泥、废酸、废碱、过期药品、化学试剂、漆渣、飞灰、污染土壤、油墨以及乳化液等,实现无害化、资源化处置,经济及社会效益显著。

预分解窑销毁危险废物具有以下特点:窑内气体温度为1 700~1 900℃,物料温度在1450℃左右(高于传统焚烧炉的850~1200℃),废料在高温区停留时间长,处于负压状态,使有毒有害的有机物组分彻底分解。熟料煅烧的碱性条件有利于废物中氯、硫、氟等元素的中和。废物焚烧残渣通过固相和液相反应成为水泥熟料矿物,无残渣排放,重金属能被结合或固化在熟料矿物中,避免了二次污染,可为回转窑提供部分热能,实现节能减排。

(2) 技术适用条件。适用于适合进行相应工艺改造的2 000吨/天以上新型干法水泥生产线。

要求企业必须能实现连续监控及连续稳定运行,并装有用于净化废气的高效袋除尘器,以及适用的危险废物处置和投料手段与装备,必要的监控设施和管理制度,确保不产生二次污染。危险废物的适宜加入点通常为水泥回转窑的窑头或者窑尾烟室。

(3) 节能减排效果。与专业焚烧炉相比,利用预分解窑协同处置危险废物具有运行成本低、处置彻底、资源化等方面的优势,危险废弃物处置量可达0.1吨/年。美国环境保护署的测量结果表明,预分解窑在协同处置危险物时,比单纯使用煤的工作状况更好,空气中的有害物排放量不会增加,不造成新的污染,对空气质量无影响。

(4) 技术经济分析。利用预分解窑协同处置危险废物所需的投资仅为采用传统焚烧炉投资的1/2左右,且效果更好。以处置能力为10万吨/年的系统为例,技术总投资约3000万元,运行费用为4000万~6000万元/年,如果水泥企业处置危险废物所获得的补贴标准按每吨废物为1000元计,此项技术的投资回收期为4~6年。

(5) 技术应用情况。目前此项技术的普及率较低,国内仅有少数几家水泥生产企业应用该技术,从目前的运营情况来看,效果良好。随着此项技术的不断成熟,建议进一步面向水泥行业推广应用。

(6) 工程应用实例。以北京水泥厂有限公司为例，处置规模为10万吨/年，技术总投资约为3亿元，年运行维护成本约4000万～6000万元。

(7) 技术知识产权情况。我国从20世纪90年代开始广泛开展利用水泥窑协同处置危险废物的研究工作，目前已经有水泥企业在相关科研院所的协作指导下，成功进行了实践。国内已有相关技术专利，技术已基本成熟。今后发展的重点主要是提高企业应用过程中危险废物的处置以及污染物的监控和管理水平。

2) 利用预分解窑协同处置城镇污水厂污泥技术

(1) 技术介绍。根据所处置污泥含水量的不同，利用水泥窑系统协同处置污泥具有不同的技术路线，目前国内水泥行业所采用的技术途径主要有两种：①湿法处置，进厂污泥经计量后，直接送入水泥回转窑窑进行协同处置；②干法处置，在水泥厂配套建设一个烘干预处理系统，利用预热器废气余热(温度约280℃)将污泥(含水率约80%)烘干至含水率低于30%，对烘干所产生的大量废气进行再次处理；含水率低于30%的污泥已成散状物料，经输送及喂料设备送入分解炉焚烧；在分解炉喂料口处设有撒料板，将散状污泥充分分散在热气流中，由于分解炉的温度高、热熔大，污泥能快速、完全燃烧；污泥烧尽后的灰渣随物料一起入窑煅烧。处理后的干污泥中含有30%左右的SiO_2、CaO等矿物质，可作为水泥熟料生产用的原料，并且含有约15兆焦/千克的热值，也可替代部分燃料。

(2) 技术适用条件。适用于适合进行相应工艺改造的2000吨/天以上新型干法水泥生产线。水泥企业采用此项技术需要综合考虑各项指标，包括运输距离，运输过程中的密闭，以及定期监测汞等污染物含量等问题，保证整个利用过程的节能减排。

(3) 节能减排效果。采用湿法处置的污泥处理能力为150～200吨/天，采用干法处置的污泥处理能力为500～600吨/天。该技术可有效降低填埋所占用的土地资源。随着污泥含水率的进一步降低以及干燥污泥处理能力的增强，低含水率的污泥在分解炉的处置利用，不会对系统的热稳定性造成干扰。此外，干燥污泥由于含有比煤粉更高的有机氮化物以及更高的挥发分含量，因此很适合作为分级燃烧的脱硝燃料使用，能在一定程度上降低窑系统NO_X的产生量。

(4) 技术经济分析。该技术采用湿法处置的设备投资约为800万元，运行维护成本为350元/吨污泥；采用干法处置的投资约为4000万元，运行维护成本为500元/吨污泥。该技术可以直接减少污水处理厂处置污泥的建设投资，为20万～70万元/(吨・日)。其投资及运行成本回收，主要依靠相应的政策支持，各地区对水泥企业协同处置城镇污水厂污泥的补贴标准有所不同，大致为200～300元不等，如果水泥企业协同处置所获得的补贴标准按500～800元/吨污泥计算，此项技术的投资回收期约3～5年。

(5) 技术应用情况。目前，此项技术在我国正处于起步阶段，仅有少数几家水泥厂在试运行。北京、广州等地已有我国自己设计建造并已投入运行的生产线，在已取得经验的基础上可以逐步推广。

(6) 工程应用实例。华新水泥股份有限公司宜昌分公司，采用此项技术的湿法处置方式，技术总投资约为2400万元，每年处置污泥3万吨。

北京水泥厂采用余热干化的方式进行处置，处置能力为500吨/天(平均含水率80%)。采取的技术路线为：将城市污水处理厂的污泥收集送入厂内，利用水泥窑的余热，采用热干化工艺，对污泥进行干化，干化产品直接投入水泥窑，作为掺和料与水泥厂工艺用料一同进入水泥窑系统进行最终处置，干化过程中产生的臭气直接排入水泥窑进行焚烧，干化所产生的冷凝废水排入配套建设的污水处理站处理，废水经处理后作为干化过程中冷凝水循环使用。此外，在处置污泥的情况下，窑系统 NO_X 排放浓度降低300毫克/立方米。

广州越堡水泥有限公司的污泥处置项目自2009年3月开始试运行，是目前国内最大的水泥窑协同污泥处置项目，设计能力600吨/天。该项目主要利用水泥窑的废气余热将污泥烘干，再将干化的污泥送入水泥窑焚烧处理。

(7) 技术知识产权情况。目前国内已有相关技术的自主知识产权，但关键设备仍依靠进口，整体技术水平有待进一步提高。随着技术发展逐渐成熟，设备国产化率的提高，投资成本将进一步降低。

3) 利用水泥回转窑处理城市废弃物技术

随着人类社会的不断发展和进步，以城市垃圾为主的生活废弃物大量积存，成为制约社会可持续发展的瓶颈，如何安全可靠、有效、经济地处理，使之成为新资源并合理利用，受到世界各国广泛重视。

在传统的垃圾处理方式中，卫生填埋法因占地面积大、处理费用高、浪费大量土地资源，其适用范围越来越小。堆肥法则因有机物的利用不完全、肥料成分复杂、减量化较小等因素，也被逐步淘汰。垃圾焚烧法是城市生活垃圾无害化处理的主流。其特点是安全卫生，无害化程度高，减量效果好，节约土地，但也存在投资规模大，能源消耗高，所需生活废弃物数量巨大等问题，比较适合大城市应用。

随着科学技术的不断进步和处置方式的逐步提升，发达国家已把利用水泥回转窑处理城市废弃物当作最佳途径和应用模式大力推广，并将水泥工业列为无害化、高效化、资源化新兴环保产业。实践证明，在城市废弃物的处置利用上，水泥工业确实具有其他行业无法替代的特殊优势，它除了生产工艺所固有的环境自净性以外，还具备另一个得天独厚的条件，那就是水泥回转窑本身的长度为75～145米，比一般焚烧炉长数倍，加上窑内温度高达1 600℃，足以完全分解废弃物中的有毒有害物质，杜绝二恶英的产生根源，真正实现“零污染”和“零排放”。

作为全国最大的工业城市，上海每年产生2 205万吨的固体废弃物，其中最难处置的是有毒有害废弃物53万吨，水厂污泥56万吨，另有亟待清除的180万立方米的苏州河底泥。面对数量如此巨大、污染极其严重的废弃物，目前上海市采用的仍是发达国家已不用的焚烧和填埋的传统处置方式，既导致再生资源的极大消费，又造成生态环境的二次污染。

从20世纪60年代起就致力开发利用工业废弃物的上海建材集团水泥企业，至今已累计处置各类废弃物1 000多万吨。仅1998年和1999年就分别处理了93万吨和98万吨，为当年水泥生产总量的56%和70%。这些用废弃物作掺合料制成的标号水泥，质量全部达到国家标准，抽检合格率为100%。

随着都市化建设的层层推进和产业化进程的不断加快，建材集团水泥企业注重引进高新技术，不断扩大应用领域，从传统水泥走向生态水泥，从利废企业跨入环保行业，凸显了处置利用城市废弃物的生力军地位。目前，他们凭借处理危险废物、城市污泥、“白色污染”的成功经验和领先于全国的技术优势，全面拉开了“三大战役”。与此同时，他们又引进国际先进的RDF技术，展开了新一轮处理城市生活废弃物的科研攻关，确定了每年处理利用158万吨和201万吨的3年目标和5年规划。

3.1.3.3 污染物治理技术

高效低阻袋式除尘技术

(1) 技术介绍。袋除尘器采用微孔阻拦过滤机理使尘气分离，含尘气体得到净化。此项技术所采取的具体措施包括整机数字气流分布、清灰模拟技术、室内换袋结构、清灰控制技术、完善的运行监测系统等。此项技术除尘效率高，因此入口含尘浓度对排放浓度影响不大，排放浓度可以控制在10毫克/标立方以内。废气处理量，可达到从每小时几千立方米到几百万立方米。可实现分室在线检修，设备正常运行过程中不会出现事故排放。

目前袋除尘技术的发展关注点主要集中在高效和低阻两个方面。近年来滤料技术发展很快，使用第三代覆膜滤料的“高效”袋除尘器对10微米以下，甚至2微米的细粉除尘效率完全可以达到99.99%以上；先进流场结构及高效清灰结构的除尘器本体可以使袋除尘器长期运行阻力在1 000帕以下；本体漏风率低于3%。另外，袋除尘器运行的可靠性、稳定性要与主机保持一致，同步运转率达到100%，避免因除尘器故障而引起系统停产；滤袋的使用寿命为3～5年，或更长。

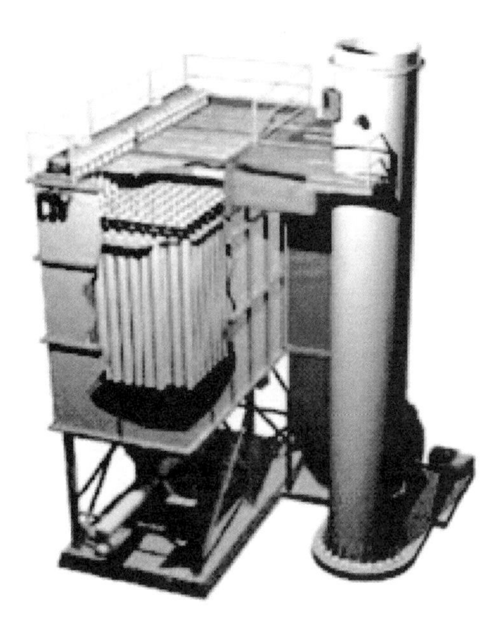

图 3-14 高效低阻袋除尘

(2) 技术适用条件。适用于新建新型干法水泥生产线除尘系统以及原有电除尘系统及传统袋除尘系统升级改造。

(3) 节能减排效果。采用该技术可使粉尘排放浓度达 10 毫克/立方米以下；减少粉尘排放 270 吨/年；污染物去除率为 99.99%以上，实现了更高效的废气净化和除尘。此种除尘器的节能效果明显，表 3-13 是与同等规模电除尘器的比较。

表 3-13 水泥窑尾电除尘器、高效低阻袋除尘器比较 单位：千瓦

	电除尘器		高效低阻袋除尘器	
	2 500 吨/天	5 000 吨/天	2 500 吨/天	5 000 吨/天
废气风机	40	80	173.3	346.7
高压电源	214.5	429	无	无
压缩空气	无	无	23.7	53.1
振打点机	0.99	1.71	无	无
电加热器	2.88	5.76	无	无
合计	258.37	516.47	197	399.8

(4) 技术经济分析。虽然高效低阻袋除尘器的投资成本稍高于电除尘器，并且运行期间需要更换滤袋、脉冲阀等配件，增加了运行维护成本，但袋除尘器的年运行电耗低于电除尘器，并且与窑的同步运转率可以保证达到 95%以上。此外，电除尘器的设计排放保证值偏高，如果将电除尘器排放保证值降低到 30 毫克/标立方，其成

本价格将至少提高30%，高于袋除尘器价格。同时，电除尘器受窑况和废气特性的影响较大，不能保证除尘过程高效稳定，当环保要求提高或水泥窑处置危险废物时，污染物排放量无法达到环保要求。因此，根据目前的粉尘排放标准，采用高效低阻袋除尘技术是粉尘排放达标的保证。

表3-14选取窑尾电除尘器和高效低阻袋除尘器的投资和运行成本进行对比分析。

表3-14　窑尾电除尘器和袋除尘器的投资和运行成本进行对比分析

名　称	生产线规模2 500吨/小时 处理风量480 000立方米/小时		生产线规模5 000吨/小时 处理风量960 000立方米/小时	
	电除尘器	高效低阻袋除尘器	电除尘器	高效低阻袋除尘器
一次性投资额(万元)	320	400	620	800
占地面积(平方米)	271	210	486	427
比钢耗(千克/平方米)	32.5	28	32	28
排放保证(毫克/标立方米)	50	20	50	20
年运行电耗(万千瓦时)	192	147	384	297
年维护费用(万元)	18 (主要为钢材)	35(滤袋及袋笼使用寿命按4年计)	36 (主要为钢材)	79(滤袋及袋笼使用寿命按4年计)

注：袋除尘器的维护费用主要由滤袋、袋笼的价格和使用寿命决定，如选用价格合理、使用寿命长的产品，则能有效降低年维护费用。

(5) 技术应用情况。目前，我国新型干法水泥窑有30%左右的生产线采用高效低阻袋除尘器。“十二五”期间推广比例为60%～70%。

(6) 工程应用实例。中材湘潭水泥有限公司5 000吨/天水泥生产线窑尾采用高效低阻袋除尘器，自2009年6月初投运至今，经湖南省环保局湘潭环境监测站在线监测：除尘前废气平均粉尘浓度为80 053.8毫克/标立方，除尘后浓度下降至6.8毫克/标立方，收尘率≥99.99%；实际监测本体平均阻力500帕，含氧量测定法测定本体漏风率3%。

青州中联6 000吨/天水泥熟料生产线窑头高效低阻袋除尘器，自2007年1月初投运至今，在入口温度150～180℃，出口温度120～150℃的条件下，收尘率≥99.9%。经山东省环保局济南环境监测站和青州市环保局环境监测站测定：除尘前废气粉尘浓度为6 553.8毫克/标立方米，除尘后浓度降至8.8毫克/标立方米。

(7) 技术知识产权情况。目前国内已拥有高效低阻袋除尘器关键结构及核心技术的自主知识产权，包括清灰机构、清灰控制程序等，达到国际先进水平，设备国产化水平较高。

3.1.3.4 其他节能减排技术

水泥企业ERP解决方案

(1) 技术介绍。本方案结合国内水泥企业通用管理模式,以供应链、财务为主线,生产、质量为辅线,形成全面的水泥企业信息化解决方案。本方案由财务、销售、采购、库存、生产、称重管理、质量、人力资源、决策支持等几个主要子系统所构成,提供二次开发平台及源代码,实现与工业控制系统DCS(Distributed Control System)、地磅系统的管理和集成,具有灵活的报表自定义等功能。

将现代网络信息技术、ERP企业信息化管理理念与系统应用于水泥制造业,形成水泥制造企业信息化总体规划。针对水泥生产过程数字化技术理论和软硬件产品的应用,范围覆盖了从自动化系统、先进控制、过程优化、生产调度管理到企业经营决策和物流管理、供应链管理等各个层次。将流程工业从过程控制、过程优化、生产调度、企业管理和经营决策五个层次演变为ERP/MES/PCS三层结构。即注重生产过程的过程控制系统PCS(Process Control System),注重企业层面经营管理问题的企业资源规划ERP(Enterprise Resource Planning),注重生产与管理结合问题的中间层即制造执行系统MES(Manufacturing Execution System),解决了流程工业企业中原本难以处理的、具有生产与管理双重性质的信息管理问题。

(2) 技术适用条件。适用于大中型水泥生产企业或集团企业的信息化管理。

(3) 节能减排效果。该系统可以全面优化企业管理模式,降低企业成本,相当于降低吨水泥熟料煤耗2%,从而取得良好的节能减排效果。通过应用设备管理模块,使主机设备安全运转率超过92%,直接节约了运维成本,相当于吨水泥节电约2千瓦时。推广应用该系统,也能有效促进企业体制、机制的管理创新,使企业从传统的制造模式向现代先进的制造模式转变;将进一步强化财务管理,严格控制生产成本,压缩管理费用,提高资金使用效率;将进一步使企业业务流程、管理流程更精细化、规范化和制度化,使各部门职责分明、科学合理。效率的提升和成本的节约最终使企业实现了生产的节能减排。

(4) 技术经济分析。采用此系统的单位投资为吨水泥6元,单位运行费用为吨水泥0.3元,年运行费用18万元,投资回收期为3~5年。

(5) 技术应用情况。该解决方案目前已经在甘肃祁连山水泥集团有限公司进行了全面应用。祁连山集团自运行水泥行业ERP解决方案以来,在规范业务流程、提高管理效率、增加公司效益等方面均得到明显改善,通过使用ERP信息系统把各分公司、各业务集成到统一的信息平台上,实现物流、信息流、资金流的整合,使企业获得各方面的效益。这些效益主要包括:

① 降低库存,减少资金占用,提高资金利用率和控制经营风险。

② 控制产品生产成本,缩短产品生产周期。

③ 准时向客户供货,提高客户满意度。

④ 减少停工待料,提高生产效率。

⑤ 消除信息孤岛,提高沟通水准,提升信息的质量和能见度。

⑥ 提高信息共享的程度,达到信息对称,使得集团各方面的资源得到尽可能的利用。

⑦ 精简、规范业务流程,提高反应速度。

⑧ 准确计算数据、统计查询且报表分析更及时准确,较原来提前一周。

(6) 具体的定量效益。

① 降低库存量。使用该系统之后,销售订单和采购订单实现统一管控,能够适时得到适种、适量的原材料,从而不必保持过多的库存,提升了库存管理效率,节省大量库存占用资金。仅永登厂就通过信息化项目实现水泥库存盘盈超过 10 000 吨水泥。

② 降低库存管理费用。库存量降低还导致库存管理费用的降低达 12%。其中包括仓库维护费用、管理人员费用、保险费用、物料损坏和失盗等。

③ 提高了客户服务水平。ERP 系统作为计划、生产和销售为一体的管理工具,使得市场销售和生产制造部门可在决策级以及日常活动中有效地相互配合,从而缩短生产提前期,迅速响应客户需求,并按时交货,实现按时交货率 100%。

近几年,国内水泥行业信息化需求扩大,2010 年技术普及率不到 1%,“十二五”规划期末该方案推广应用比率约为 5%。

(7) 技术知识产权情况。此项技术具有自主知识产权,完全实现国产化。

3.1.3.5 节能减排新技术动态

本节介绍国内外水泥行业在节能减排方面的新技术动态,包括处于研发阶段、尚未进行生产实践的技术。

1) 原料在线连续检测技术

(1) 技术介绍。随着中子活化分析仪在水泥行业的研发应用,由此而产生原料在线连续检测技术。中子活化分析仪围绕输送带安装,检测经过输送带的全部物料,因此不需要附加的取样装置、取样点和材料处理装置。采用此项技术可以在线测量单一的或混合的水泥原料的元素组成,计算出相关的氧化物含量和工艺控制参数,并能克服传统质量控制系统的缺点。

(2) 技术试验示范效果。原料在线连续检测技术可以对不同台段矿点的原料的质量变化进行及时跟踪，使原料搭配更具目标性、更迅速，提高生料质量，进而提高熟料质量，同时还可以简化原料预均化堆场和生料均化库的均化技术装备，节约工程投资。相对于传统的原料质量控制分析系统，原料在线连续监测技术可降低料耗1%～2%，降低煤耗15～20千克/吨熟料。

(3) 技术经济分析。由于该系统主要由国外进口，设备及配件价格较高。但是采用此项技术除能降低料耗、煤耗（使生料成本下降3%左右）外，还能使产量提高8%左右，并缩小预均化堆场的规模，减少取样检测人员，经济效益显著。

(4) 技术应用前景分析。目前国内仅有少数几家水泥生产企业采用了此项技术，而此项技术在国外也尚未普及，目前主要用于对化学成分波动大的石灰质原料或化学成分不够稳定的替代原料的质量控制方面。但此项技术已被认为是未来的发展方向，建议该技术在国产化程度提高、设备成本降低后，进一步推广应用。

(5) 技术知识产权情况。目前此项技术知识产权由国外所掌握，设备及配件主要依靠从国外进口，国内该领域技术的发展与国外相比仍有一定差距，国产化水平有待提高。

2) 烟气二氧化碳回收再利用技术

(1) 技术介绍。目前CO_2回收主要有以下五种方法：溶剂吸收法（包括物理吸收和化学吸收）、变压吸收法、有机膜分离法、吸附精馏法（当前最先进方法）、催化燃烧法。水泥厂烟气具有CO_2含量低（8%～18%）；含有SO_2等酸性物质，易腐蚀设备；含有氮气、氧气、硫化物等大量杂质；高温烟气含大量热量，可作为提取CO_2的热源等特点，一般采用吸附精馏工艺，将CO_2回收并提纯到99%以上。回收的CO_2可用于碳酸饮料行业、生产可降解塑料及碳酸二甲酯、二氧化碳气体保护焊、冷藏业、烟丝膨胀剂、注入油气田提高开采率等。

(2) 技术试验示范效果。通过采用该技术，可将水泥生产过程中产生的CO_2回收，可减排等同于回收量的CO_2（目前技术水平约为0.05吨/吨水泥）。目前，美国、澳大利亚、新西兰等正在研究试验回收电厂和水泥厂排出的CO_2，用于生产富含油的海藻，并从海藻中提炼生物柴油。水泥厂回收CO_2生产海藻可不必提炼成生物柴油，可以直接用海藻作为生物燃料，在分解炉和窑头使用。据估算，如能利用窑废气中30%的CO_2生产海藻类生物燃料，水泥回转窑便无需再使用化石类燃料，可以完全用自己排出的CO_2煅烧熟料。另一个研究方向是将捕获的CO_2经适当处理后，注入地下废弃矿井等场所进行封存，从而减少对地球气候的影响。

(3) 技术投资及效益分析。目前焊接级CO_2的售价约800元/吨，而CO_2回收成本约为400元/吨，收益显著。若按我国年生产水泥16亿吨计算，采用此项技术可回收CO_2约8 000万吨，能够满足全国相关行业对CO_2的需求，经济效益十分显著。

(4) 技术应用前景分析。目前此项技术正处于起步阶段，需综合考虑投资成本、系统稳定性等因素。由于此项技术普及率极低，系统设备运行稳定性还有待验证，但国内外相关研究表明，此项技术是未来水泥行业低碳发展可选的主要技术途径之一。

(5) 技术知识产权情况。目前此项技术仍处于起步阶段，技术普及率极低，虽然国内已有相关技术资料，但系统设备仍有待进一步提高。

3) 辊筒磨粉磨水泥技术

(1) 技术介绍。辊筒磨的工作原理与辊压机相似，都是以料床粉碎原理为主，采用中等压力，靠多次挤压方式破碎、粉磨物料，与辊压机的差异主要在于辊筒磨是用圆筒的内表面与辊子的外表面工作，筒体转动带动磨辊，通过液压调整磨辊位置来调节磨机粉磨压力。辊筒磨的粉磨效率接近辊压机和立磨，安全运转的可靠性近似于辊压机和立磨，因此得到行业极大关注。但在产品的性能方面存在一定的问题，有待于进一步研究完善。目前国外已有几十条水泥生产线采用此项技术，国内也有单位在研究开发，并已有2家水泥厂引进使用。

(2) 技术试验示范效果。中材汉江水泥股份有限公司自2005年初采用该粉磨系统以来，各项指标均达到设计的要求，系统运行稳定，操作和维护方便，单机电耗较球磨机降低50%。

(3) 技术投资及效益分析。此项技术目前主要依靠从国外进口，设备投资较高，但从运行情况来看，节电效果明显。相同产量的球磨机综合电耗一般在35～45千瓦时/吨，而辊筒磨综合电耗约26千瓦时/吨，节电可达35%～45%，经济效益显著。

(4) 技术应用前景分析。由于设备结构的限制，到目前为止，此项技术在国外也没有大型化和大量普及，辊筒磨在机械结构方面仍有待进一步改进和优化。此外，由于此项技术主要引进国外设备，易磨损备件准备的周期长、费用大是目前存在的最主要问题。在相应问题未得到解决前，并不适宜面向行业推广。

(5) 技术知识产权情况。到目前为止，此项技术主要为国外专利，设备主要依靠从国外进口。

4) 水泥企业能源管理控制中心技术

(1) 技术介绍。水泥企业能源管理控制中心技术主要是先进的网络数字化技术，对水泥生产全系统进行数据收集、分析，并仿真化操作，进行能源输送、调配、管理和二次能源综合利用、节能环保监控，实现生产系统的计算机操作监、管、控的目的。主要由计算机网络系统、数据库、平台环境系统、在线仿真系统(OLS)、生产优化与分析系统(POA)、在线决策控制系统(ODC)、管理优化与决策系统(MOD)、在线能源审计系统(OEA)组成。

(2) 技术试验示范效果。芜湖海螺水泥有限公司、南方水泥富阳水泥厂等企业的能源管理控制中心是国内水泥行业最早采用此项技术的企业,此项技术是该公司研制开发的、具有自主知识产权的科技创新成果。该系统集监控、能源管理、能源调度于一体,为厂区的能源输送、调配、管理和二次能源综合利用、节能环保监控提供了一个完善的平台。

(3) 技术投资及效益分析。此项技术投资约为2 500万元,采用此项技术可以使水泥企业实时掌握自身用能状况和能源管理概况,同时也为企业的能源审计和成本核算工作提供便利,直接有效地促进水泥生产企业的节能减排工作,降低企业的生产成本。

(4) 技术应用前景分析。随着信息化技术的快速发展,目前国外已将企业能源管理中心技术广泛应用于工业生产过程,我国水泥企业建设能源管理中心起步较晚,在能源系统的建设、控制和管理方面经验还比较缺乏,有待进一步提高。此项技术是未来水泥行业信息化及节能减排发展的方向之一,建议技术进一步完善后,在大中型水泥企业集团中广泛采用。

(5) 技术知识产权情况。我国水泥企业建设能源管理控制中心技术仍处于起步阶段,与国外先进水平相比仍有一定的差距,但国内已有少数水泥生产企业建成或正在筹建能源管理控制中心,目前国内已有相关技术的自主知识产权。

3.1.3.6 水泥工业节能减排技术

1) 低温余热发电技术

水泥熟料煅烧过程中,由窑尾预热器、窑头熟料冷却机等排掉的400℃以下低温废气余热,其热量约占水泥熟料烧成总耗热量30%以上,造成的能源浪费非常严重。水泥生产,一方面消耗大量的热能,另一方面还同时消耗大量的电能(每吨水泥约消耗90~115千瓦时)。如果将排掉的400℃以下低温废气余热,转换为0.8~2.5兆帕的压力蒸汽,推动汽轮机做功发电,并返回用于水泥生产,可使水泥熟料生产综合电耗降低60%或水泥生产综合电耗降低30%以上。对于水泥生产企业,可以大幅减少向社会发电厂的购电量,大大降低水泥生产能耗;可避免水泥窑废气余热直接排入大气。同时,可减少CO_2、SO_2、NO_X等有害气体的排放,有利于保护环境。

第三代低温余热发电技术主要是在第二代技术的基础上进一步优化余热发电热力系统,增加水泥熟料冷却机的高温废气抽风口,并适当安排中温废气抽风口,采用特殊形式的窑头锅炉做到废气余热的梯级利用,在项目投资增加很少的情况下实现大幅度增加余热发电量的目标,将使吨水泥熟料发电量比传统系统提高了20%,达到38~45千瓦时/吨。

由于补汽式汽轮机的开发成功，为国内设计、制造多级混压进汽式汽轮机组提供了经验，因此完全依靠国内力量、实现纯低温余热发电的技术条件已经成熟，并达到国际先进水平。经过“九五”“十五”“十一五”规划科技攻关和工程实践的不断完善，利用新型干法水泥回转窑余热纯低温发电技术，已经成为当前水泥行业节能减排工作的重点。

2）新型干法水泥“窑磨一体机”工艺技术

新型干法水泥生产线中，“窑磨一体机”工艺技术是指：把水泥窑废气引入物料粉磨系统，利用废气余热烘干物料，窑和磨排出的废气同用一台除尘设备进行处理的窑磨联合运行系统。“窑磨一体机”的出现，同时解决了生料制备和熟料煅烧过程中废气的粉尘治理和余热利用问题，为水泥生产过程的节能减排和工艺创新，开辟了新途径。

立式磨作为一种集破碎、烘干、粉磨、选粉、输送等功能于一体的高效节能设备，目前在新型干法水泥的生料粉磨中广泛应用，所占比重已接近80%。

采用袋收尘器的窑磨一体机“双风机系统”，将取代“三风机系统”成为我国新型干法水泥生产线水泥窑窑尾烟气治理的主流工艺。

3）高固气比预热预分解技术

“固气比”是新型干法水泥工艺烧成系统中的重要参数，它表征生料在热交换气流中的浓度，一般为0.2～1.0千克/立方米。目前，在我国新型干法水泥生产线上常取0.8千克/立方米，因此，固体在气流中所占的体积百分比仅有0.01%～0.04%，属于稀相悬浮热交换。如果采用高固气比预热、预分解技术，固气比将提高到2.0千克/立方米以上，系统热效率将迅速提高，窑尾废气温度将降低37%，达到250℃以下；熟料热耗会减少21%。同时，这是一种采用工艺方法进行环保治理的低投资技术，生料可以吸附大量的有害气体，SO_2 排放降低100%，NO_X 排放降低30%，节能减排效果十分明显。高固气比悬浮预热、预分解理论提出后，用该技术建成多条水泥生产线，主要经济技术指标居同类型窑国际先进水平。

采用高固气比预热预分解技术后，窑尾废气温度过低，不利于新型干法水泥生产线的“余热发电”，为此，研制者也发表了看法。水泥生产中，提高窑系统的热效率是节能增效的核心。窑尾废气温度低，可以用于生料制备和煤粉制备的粉磨兼烘干，并节省窑尾大烟筒的建造费用；不能片面地追求余热发电，因为每一级的能源转换都会带来一定的能耗损失，造成一些不应有的浪费。如果需要充分发挥现有余热发电系统的作用，可以加大篦冷机的鼓风量，降低三次风温，在分解炉再加一把火，照样可以满足余热发电的风量、风温要求。但要遵循的原则是：以稳定烧成系统的热工制度为主，保证水泥熟料的优质高产；余热发电只是副业，能发多少就算多少，不必苛求发电量的指标或影响熟料生产。

4）辊压机粉磨工艺技术

在水泥生产过程中，单位产品的电耗有60%～70%是消耗在对原料、固体燃料和水泥熟料的粉磨上。辊压机及挤压粉磨技术，是利用现代料床粉碎原理，在高强度压应力的作用下，使喂入辊压机两辊间的物料变成密实、扁平、充满微细裂纹的料饼，其易磨性得到了极大的改善；采用低压、大循环工艺，不仅大幅度提高了粉磨系统的产量，而且延长了设备使用寿命，解决了维护检修的烦恼。若入磨熟料温度较高或水泥比表面积要求较大时，则采用闭路挤压联合粉磨系统，能降低产品的温度，确保质量。从1995年在山东水泥厂首次应用“辊压机低压大循环工艺”开始，其联合粉磨系统产量比原单一球磨机粉磨系统台时产量翻了一番，现已推广成为国内普遍使用的粉磨工艺。迄今为止，仍是国内水泥粉磨系统效率最高的生产技术。

5）筒辊磨粉磨技术

筒辊磨又称“HORO磨”，是由法国FCB公司制造的卧式水平辊磨机。它是20世纪90年代出现的节能粉磨设备，工作原理与辊压机相似，都是以料床粉碎原理为主，采用中等压力，靠多次挤压方式破碎、粉磨物料。只是辊压机用两个辊子的外表面挤压工作，而HORO磨是用圆筒的内表面与辊子的外表面工作，筒体转动带动磨辊，通过液压调整磨辊位置来调节磨机粉磨压力。辊筒磨的粉磨效率优于辊压机，安全运转的可靠性近似于球磨机，1992年应用于工业生产，目前世界上已投入使用，经济效益十分明显。

6）其他主要技术

(1) 高压盘磨粉磨技术。我国农村粮食加工的进化，“由舂米，发展到碾米，再到磨面”启迪我们：物料的粉碎过程，应该是一个由“点接触”，发展到“线接触”，再到“面接触”的过程，能量利用率和工作效率才能逐步提高。那么，我们的水泥粉磨设备，传统球磨机的工作方式属于“点接触”；现代辊压机、立式磨和筒辊磨的工作方式均属于“线接触”；将来必然要发展成为工作方式为“面接触”的粉磨设备；所以，我国研制者提出了“高压盘磨”的研究课题，目前已取得工业性试验的成功。为水泥粉磨设备自主知识产权国有化，做出了贡献。将来还会加大转化的力度，进一步系列化、大型化。

(2) 第四代高效篦式冷却机技术。熟料冷却是水泥烧成工艺的重要环节，既要保证熟料质量，又要回收熟料余热，现代冷却机的工作原理都大同小异，不分什么第几代，而唯一衡量其先进性的硬指标是热效率，热效率一般应在70%以上，最好的可以达到79%。

国内声称搞出第四代冷却机的院所和厂家不少，有的厂家据报道已经有许多用户。无论如何，新型或新一代冷却机确实有许多优点，在技术上有很大的突破，可以实现无篦板漏料、无“红河”、无“堆雪人”、节能、冷却效率高、熟料质量高、机械磨损少等，是值得节能减排大力推广的技术。

(3) 助磨剂应用技术。水泥物料在粉磨过程中，加入少量的外加物质(气体、液体或固体)，能够显著提高粉磨效率或降低能耗，这种外加物质通称为水泥助磨剂。

在粉磨工艺中应用助磨剂，不仅可以不产生过粉磨现象，提高粉磨效率，而且有利于提高粉磨产品的质量(比表面积)。粉磨工艺的节能增效，离不开外加剂的帮助。

水泥助磨剂分子在颗粒上的吸附，降低了颗粒的强度和硬度；同时，促进裂纹的扩展，加快物料的粉磨速度。水泥助磨剂可以提高物料的可流动性，阻止颗粒在研磨介质及磨机衬板上的粘附以及颗粒之间的团聚，使粉磨效率提高。

(4) 磨细矿渣粉应用技术。“矿渣”的全称是“粒化高炉矿渣”。它是钢铁厂冶炼生铁时产生的废渣，每生产 1 吨生铁，要排出 0.3～1 吨矿渣。矿渣的化学成分与水泥熟料相似，矿渣是一种具有“潜在水硬性”的材料，当受到某些激发作用后，就呈现出水硬性。

磨细后矿渣粉又称“矿渣微粉”。随比表面积的提高，其活性指数(强度比)明显提高。当磨细矿渣粉比表面积达到 400 平方米/千克时，28 天活性指数达 98%，与水泥熟料 28 天抗压强度基本相当；而当比表面积达到或超过 600～800 平方米/千克时，其 28 天活性指数达 114%～127%，高于一般比表面积(350 平方米/千克)水泥熟料的 28 天抗压强度。有条件的水泥企业应该将矿渣单独粉磨，熟料与石膏及其他混合材一起粉磨，然后再根据市场需求，提供各种具有不同特殊性能和用途的水泥产品，实现水泥产品性能的个性化发展。采用“分别粉磨”工艺，配制合成不同的矿渣水泥或复合水泥，更好地满足不同的使用要求。

磨细矿渣粉在生产水泥时，可以减少水泥熟料的用量；在配制混凝土时，可以减少水泥用量；这不仅降低了生产成本、节约了不可再生资源、变废为宝、保护了生态环境，而且使 1 吨熟料可以生产 3 吨水泥，改变了目前盲目追求扩大熟料生产能力及其用量过大的现状，这本身就是水泥工业可持续发展中最有效的节能减排。

(5) 工业废弃物再造资源利用技术。传统的水泥生产过程，主要原料大多是不可再生资源。而现代水泥生产过程中，必不可少的原料、燃料、混合材及各类外加剂，可以吃掉大量的工业废弃物，为实现绿色、生态工业的美好前景，做出了重大贡献。

利用工业废弃物和城市垃圾作为部分原料和燃料来生产生态水泥是我国水泥工业发展的重要方向。利用水泥回转窑处理有毒、有害的固体废弃物，已成为环保型治理废弃物的重要途径之一。目前在水泥中的混合材掺加量平均为 24%，采用新型干法生产优质水泥，混合材掺加量可以增加到 50%～65%，节省 30%～40%的熟料，就可以节约大量的资源和能源。

我国是世界水泥生产大国，也是水泥消费大国。在传统硅酸盐水泥生产中，需要吃掉大量的不可再生资源（石灰石、粘土等），并消耗大量的能源，同时给生态环境带来一定的负面影响。近十几年来，围绕该课题的研究和创新层出不穷，并取得了较大成效。与此同时，也寻找出一些新的办法和途径，将原来不具备水化活性的物质或固体工业废弃物，经适当的物理化学方法处理后，转变为具有胶凝性质的材料。同时，尽量利用高硅、高铝原料或废料，逐步取代高钙原料制造建筑材料；加大再造资源、能源的利用力度，以逐步减轻经济增长对环境、资源、能源的供给压力。

3.1.4　水泥生产行业工程案例

3.1.4.1　矿山优化开采技术

<table>
<tr><td colspan="4">1. 技术概况</td></tr>
<tr><td colspan="2">技术名称</td><td colspan="2">矿山优化开采技术</td></tr>
<tr><td colspan="2">技术来源</td><td colspan="2">☑国内自主研发　□国外引进技术</td></tr>
<tr><td>技术投入运行时间</td><td>2010年12月</td><td>工程项目类型</td><td>☑新建　□改造</td></tr>
<tr><td colspan="2">技术基本原理</td><td colspan="2">在三维化、网格化数字矿体模型基础上，融合生产勘探、采场测控、过程控制等实时数据，建立配矿优化数学模型，按目标规划方式算出最优配矿方案。根据优化后的方案，通过GPS对矿山车辆定位，结合矿山路网节点和生产控制，按最短路径、最少等待时间原理，算出最佳行车路线，从而优化配车方案和任务分配</td></tr>
<tr><td colspan="2">涉及的主要设备</td><td>数　量</td><td>规　　格</td></tr>
<tr><td colspan="2">车载终端</td><td>35台（根据现场要求确定）</td><td>定制</td></tr>
<tr><td colspan="2">中心通信控制器</td><td>1台</td><td>定制</td></tr>
<tr><td colspan="2">中心配矿服务器</td><td>1台</td><td>通用计算机服务器</td></tr>
<tr><td colspan="2">中心数据服务器</td><td>1台</td><td>通用计算机服务器</td></tr>
<tr><td colspan="2">中心管理控制台</td><td>1台</td><td>通用计算机</td></tr>
<tr><td colspan="2">其他机房设备</td><td>1套</td><td>包括大屏幕等</td></tr>
<tr><td colspan="2">有线网络设备</td><td>1套</td><td>包括路由器、交换机等</td></tr>
<tr><td colspan="2">无线网络设备</td><td>1套</td><td>短波/WiFi/GSM可选</td></tr>
<tr><td colspan="4">2. 技术的节能减排效果</td></tr>
<tr><td colspan="4">减少卡车油耗0.001升/（吨·千米），减少轮胎消耗0.002条/（万吨·千米）；综合降耗8%左右；提高资源利用率，减少废石量</td></tr>
</table>

（续表）

3. 技术的经济成本	
投资费用	135万元(采剥总量800万吨,剥采比1:1,平均运距2千米,30台终端)
运行费用	约15万元/年(包括硬件维保费、通信服务费、软件维护升级费等)
4. 技术的优缺点	
优点:特别适合于矿体复杂、采区数量多、配料要求严格的露天矿山,在矿石开采成本高、排废成本高矿山更具有优势。缺点:应用于石灰石矿山的经验较少	

3.1.4.2 生料立磨及煤立磨粉磨技术

1. 技术概况			
技术名称		生料立磨粉磨技术	
技术来源		☑国内自主研发　□国外引进技术	
技术投入运行时间	2008年2月	工程项目类型	☑新建　□改造
技术基本原理		使物料在立磨中受挤压、剪切(碾磨)和冲击复合力的作用被粉碎,粉磨效率较高。在粉磨同时,采用窑尾热废气使生料烘干,热风将粉磨后的细粉送入其上部的选粉装置内进行分选,合格的细颗粒随热风进入收尘器,再由输送系统送入粉料库储存;粗颗粒被分选出,通过中心下料斗回到磨盘再次被粉磨	
涉及的主要设备		数　量	规　　格
立式磨		1	HRM4800
2. 技术的节能减排效果			
磨机台时产量450吨,产品细度18%～20%,系统电耗13.5千瓦时/吨,较同等规模的球磨系统节电约25%			
3. 技术的经济成本			
投资费用		2400万元	
运行费用		约1012万元	
4. 技术的优缺点			
优点:运行成本低,系统结构紧凑,占地面积小,建设费用少,操作简便,便于维护,产品质量稳定,充分利用窑尾热废气源,节能减排效果显著。缺点:设备的配备件供应存在地域差异,工位于边远地区的企业,在购买立磨时应购有必要的备件			

1. 技术概况			
技术名称		煤立磨粉磨技术	
技术来源		☑国内自主研发　□国外引进技术	
技术投入运行时间	2010年6月	工程项目类型	☑新建　□改造

（续表）

技术基本原理	在辊式立磨机内使原煤受挤压和碾磨复合力的作用被粉碎成煤粉。适用于处理各种硬质、劣质煤	
涉及的主要设备	数 量	规 格
高细煤粉立式磨	1	/

2. 技术的节能减排效果

采用此项技术可完全采用无烟煤作为生产用燃料，入磨原煤水分为7%～12%，磨机平均台时产量21吨，单位产品电耗为30.9千瓦时，主机单位产品电耗为14.2千瓦时。与同规模产量的传统球磨机相比，可节电30%～50%

3. 技术的经济成本

投资费用	300万元
运行费用	约40万元

4. 技术的优缺点

优点：容量大，研磨部件使用寿命长，电耗低，设备可靠程度高，占地面积小，可露天布置等。在具体的操作过程中，运行平稳、控制可靠、易于操作、节电效果明显。缺点：设备的配备件供应存在地域差异，工厂规模小的边远地区在购买立磨时应购有必要的备件

3.1.4.3 高效篦式冷却机技术

1. 技术概况

技术名称	高效篦式冷却机技术		
技术来源	☑国内自主研发 □国外引进技术		
技术投入运行时间	2008年4月	工程项目类型	☑新建 □改造
技术基本原理	由一组具有气流自适应功能的充气篦板排列，组成静止篦床为熟料冷却供风。由一组往复移动的推杆推动熟料层前进，使之冷却。避免了熟料经篦床下落所造成的纵向层阻力变化，利于均匀通风，并具有高效、低故障率、低能耗等优点		
涉及的主要设备	数 量	规 格	
稳流行进式冷却机	1	/	

2. 技术的节能减排效果

热回收效率达74%以上，熟料热耗约降低70kJ/kg，年节约3390吨标煤，节能产生的经济效益约237万元。设备体积、重量也比传统冷却机低，节省了设备制造过程中的钢材消耗，冷却效率高，篦板使用寿命长，运转率高，节能减排效果显著

3. 技术的经济成本

投资费用	2000万元
运行费用	约200万元

（续表）

4. 技术的优缺点
优点：解决了前几代篦冷机长期存在的运转率及运转可靠性低等问题，具有体积小、重量轻，冷却效率高，篦板使用寿命长，运转率高，输送效率高，主体无漏料，模块化结构等特点，可满足烧成系统节能降耗的要求，经济效益显著

3.1.4.4 大推力、低一次风量多通道燃烧技术

1. 技术概况

技术名称		大推力、低一次风量多通道燃烧技术	
技术来源		中材装备集团有限公司 ☑国内自主研发 □国外引进技术	
技术投入运行时间	2009年2月	工程项目类型	☑新建 □改造
技术基本原理		大推力、低一次风量多通道燃烧技术通过合理设计燃烧器的风速和通道，可有效利用二次风、降低一次风量、形成大推力，具有一次风用量少、煤耗及热耗低、可烧低质煤或替代燃料、风速高、推力大、调节灵活、窑焰形状可调等优点	
涉及的主要设备		数 量	规 格
TC型四通道煤粉燃烧器		1	/

2. 技术的节能减排效果

一次风用量较传统燃烧器低4%～7%，熟料热耗比传统燃烧器降低0.5%～1%，比使用传统燃烧器节煤10%左右，年节约标煤约1218吨，因节能所产生的经济效益约为83万元

3. 技术的经济成本

投资费用	60万元(改造)
运行费用	1万～5万元

4. 技术的优缺点

优点：除具有节煤的特点外，还可使用廉价低质煤甚至替代燃料，烧制的熟料质量高，运行维护简单，因此经济效益十分显著。缺点：采用此项技术时，需要注意避免燃烧器头部件烧损磨蚀、下煤处磨漏磨穿、中间弯曲等问题的出现

3.1.4.5 辊压机＋球磨机联合粉磨技术

1. 技术概况

技术名称		辊压机＋球磨机联合粉磨技术	
技术来源		合肥水泥工业研究设计院 ☑国内自主研发 □国外引进技术	
技术投入运行时间	2009年10月	工程项目类型	☑新建 □改造

（续表）

技术基本原理	由辊压机、打散分级机、球磨机和第三代高效选粉机组成联合粉磨系统。辊压机挤压后的物料（包括料饼）经打散分级后，使小于一定粒径的半成品（一般为小于 0.5～1 毫米）送入球磨机继续粉磨，粗颗粒返回辊压机再次挤压	
涉及的主要设备	数　量	规　　格
辊压机	1	/
打散分级机	1	/
球磨机	1	/
高效选粉机	1	/

2. 技术的节能减排效果

较传统球磨机节能 15%～30%；生产 32.5 级水泥的台时产量超过 175 吨，吨水泥电耗仅为 30 千瓦时左右；生产 42.5 级水泥的台时产量超过 160 吨，吨水泥电耗降至 33 千瓦时左右；还可提高混合材的掺加量

3. 技术的经济成本

投资费用	5 000 万元
运行费用	约 2 265 万元

4. 技术的优缺点

优点：单条生产线的产量较纯球磨系统增加 100%以上，比建设 2 套纯球磨机系统减小占地面积约 30%，可降低球磨机内钢球直径，减少金属磨耗 50%以上，并能提高水泥质量，节能减排效果显著

3.1.4.6　立磨终粉磨水泥技术

1. 技术概况

技术名称	立磨终粉磨水泥技术		
技术来源	☑国内自主研发　□国外引进技术		
技术投入运行时间	2009 年 8 月	工程项目类型	☑新建　□改造
技术基本原理	采用一组辅辊进行铺料，料床铺平后，通过一组主辊进行碾磨，磨细后的物料由两侧进入的热风带起并烘干，细粉经由磨机顶部的动态选粉机选出后被热风带入收尘器，粗粉经由选粉机下部锥体重新回到磨盘粉磨		
涉及的主要设备	数　量	规　　格	
立式磨	1	LM56.3+3	
高效选粉机	1	/	

2. 技术的节能减排效果

生产 P.O42.5 水泥，磨机单位产量为 217.5 吨/小时，单位电耗为 30 千瓦时/吨；生产 P.C32.5 水泥，磨机的单位产量为 199.7 吨/小时，单位电耗为 34 千瓦时/吨；比采用联合粉磨系统节电 8%～11%，比采用球磨机系统节电 30%～40%

（续表）

3. 技术的经济成本	
投资费用	5 200 万元
运行费用	约 2 500 万元
4. 技术的优缺点	
优点：粉磨效率高，粉磨能耗低，烘干能力强，物料在磨内停留时间短，有利于更换水泥品种，减少过渡产品产量等。缺点：仍存在料床不稳定、磨机振动、磨辊和磨盘的严重磨损以及水泥质量等方面的问题	

3.1.4.7 NO_X 减排技术

1. 技术概况			
技术名称		NO_X 减排技术	
技术来源		☑国内自主研发 □国外引进技术	
技术投入运行时间	2005 年 8 月	工程项目类型	☑新建 □改造
技术基本原理		采用分级燃烧和选择性非催化还原（SNCR）两种技术途径。分级燃烧的工作原理是在分解炉内形成一个大的、具有高 CO 浓度的还原区域，确保将回转焚烧炉内形成的 NO 完全还原成 N_2，同时对分解炉内燃烧的燃料 N 进行还原控制。选择性非催化还原技术（SNCR）主要是在约为 900℃的烟气中，喷入氨水为还原剂，通过控制 NO/NH_3 的分子浓度比，可以使 80%的 NO 转化为 N_2	
涉及的主要设备		数　量	规　　格
预分解炉		1	/
低 NO_X 燃烧器		1	/
2. 技术的节能减排效果			
可使窑系统 NO_X 的排放浓度低于 200 毫克/标立方米，污染物去除率达 60%			
3. 技术的经济成本			
投资费用		800 万元	
运行费用		10 元/吨熟料	
4. 技术的优缺点			
优点：可大幅降低水泥厂氮氧化物排量，达到国家及地方标准。缺点：需根据自身具体情况选择合适的 NO_X 减排技术及装备，同时注意保持窑系统运行的稳定。目前水泥企业采用选择性非催化还原法的运行费用较高			

3.1.4.8 利用预分解窑协同处置危险废物技术

1. 技术概况

技术名称		利用预分解窑协同处置危险废物技术	
技术来源		☑国内自主研发 □国外引进技术	
技术投入运行时间	2007年3月	工程项目类型	☑新建 □改造
技术基本原理		预分解窑窑内气体温度达1700～1800℃，物料温度为1450℃左右，且废物在窑内停留时间长，处于负压状态，有毒有害成分彻底分解；熟料煅烧的碱性条件有利于废物中的氯、硫、氟等元素中和；废物焚烧残渣通过固相和液相反应成为水泥熟料，无残渣排放，未分解的重金属离子等物质被固化在水泥产品中，避免了二次污染；危险废物在处置过程中可为回转窑提供部分热能；通过高温分解和高效收尘设备的出窑尾气不含有害气体及粉尘	
涉及的主要设备		数　量	规　　格
称重计量设备		1	/
输送设备		/	/

2. 技术的节能减排效果

可以处置的危险废物包括废液、污泥、废酸、废碱、过期药品、化学试剂、漆渣、飞灰、污染土壤、油墨以及乳化液等。危险废物在销毁过程中释放热能，减少了回转窑的用煤量(具体节能量需根据废物使用量及其热值而定)，从而实现了节能减排。年处置能力为10万吨

3. 技术的经济成本

投资费用	3亿元
运行费用	4 000万～6 000万元

4. 技术的优缺点

优点：能销毁化工、石化、冶金、有色、机械、汽车、医药等行业的多种危险废物，实现无害化、资源化处置，经济及社会效益显著。缺点：必须是能实现连续监控及连续稳定运行的现代化预分解窑才适用于协同处置危险废物

3.1.4.9 高效低阻袋式除尘技术

1. 技术概况

技术名称		高效低阻袋式除尘技术	
技术来源		中材装备集团有限公司　☑国内自主研发 □国外引进技术	
技术投入运行时间	2009年6月	工程项目类型	☑新建 □改造
技术基本原理		采用微孔阻拦过滤机理，通过尘气分离使含尘气体得到净化。所采取的具体措施包括在线清灰技术、室内换袋结构、清灰控制技术、完善的运行监测系统等。本袋收尘技术为袖袋外滤型，采用PLC程序控制在线分排脉冲强力清灰、净气室内检修换袋和优化气流走向及分风结构，本体低漏风率、低阻力	

（续表）

涉及的主要设备	数　量	规　　格
高效低阻袋除尘器	1	TDM型
2. 技术的节能减排效果		
自2009年6月初投运至今，经在线监测：除尘前废气平均粉尘浓度80 053.8毫克/标立方米，除尘后浓度为6.8毫克/标立方米，收尘率≥99.99%；实际监测除尘器本体平均阻力500帕，含氧量测定法测定本体漏风率3%		
3. 技术的经济成本		
投资费用	920万元	
运行费用	90万元	
4. 技术的优缺点		
优点：年运行电耗低于电除尘器，与窑的同步运转率达到95%以上。缺点：投资成本稍高于电除尘器，运行期间需要更换滤袋、脉冲阀等配件，较电除尘器增加了运行维护费用		

3.1.4.10　水泥企业ERP解决方案

1. 技术概况			
技术名称	水泥企业ERP解决方案		
技术来源	建筑材料工业信息中心　☑国内自主研发　□国外引进技术		
技术投入运行时间 2007年8月	工程项目类型	☑新建　□改造	
技术基本原理	结合国内水泥企业通用管理模式，以供应链、财务为主线，生产、质量为辅线，形成全面的水泥企业信息化解决方案。由财务、销售、采购、库存、生产、称重管理、质量、人力资源、决策支持等几个主要子系统所构成，提供二次开发平台及源代码，实现与工业控制系统DCS、地磅系统的管理和集成，具有灵活的报表自定义等功能		
涉及的主要设备	数　量	规　　格	
2. 技术的节能减排效果			
全面优化企业管理模式，降低企业成本，相当于单位水泥熟料煤耗降低2%；通过应用设备管理模块，使主机设备安全运转率大于92%，降低运行维护成本，相当于水泥节电0～2千瓦时。推广应用该系统，还能有效促进企业体制、机制的管理创新，使企业从传统的制造模式向现代先进的制造模式转变；进一步强化财务管理，严格控制生产成本，压缩管理费用，提高资金使用效率			
3. 技术的经济成本			
投资费用	360万元		
运行费用	18万元		
4. 技术的优缺点			
优点：具有灵活的报表自定义等功能。该方案基本解决了困扰水泥企业的信息孤岛现象，极大地提升了企业管理效率			

3.1.4.11 利用水泥窑处置工业危险废物及其他固体废弃物生产熟料工艺情况

利用水泥窑焚烧处理有害工业废弃物，是目前欧美先进工业化国家广泛采用的一种技术，具有减容程度大、无害化处理彻底等特点，处理有害工业废弃物生产熟料也是资源的综合利用。

(1) 水泥回转窑是一个巨大的钢制筒体，直径3.5米、长88米。以一定速度回转，它不仅容量巨大，可接受大量的工业废弃物，而且可以维持均匀稳定的燃烧气氛。

(2) 水泥回转窑并以生产水泥为主，为满足水泥生产工艺要求，其窑内最低温度为1 050℃，高温烧成带炉温达1 700℃，而且窑温恒定，在此高温下，有害有机物焚化率达99.999%，即使化学结构很稳定的有机物也能完全焚烧。

(3) 由于水泥回转窑长度长，焚烧工业废弃物所产生的气体在高温下停留时间可达25秒，而固态物料停留时间更长可达50～60分钟，而且回转窑有巨大的容积。窑内存在大量的高温熔体，有很强的热稳定性，即使在紧急停车状态下窑内的有害废弃物也能保证全部彻底焚烧。

(4) 水泥回转窑内部是一个碱性的反应气氛，对焚烧废弃物产生的酸性气体能起到一个中和作用。有害废弃物中重金属元素被固定在氧化物固体中，所以水泥窑起到了对尾气净化及重金属高温固化作用，避免对环境造成二次污染。同时焚烧废弃物产生的灰分，全部固溶在水泥熟料中进入水泥产品，对环境不产生二次污染。

综上所述，水泥回转窑在生产水泥的同时，作为有害工业废弃物的焚烧装置具有在技术上更合理、更先进、处理废弃物更彻底、更安全、更清洁的特点。

3.1.4.12 水泥工业节能减排重点专项工程

表3-15 “十三五”水泥工业节能减排重点专项工程汇总表

名称	目　标	主要内容	实施效果
余热发电建设工程	所有具备条件的新型干法生产线都必须完成利用余热进行余热发电项目的改造	推广新型干法水泥窑余热发电技术，对具有余热开发价值的新型干法水泥窑实施技术改造，进行300套余热发电工程建设	可实现年节能量约600万吨标准煤
高效粉磨节能改造工程	完成60%的水泥粉磨系统的节能改造	在生料粉磨系统中用立磨替代球磨机；在水泥粉磨系统中，特别是年产100万吨水泥粉磨站，选用辊压机联合粉磨系统替代单一的球磨机；在煤磨系统中，用立磨替代风扫磨	实现水泥粉磨电耗降低10%，可实现年节能量约100万吨标准煤

（续表）

名称	目　标	主要内容	实施效果
高压变频节能改造工程	完成200条新型干法水泥生产线的大中型电机变频技术节能改造	对变工况电机系统进行变频调速改造	可实现节能量约230万吨标准煤
电改袋除尘改造工程	推广袋式除尘技术	现有水泥窑电收尘器改为袋收尘(低压脉冲除尘器)	颗粒物排放减少50%
有害气体的排放控制和治理工程	在大中型水泥企业中推广清洁生产技术，实现低污染排放	在现有日产2000吨以上的工厂，建设低NO_X设施，推广低NO_X(非催化还原、催化还原、低NO_X燃烧技术等)技术	NO_X排放浓度降低25%
消纳工业废渣及废弃物工程	培育50个发展循环经济的示范水泥企业	在重化工工业聚集区域，选择有条件的现有工厂建设协同处理工业废渣及废弃物的设施，推动工业废渣及废弃物收集和预处理产业发展	形成年处理工业废渣及废弃物3000万吨的能力
协同处置城市生活垃圾和城市污泥工程	使水泥企业成为大中城市污泥、城市生活垃圾无害化处置的重要一环	选择大中城市周边日产2000吨或以上规模的现有工厂协同处置城市生活垃圾或城市污泥	形成年处理1200万吨能力
能源管理中心建设工程	60家企业建立能源管理中心	加快水泥生产智能化和信息化控制系统的研发，建立企业能源资源消耗信息化管理平台，推动企业能源管理中心建设，挖掘节能潜力，采取节能措施，提高管理水平	可实现节能率1%～2%

资料来源：工信部、中商产业研究院。

3.1.4.13　水泥窑处理污水厂污泥的技术应用案例

利用水泥窑处理城市垃圾(包括污水处理厂的污泥)是一种既安全又经济的处理方法，可节省对垃圾焚烧炉的投资(一套日处理城市垃圾1000吨的垃圾焚烧炉需投资6.7亿元)，是实施可持续发展战略的重要组成部分，是将上海建成生态城市必不可少的重要环节。

西方国家用湿法水泥窑处理有毒有害废弃物，使其变成水泥熟料，绝大部分重金属也被固定在水泥熟料中，不会产生对环境的二次污染，而其有毒有害气体也在水泥窑中与CaO起作用，变为无毒产品。日本秩父小野田公司利用城市下水道污泥生产水泥的试验取得了进展，取名为生态水泥，这种水泥的原料中60%为废弃物(污泥占20%～30%)，烧成温度1000～1300℃，燃料用量与CO_2的排放量，都比生产普通水泥少得多。

水泥生产过程是处理的手段城市废物的重要平台，水泥回转窑既是废物无害化处理的手段，同时又是实现废物资源化的载体。城市污泥中一般都含有有毒有害物质，如果不经处理，随处堆放或直接填埋，将会对地下水、生态环境等造成二次污染。利用水泥窑协同处理城市污泥是使污泥资源化、减量化、无害化的重要途径，是处理污泥的最佳路线之一。污泥在水泥窑系统进行处理，使其无害化的工程，即可解决社会经济发展而带来的日趋严峻的环保问题而产生的社会效益，还使污泥现了资源化，走上了循环经济之路。

作为传统的水泥行业，在生产过程中，一方面消耗大量的燃料与电能，同时又有大量的热能随窑尾烟气的排放而白白浪费。据估算，随窑尾烟气排放的热能约占水泥窑耗煤所产生的热能的 35%，一发面在经济上造成损失，同时又对周边大气环境造成严重的“热污染”。

利用水泥窑低温余热进行发电，国内虽有先例，但并不十分成功。2002 年万安水泥厂与天津水泥工业设计研究院及杭州锅炉厂合作，决定开创一条纯低温余热发电(不带补燃)的新路子。经过反复比较国内外各种余热发电的案例，进行技术筛选，大胆采用国产技术与装备，走出了一条有自己特色的技术路线。在项目设计过程中，万安水泥厂技术人员与合作单位密切配合，但又不迷信盲从，对整个系统的设计提出自己的设计思路及独特见解，努力使系统最优化。经过一年时间建设，余热发电车间于 2003 年二季度建成并一次调试成功。

余热发电车间投产以来，运行状况良好。目前日发电量可达 4.5 万千瓦时，年发电量可达 1395 万千瓦时，相当于年节约标煤 5700 吨，节能效果明显。项目还大大减少了生产过程中对大气的废热排放，减少了“热污染”，同时也起到减排 CO_2 的作用。

3.2 玻璃生产行业

我国建筑能耗占社会总能耗的约 28%，这一比重未来 20 年内有可能达到 35%。在建筑能耗中，通过玻璃门和窗损失的能耗占到全部建筑能耗的 40%～50%。另外，当玻璃作为建筑的外围护材料使用比例越来越大时，相对于传统砖墙在隔热保温方面的弱点就愈发明显。玻璃作为一种重要的建筑材料，在建筑节能中起到十分重要的作用。

本节通过对国内外平板玻璃行业先进节能减排技术的适用条件、基本原理、节能减排效果、成本效益分析、推广状况和知识产权状况等内容的系统介绍，为企业开展

节能减排工作树立标杆，提供的节能减排技术对新生产线建设或现有生产线改造具有指导意义，加快平板玻璃行业节能减排技术的推广应用。

本节所述节能减排技术适用于生产透明及本体着色钠钙硅平板玻璃产品企业的新建或现有生产线节能改造项目，包括技术与具体指标。对其他工艺与非钠钙硅成分的平板玻璃产品的生产企业，其节能减排技术可供参考。

基本术语：

(1) 平板玻璃。板状的硅酸盐玻璃。

(2) 浮法玻璃。用浮法工艺生产的平板玻璃。

(3) 大气污染物排放浓度。温度 273 K，压力 101.3 千帕状态下，排气筒干燥排气中大气污染物任何 1 小时浓度的平均值，单位为毫克/立方米。

(4) 重量箱。是平板玻璃产品的计量单位，50 千克为一重量箱。

(5) 平板玻璃产品综合能耗。在统计期内用于平板玻璃生产所消耗的各种能源，折算成标准煤，单位为吨。包括生产系统、辅助生产系统和附属生产系统的各种能源消耗量和损失量，不包括基建和技改等项目建设消耗的、生产界区内回收利用的和向外输出的能源量。

(6) 平板玻璃单位产品综合能耗。指统计期内生产每重量箱平板玻璃的能耗，折算为标准煤，即用合格产品总产量除以总综合能耗，单位为千克标准煤/重量箱。

(7) 平板玻璃熔窑热耗。在统计期内熔化每千克玻璃液所消耗的热量，以 Qd 表示，单位为千焦/千克。

(8) 新鲜水用量。指平板玻璃生产线每天或每年在生产过程中所消耗的生产新鲜水量(不包括循环水量等)。

3.2.1 玻璃生产行业资源能源消耗及污染物排放情况

我国是世界上最大的建材生产国和消费国，建材工业又是主要的高耗能行业，2008 年全国能源消耗总量约 28.5 亿吨标准煤，其中建材工业能源消耗总量约为 2.09 亿吨标准煤，约占全国能耗总量的 7.3%。除水泥和建筑卫生陶瓷之外，平板玻璃行业能耗居建材行业第三位，约占建材能源消耗的 4.76%。2008 年，我国平板玻璃单位产品综合能耗平均为 19.22 千克标煤/重量箱，与国际平均水平 16.5 千克标煤/重量箱和国际先进水平 15 千克标煤/重量箱尚有较大差距。平板玻璃行业能源消耗主要是熔窑熔化玻璃原料所消耗的燃料，原料制备消耗的电力(电耗)，以及平板玻璃生产过程中生产装备运转和辅助设备所消耗的电力(电耗)所组成的，电耗约占总能耗的 17%。2006—2008 年我国平板玻璃行业单位产品能耗和总能耗见表 3-16。

表 3-16 2006—2008 年我国平板玻璃行业单位产品能耗和总能耗

年度	单位产品综合能耗(千克标煤/重箱)			总能耗
	行业平均	浮法玻璃	普通平板玻璃	(万吨标准煤)
2006	21.09	18.9	31	959
2007	20.16	18.1	30	1 072
2008	19.22	17.3	29	1 103

目前我国有三种平板玻璃生产工艺,即浮法工艺、平拉工艺和压延工艺。其中浮法工艺生产量占我国平板玻璃总产量的 87%,处于主流地位。因此,本书的平板玻璃生产技术以浮法玻璃生产工艺为主。

根据《平板玻璃单位产品能耗消耗限额》《平板玻璃工业大气污染物排放标准》《平板玻璃行业准入条件》和《清洁生产标准平板玻璃行业》等的相关内容,将平板玻璃生产线的能源消耗划分为现有平板玻璃生产线和新建或改建浮法玻璃生产线两大类。因为《平板玻璃行业准入条件》中规定"新建或改建平板玻璃生产线熔窑规模应在 500 吨/天以上(超薄线除外)",因此,新建或改建浮法玻璃生产线仅设熔窑规模≥500 吨/天一项。现有平板玻璃生产线则按照熔窑规模划分为≤300 吨/天,300 吨/天<、≤500 吨/天,>500 吨/天三项。

3.2.1.1 能源消耗特点

能源消耗情况的分析以浮法工艺为主。玻璃熔窑是高耗能设备,其能源消耗主要由玻璃熔化吸热、窑体散热和烟气带走的余热三个部分组成。其中玻璃液吸热仅占总热量的 40%~45%,通过熔窑表面散热损失的热量为 20%~25%,烟气排放的热损失为 30%~40%(见图 3-15)。提高玻璃熔窑能源利用率应从以上三个方面入手。

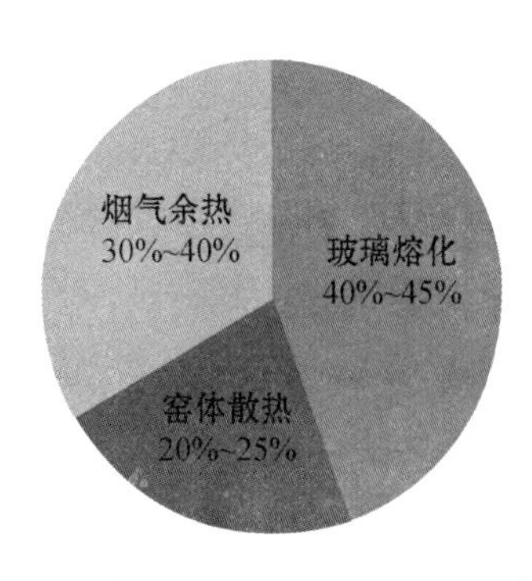

图 3-15 玻璃熔窑主要能量散失方式对比

3.2.1.2 能源消耗水平

根据《平板玻璃单位产品能耗消耗限额》《清洁生产标准平板玻璃行业》和《平板玻璃行业准入条件》的相关内容，我国对不同等级浮法玻璃生产线的能源消耗指标规定见表 3-17、表 3-18 和表 3-19。

表 3-17 所调查浮法玻璃生产线能耗情况

分 类	单位产品综合能耗（千克标煤/重量箱）	熔窑热耗（千焦/千克）
≤300 吨/天	26～31	10 000～12 000
>300 吨/天、≤500 吨/天	15～20	6 500～8 000
>500 吨/天	10.5～18	5 700～6 500

表 3-18 浮法玻璃生产线单位产品综合能耗水平

分 类	单位产品综合能耗（千克标准煤/重量箱）			
	国内限额定值①	国内限额准入值②	国内先进	国际先进
≤300 吨/天	≤20.5	—	≤16.5	≤13
>300 吨/天、≤500 吨/天	≤19.5	—	≤16.5	≤13
>500 吨/天	≤18.5	≤16.5	≤15	≤13

注：① 国内限额定值指已投产的生产线。
② 国内限额准入值指新建线或冷修改造的生产线。

表 3-19 浮法玻璃生产线熔窑热耗水平

分 类	熔窑热耗（千焦/千克）			
	国内限额定值①	国内限额准入值②	国内先进	国际先进
≤300 吨/天	≤8 200	—	≤6 500	—
>300 吨/天、≤500 吨/天	≤7 500	—	≤6 500	—
>500 吨/天	≤7 100	≤6 500	≤5 900	≤5 700

注：① 国内限额定值指已投入投产的生产线。
② 国内限额准入值指新建线或冷修改造的生产线。

3.2.1.3 资源消耗情况

1）资源消耗特点

平板玻璃企业生产过程中不同环节对水资源消耗的情况如图 3-16 所示。

2）资源消耗水平

根据《平板玻璃单位产品能耗消耗限额》《平板玻璃工业大气污染物排放标准》《平板玻璃行业准入条件》和《清洁生产标准平板玻璃行业》的相关内容，平板玻璃行业的资源消耗水平见表 3-20。表 3-21 为调查所得我国平板玻璃行业现行的燃料种类。

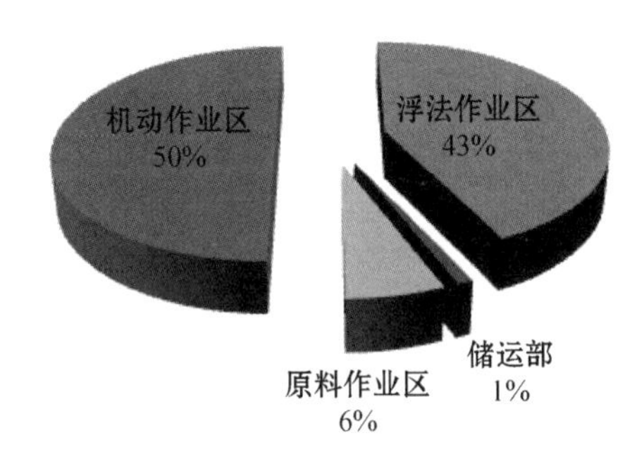

图 3-16　平板玻璃行业各工序水资源用量比例

表 3-20　平板玻璃行业资源消耗水平

资源消耗指标	单位	消耗水平		
		国内一般	国内先进	国际先进
锡耗	克/重量箱	0.5～3	≤1.5	≤0.7
新鲜水用量	立方米/重量箱	0.024～0.18	≤0.2	≤0.1

表 3-21　平板玻璃行业现行的燃料种类

燃料类型	所占比例(%)
重油	22
原煤	15
焦炉煤气	9
天然气	22
其他(包括煤焦油、石油焦等)	32
合计	100

3.2.1.4　污染物排放情况

1) 污染物排放特点

浮法玻璃生产过程和污染物排放节点及其减排潜力分析如图 3-17 所示。

2) 污染物排放水平

我国玻璃行业水污染排放水平参照《污水综合排放标准》。我国《平板玻璃工业大气污染物排放标准》对现有生产线与新建生产线的大气污染物排放水平做出相应规定(见表 3-22 和表 3-23)。

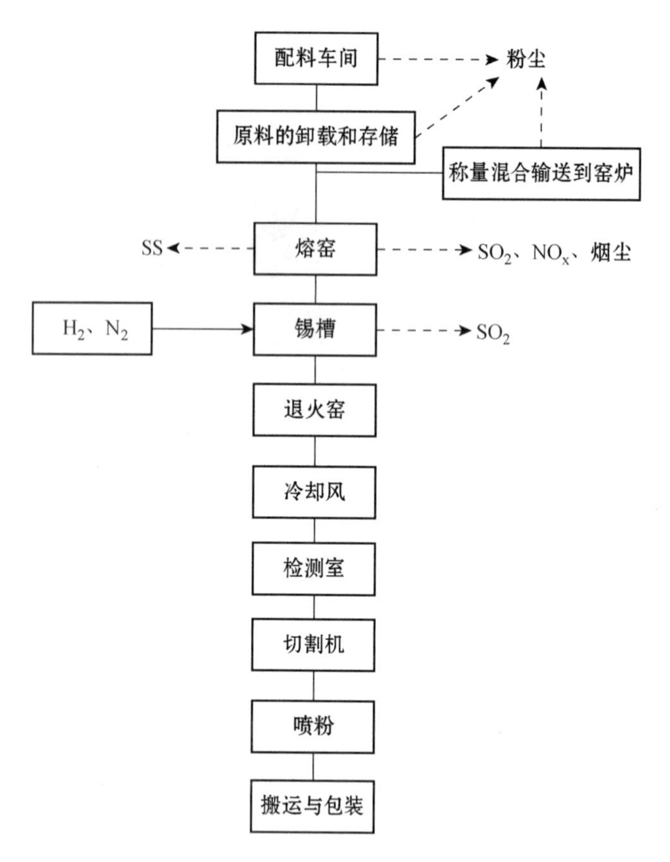

图 3-17 浮法玻璃生产工艺流程及排污节点示意图

平板玻璃行业的固体废弃物排放主要包括碎玻璃、原料车间粉尘以及熔窑冷修废弃的镁铬砖等，其中玻璃企业的本厂碎玻璃全部回收利用，经由收尘器收集的粉尘全部用于生产，镁铬砖中的正六价铬有剧毒，现已全部实现有组织地排放。

表 3-22 平板玻璃行业现有生产线大气污染物排放水平

单位：毫克/立方米（烟气黑度除外）

序号	污染物项目	排放限值			污染物排放监控位置
		玻璃熔窑[①]	在线镀膜尾气处理系统	配料、碎玻璃等其他通风生产设备	
1	颗粒物	100	50	50	车间或生产设施排气筒
2	烟气黑度（林格曼，级）	1	—	—	
3	二氧化硫	600	—	—	
4	氯化氢	30	30	—	
5	氟化物（以总 F 计）	5	5	—	
6	锡及其化合物	—	8.5	—	

注：①指干烟气中 O_2 含量 8%状态下（纯氧燃烧为基准排气量条件下）的排放浓度限值。

表 3-23 平板玻璃行业新建生产线大气污染物排放水平①

单位:毫克/立方米(烟气黑度除外)

序号	污染物项目	排放限值			污染物排放监控位置
		玻璃熔窑②	在线镀膜尾气处理系统	配料、碎玻璃等其他通风生产设备	
1	颗粒物	50	30	30	车间或生产设施排气筒
2	烟气黑度(林格曼,级)	1	—	—	
3	二氧化硫	400	—	—	
4	氯化氢	30	30	—	
5	氟化物	5	5	—	
6	锡及其化合物	—	5	—	
7	氮氧化物(以 NO_2 计)	700	—	—	

注:① 新建生产线大气污染物排放水平还包括 2014 年 1 月 1 日现有及冷修改造投入运行的生产线。
② 玻璃熔窑指干烟气中 O_2 含量 8%状态下(纯氧燃烧为基准排气量条件下)的排放浓度限值。

3.2.2 玻璃生产行业技术现状

3.2.2.1 平板玻璃行业技术结构

通过搜集、整理浮法玻璃生产流程中各个工艺单位内的技术清单,构建浮法玻璃生产技术体系,如图 3-18 所示。

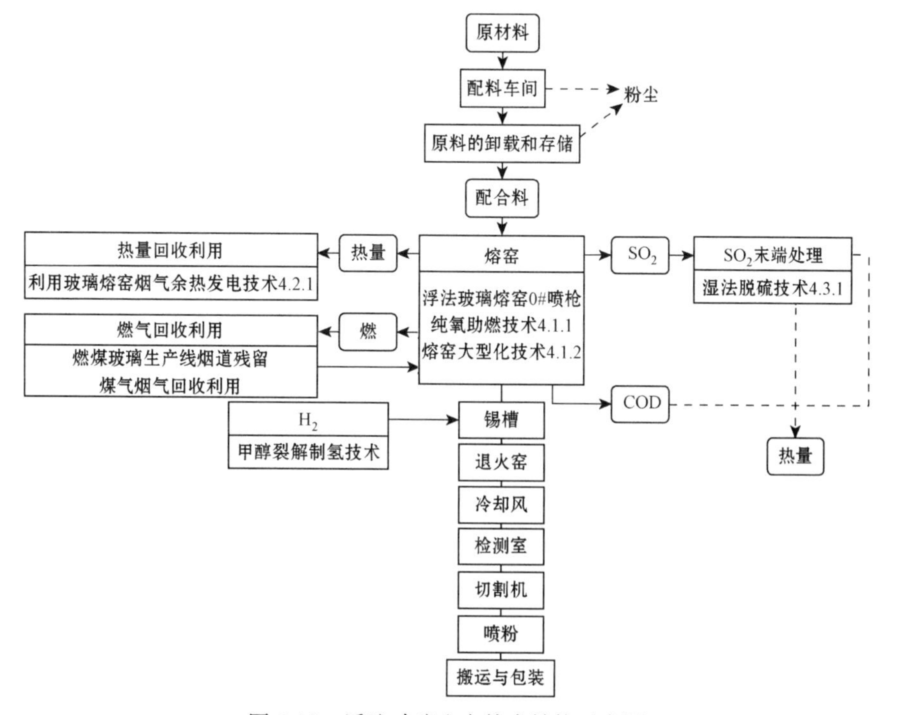

图 3-18 浮法玻璃生产技术结构示意图

3.2.2.2 平板玻璃行业技术水平

先进适用技术在现有市场中所占的份额(技术普及率)如图 3-19 所示。

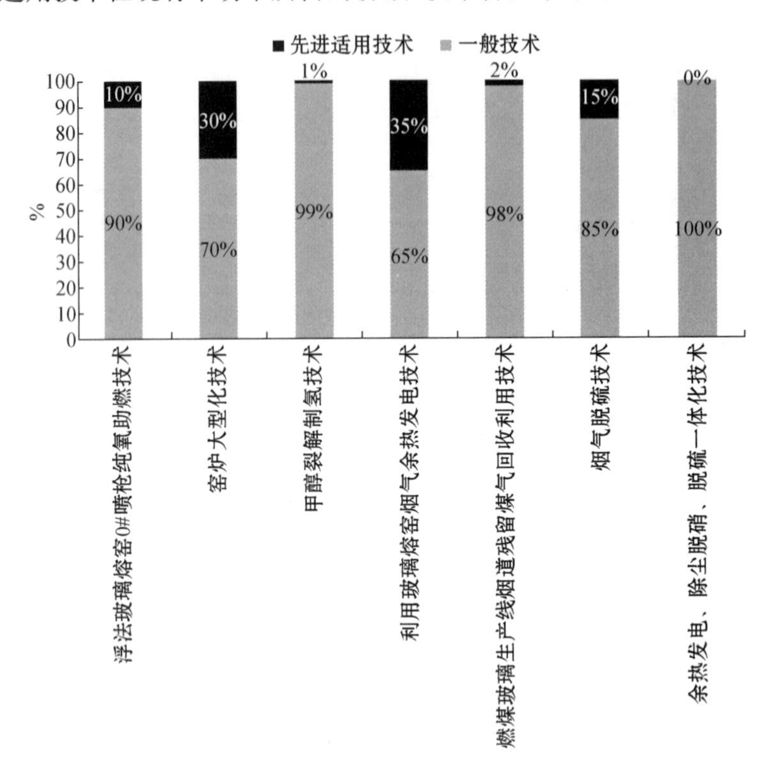

图 3-19 浮法玻璃节能减排技术水平现状

3.2.3 玻璃生产行业节能减排技术

3.2.3.1 玻璃行业生产流程的节能减排先进适用技术

根据技术的功能,可划分为生产过程节能减排技术、资源能源回收利用技术和污染末端控制技术三大类,以便为企业提供分类指导。

1) 生产过程节能减排技术

生产过程节能减排技术指产品生产过程中降低物耗、能耗、减少污染物产生量的源头削减技术,具体包括低能耗、低污染的新工艺、新技术;原料替代或预处理;过程优化等类型。

(1) 浮法玻璃熔窑 0#喷枪纯氧助燃技术。

① 技术介绍。在浮法玻璃熔窑前墙和1#小炉之间位置增设一对全氧喷枪。实

施后可以促进玻璃的快速熔化、配合料的一系列物理化学反应提前进行、在配合料表面形成“釉层”，减少配合料的飞料、扩大熔化部的澄清区，有利于玻璃液的澄清、减少 NO_X 等废气及粉尘的排放量，促进环境保护。实践证明，高温强制熔化有利于节能降耗、提高玻璃质量和产量。

浮法玻璃生产线锡槽需要 N_2 作为保护气体，如采用双高空分设备在制备 N_2 同时，即可利用产生的副产品 O_2，作为0#喷枪纯氧助燃的氧气来源，实现熔窑的节能降耗。

② 技术适用条件。适用于浮法玻璃生产线的新建和冷修改造。具有双高空分制氮设备的浮法玻璃生产线可实施热态改造。

③ 节能减排效果。0#喷枪纯氧助燃技术在600吨/天生产线实施产量质量均有提升，使用前玻璃成品0.1毫米以上缺陷总数为8～10个/20平方米，使用后下降至3～4个/20平方米，优级品率提高8%左右，产量提高5%～6%；节能率3%，每年可节约天然气120万标立方米，按目前天然气价格2.8元/标立方米计，每年可产生336万元的直接经济效益。同时，粉尘、烟尘排放量减少约20%；烟气量减少10%～12%；NO_X 等废气及粉尘的排放量也有所下降，有利于环境保护。

④ 成本效益分析。年节省燃料费约540万元，提高质量和产量约增加年销售额500万元，0#喷枪纯氧助燃系统年运行费约增加260万元，年新增利税总额约780万元。投资回收期约1年(按天然气价格2.8元/标立方米计算)。

⑤ 技术应用情况。此技术已经在不同熔窑规模的浮法玻璃生产线应用，全氧助燃系统具有结构简单，操作简便，维修成本低，设备运行稳定、可靠，降低热耗，熔化质量明显改善，玻璃缺陷减少，质量和产量都有所提高。具有很好的社会效益和经济效益，主要技术经济指标达到国内领先水平。

⑥ 技术知识产权情况。专利技术与专有技术。

(2) 熔窑大型化技术。

① 技术介绍。熔窑大型化即主线配套工程化技术，是将多项技术优化为成套技术，应用在900吨/天、700吨/天大型浮法玻璃生产线工程上。浮法玻璃熔窑的能耗与熔窑规模成近似线性的关系，熔窑的吨位越大单位玻璃液能耗越低。

② 技术适用条件。浮法玻璃生产线的新建或冷修改造。

③ 节能减排效果。900吨/天级浮法玻璃生产线与600吨/天级浮法玻璃生产线相比，单位产品综合能耗可降低15%左右。例如采用该技术的三条900吨/天的浮法线，以6年熔窑寿命周期计，合计节约25万吨标煤。

④ 成本效益分析。熔窑大型化技术的投资成本随熔窑规模而发生变化。900吨/天级的熔窑热耗具体技术指标如表3-24所示。

表 3-24　900 吨/天级的熔窑热耗技术指标

序号	主要技术指标	900 吨/天浮法线
1	熔化能力(吨/天)	900
2	熔化率(吨/平方米・天)	2.42
3	每千克玻璃液热耗千焦(大卡)	5 768(1 380)
4	折合熔窑熔化油耗(千克/重量箱)	8.0
5	原板宽度(毫米)	4 900
6	总成品率(%)	91
7	平均日生产能力(重量箱)	16 550

熔窑大型化技术增加了玻璃原板宽度，具有产品品种多、节省能源、投资相对较低、占地少、劳动生产率高、综合成本低、抗市场风险能力强等优点。一条 900 吨/天浮法玻璃生产线可比一条 600 吨/天浮法玻璃生产线实现年均节省 1.4 万吨标煤。同时，熔窑大型化技术还可降低 SO_2、NO_X 等污染物的排放量，降低污染物处理的费用。

⑤ 技术应用情况。截至 2010 年我国浮法玻璃年总生产能力为 6.09 亿重量箱，共有浮法玻璃生产线 229 条，其中有 700 吨/天以上浮法玻璃生产线 34 条，900 吨/天浮法玻璃生产线 10 条，1 000 吨/天浮法玻璃生产线 2 条。

⑥ 技术知识产权情况。国内设计院已完全掌握该技术。

(3) 甲醇裂解制氢技术。

① 技术介绍。浮法玻璃生产线锡槽的保护气体以氮气为主，辅以少量的氢气。目前制取氢气常用的方法有两种：电解水和氨分解。前者工艺较复杂且成本高；后者氨存在的杂质对玻璃质量有影响，另外把合成的氨再分解，社会资源消耗不合理。甲醇裂解制氢是利用甲醇和水蒸气在一定温度下催化分解生成 H_2 和 CO_2，该技术具有原料甲醇容易获得、存储与运输方便、反应温度低、工艺条件缓和、燃料消耗低、流程简单、操作容易等优点。

② 技术适用条件。浮法玻璃生产线新建或改造。

③ 节能减排效果。甲醇裂解制氢技术的原料甲醇是化石和焦化工业的副产品，国内甲醇生产能力相对过剩，甲醇裂解制氢技术在许多行业广泛应用。每立方米氢气从甲醇的制取到甲醇裂解综合能耗为 1.06 千克标煤。生产过程无三废排放、不污染环境，具有较好的节能减排效果。

④ 成本效益分析。浮法玻璃生产线依生产规模不同，锡槽保护气体的氢气用量为 90～120 立方米/小时，则每年的氢气需求量为 79 万～105 万立方米。以 100 立方

米/小时的氢气需求量为例，电解水、氨分解与甲醇裂解制氢技术的能耗与生产成本对比分析如表3-25所示。

表3-25 电解水、氨分解和甲醇裂解制氢技术的能耗与生产成本对比分析

类别	项目	单耗	单位成本(万元)	年耗	年总成本(万元)
水电解	电	6千瓦时	4.68	525.60万千瓦时	409.97
	蒸馏水	1千克	0.09	78.84吨	0.71
	小计	—	4.77	—	410.68
氨分解	液氨	0.51千克	1.79	446.76千克	156.37
	电	1千瓦时	0.78	87.60万千瓦时	68.32
	小计	—	2.57	—	224.69
甲醇裂解	甲醇	0.65千克	0.98	572吨	85.8
	脱盐水	0.5千克	0.10	440吨	8.8
	电	0.15千瓦时	0.09	13.2万千瓦时	7.92
	合计	—	1.17	—	102.96

表3-25的数据表明甲醇裂解制氢的能耗与成本显著低于另外两种制氢技术。

⑤ 技术应用情况。国内合资企业的浮法玻璃生产线已应用此项技术。

⑥ 技术知识产权情况。已拥有知识产权。

2）资源能源回收利用技术

(1) 利用玻璃熔窑烟气余热发电技术。

① 技术介绍。玻璃熔窑内燃料燃烧产生的热量，40%～45%用于玻璃液吸热，20%～25%的热量通过炉体表面散失，另有30%～40%的热量通过烟气带走，烟气温度可达400～500℃，或更高，回收利用烟气余热是实现玻璃生产节能减排的有效途径。目前余热发电主要是通过余热锅炉来回收烟气余热热能，将锅炉给水加热产生过热蒸汽，过热蒸汽送到汽轮机中，将热能转换成机械能，进而带动发电机发电，实现热能→机械能→电能的转换。

② 技术适用条件。对于拥有多条浮法玻璃线的企业，建立余热电站效果比较好。余热电站的建设原则就是在保证安全性和稳定性的条件下，提高余热利用率和发电效率。

③ 节能减排效果。利用烟气余热发电，能有效地降低玻璃生产综合能耗，提高燃料热量的利用率，满足玻璃生产线及生活用电的需求。以某公司4条400吨/天级发生炉煤气浮法玻璃生产线的余热为例，2010年5月投产的余热发电项目，每年发电量3.3×10^7千瓦时，年节约10 267吨标煤，与火力发电相比，可节约能源，在回收工厂生产过程中产生的大量余热的同时，又减少了工厂对环境的热污染以及粉尘污染，经济效益和社会效益明显。

④ 成本效益分析。某公司利用550吨/天、700吨/天、1 000吨/天3条浮法玻璃熔窑排放535℃左右的烟气，建成国内目前装机容量最大(12兆瓦)的烟气余热发电站，公司每年可节约2.2万吨标煤，可满足该公司生产线的90%以上用电量，能源综合利用率提高了12%，有效减少烟气中粉尘的排放。

⑤ 技术推广应用情况。目前行业内已有30多条玻璃生产线建成余热发电项目，另有20多条在建。多数玻璃企业拥有两条或多条浮法玻璃生产线，为烟气余热发电提供了实施条件，玻璃熔窑烟气余热发电技术有广阔的推广前景。

⑥ 技术知识产权情况。国内设计院已掌握该技术。

(2) 燃煤玻璃生产线烟道残留煤气回收利用技术。

① 技术介绍。燃煤玻璃生产线每次换火，残留在煤气烟道的700℃煤气，随熔窑废气排放，既浪费能源又造成大气环境污染。燃气回收技术是在玻璃熔窑两侧的煤气烟道之间设煤气加压机，在烟道与煤气加压机间分别设有进气阀和出气阀，进气阀与对侧的出气阀相连通，两侧的煤气烟道分别与煤气交换器及烟囱相连。该技术可将烟道残留煤气充分回收利用，节约能源，减少大气污染。整个系统的维修维护简单，自动化程度高，运行成本低。

② 技术适用条件。燃煤玻璃熔窑的新建或改造。

③ 节能减排效果。该技术可使浮法玻璃生产线实现5%～10%的节能效果，一条600吨/天燃煤浮法玻璃生产线每年可节约2 450～3 430吨标煤，可减少CO等废气直接排放对大气的污染，并有利于提高产品质量。

④ 成本效益分析。600吨/天的燃煤浮法玻璃生产线每年可节约2 450～3 430吨标煤，节约燃料费用100万～200万元/年。

⑤ 技术推广应用情况。该技术已在2条生浮法产线实施，效果良好。

⑥ 技术知识产权情况。已有专利。

3) 污染物治理技术

污染末端控制技术是指通过化学、物理或生物等方法将企业中已经产生的污染物进行削减或消除，从而使企业的污染排放达到环境标准或相关要求。具体包括水污染控制技术、大气污染控制技术、固体废物末端处置技术等，对浮法玻璃生产线主要是熔窑废气的治理技术。

湿法脱硫技术。

① 技术介绍。湿法脱硫技术成熟度高、效率高、钙/硫比低，运行可靠、操作简单，是运用最广泛的烟气脱硫技术。目前大多采用双碱法和石灰—石膏湿法脱硫工艺。其中双碱法具有脱硫工艺简单、脱硫效率高、脱硫成本低的特点，运行费用低且

无污水排放，但存在副产物氧化不完全、脱硫剂再生较难等问题。石灰—石膏法具有技术成熟、脱硫效率高、系统稳定性高、投资费用低、运行费用低等诸多优点，但副产品石膏的产量较小、品质较差。两种湿法脱硫技术在实际中都有应用。

② 技术适用条件。浮法玻璃生产线新建或改造。

③ 节能减排效果。湿法脱硫工艺的脱硫效率一般大于90%。

④ 成本效益分析。600吨/天熔窑的湿法脱硫设备投资400万～600万元，年运行费用300万～400万元。

⑤ 技术推广应用情况。我国大部分新建玻璃生产线都应用了湿法工艺的烟气脱硫技术。其中多数采用双碱法，少数采用石灰-石膏法。

⑥ 技术知识产权情况。已开发出不同技术，在实施中待观察效果。

4）工艺技术优化组合技术

余热发电、除尘脱硝、脱硫一体化技术。

(1) 技术介绍。目前我国工业窑炉的环保要求越来越高，为达到《平板玻璃工业大气污染物排放标准》的排放要求，新建的玻璃生产线均预留脱硫、脱硝的空间。脱硫、脱硝系统、余热锅炉系统一体化技术可协调三者关系减少设备重复投入，降低工程总造价，并通过工艺设计的细化，提高余热的利用率。余热发电过程的除尘更利于脱硝催化剂的正常使用，延长催化剂的使用寿命。

尽管国内玻璃行业脱硝技术尚处于起步阶段，但余热发电、除尘脱硝、脱硫一体化技术是行业未来节能减排的方向。

(2) 技术适用条件。浮法玻璃生产线的新建或改造。

(3) 节能减排效果。硫化物去除率为80%～90%，NO_X去除率为70%～80%。

(4) 技术经济分析。总投资为6 000万～10 000万元，运行成本为600万～800万元/年。

(5) 技术推广应用情况。国内对该一体化技术的研究尚处于起步阶段，已有初步设计正在实施。

(6) 技术知识产权情况。国内开始进行相关技术的研究。

5）节能减排新技术动态

(1) 烟气脱硝技术之一——选择催化减排法（SCR技术）。

① 技术介绍。SCR技术是用氨在适当的温度下与NO_X接触发生还原反应，生成N_2和水蒸气。该技术具有脱硝效率高、应用广泛、技术成熟的优点，脱硝效率可达70%～80%。但该技术也存在投资和运行费用高以及氨泄漏隐患等问题。SCR技术的优缺点见表3-26。

表 3-26　SCR 技术的主要优缺点

优点	NO_X 减排率高 可以降低窑炉中高温 NO_X 和产生的各种 NO_X 可以和气体污染物排放控制系统结合使用 可以从供应商获得质量保证。
缺点	在玻璃熔窑中应用尚有需要解决的技术问题 需考虑氨水的使用、挥发和保存过程中的综合效益 必须装备除尘和酸洗设备，较低烟气颗粒物和 SO_2 含量 占地面积大、投资成本较高 需要考虑触媒的使用寿命 反应温度制约了热量再利用的可能性

② 技术适用条件。玻璃窑炉的新建或改造。

③ 节能减排效果。NO_X 减排浓度取决于触媒与氨水的使用量。应用该技术后玻璃窑炉的 NO_X 排放量为 400～950 毫克/标立方米(国内规定低于 700 毫克/标立方米)，减排率为 70%～80%，氨水的使用量为 8～20 毫克/标立方米。若增加触媒使用量(如双层触媒结构)则 NO_X 减排率可达 80%～95%。平板玻璃窑炉应用该技术后的实际数据如表 3-27 所示。

表 3-27　应用 SCR 技术后的平板玻璃窑炉实际数据

平板玻璃燃料品种	天然气	NO_X 减排率	71%
生产工艺	浮法	NO_X(毫克/标立方当量浓度，干燥气体含 8%O_2)	700
日熔化量	600 吨/天	千克/玻璃 NO_X 排放量	1.12
SCR 结构	蜂巢触媒结构	NO_X 减排量	71%
减排澄清剂	氨水液态 25%	氨气排放(毫克/标立方当量浓度，干燥气体含 8%O_2)	<30
澄清剂消耗	无法测量		
1. 该窑炉安装了连续式 NO_X、NH_3 及其他特性探测器			

数据来源:《欧盟玻璃制造行业 BAT 技术》。

④ 技术经济分析。SCR 技术的投资取决于生产线规模(需要处理的废气量)和 NO_X 的减排率，运行成本由是否安装除尘和脱硫设备决定。浮法玻璃窑炉使用 SCR 技术后的实际费用见表 3-28。

表 3-28　浮法玻璃窑炉使用 SCR 技术后的实际费用

燃　料	天然气	减排措施	脱硝、脱硫、和除尘一体化
日熔化量	600 吨/天	总投资成本	500 万欧元
排放量(AEls)	700 毫克/标立方 1.12 千克/吨玻璃	脱硫和除尘的单位投资	4.5 欧元/吨玻璃

⑤ 技术推广应用情况。国内尚未有企业应用该技术。

⑥ 技术知识产权情况。国外几家大公司掌握 SCR 核心技术。

(2) 烟气脱硝技术之二——Fenix 技术。

① 技术介绍。Fenix 技术结合了横火焰蓄热浮法窑炉的主要技术优势,起到良好的节能效果。该技术可降低气体排放量,使火焰温度均匀化,对压制热点、控制燃料和空气的混合燃烧以及提高玻璃质量和降低 CO 排放起到了重要作用。

② 技术适用条件。可应用于采用天然气、重油或混合燃料的横火焰蓄热玻璃窑炉。

③ 节能减排效果。Fenix 技术能够使 NO_X 的排放量稳定在 700～800 毫克/标立方米。以某厂横火焰浮法玻璃窑炉的 NO_X 排放情况为例(见图 3-20),自 2005 年 11 月以来一直低于 800 毫克/标立方,NO_X 排放量低于 1.7 千克/吨玻璃。

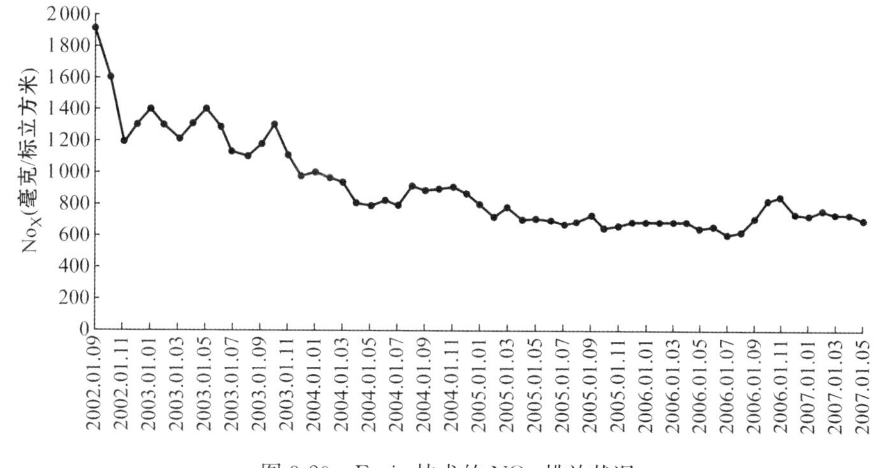

图 3-20 Fenix 技术的 NO_X 排放状况

④ 技术经济分析。在新建窑炉应用 Fenix 技术,需要投入约 100 万欧元;在现有窑炉应用该技术,需投入约 150 万欧元。还要考虑专利使用费。

⑤ 技术应用情况。国外已有 9 条浮法玻璃生产线应用该技术。

⑥ 技术知识产权情况。专利技术。

(3) 烟气脱硝技术之三——3R 技术。

① 技术介绍。3R 技术主要使用碳氢化合物燃料(如天然气或石油)对蓄热炉中的废气进行处理。燃料与窑炉中的废气发生化学反应,降低 NO_X 排放量。该技术主要应用于蓄热窑炉,蓄热炉的温度环境非常适宜,紊流有助于气体和燃料的混合,并且有充足的反应时间。3R 技术的优缺点如表 3-29 所示。

表 3-29　3R 技术的主要优缺点

优点	能够起到降低 NO_X 排放的作用 可应用于各种蓄热窑炉 不会引起窑炉设计和操作的过多改变 投资成本低 无需停产即可应用该技术 无需化学试剂 提高燃料利用率,但某种情况下会造成热回收率的损失 可以降低各种来源的 NO_X 排放
缺点	使用 3R 技术后估计熔化每吨玻璃增加消耗 0.5 吉焦 需要考虑蓄热窑炉耐火材料的选择 非蓄热窑炉不适用

② 技术适用条件。3R 技术可以应用于各种蓄热窑炉的新建与改造。

③ 节能减排效果。应用 3R 技术后,可将尾气排放控制在 1.0～1.5 千克/吨玻璃,降低 NO_X 排放量 70%～85%,NO_X 排放量下降到 500 毫克/标立方米(干燥气体,含氧 8%)。以空气助燃的浮法玻璃窑炉为例,NO_X 的浓度可降至 500 毫克/标立方米(含氧 8%的干燥气体)。减排量由烃类燃料的数量决定,燃料越少,减排量越小。以日熔化量 500 吨/天的浮法玻璃窑炉为例,3R 所增加的天然气消耗一般为 350～375 标立方米/天。

④ 技术经济分析。投资数额依据规模而定,500 吨/天约为 200 000 欧元,900 吨/天为 350 000 欧元资;运营费用为 130 万欧元/年;500 吨/天的浮法玻璃窑炉使用 3R 技术后特殊费用为 6～6.25 欧元/吨玻璃,日熔化量为 650 吨/天的窑炉为 5.5 欧元/吨玻璃,降低 NO_X 排放的成本为 1.4～1.8 欧元/千克 NO_X。

⑤ 技术推广应用情况。国外已有相关应用案例。

⑥ 技术知识产权情况。国内尚未进行相关技术的研究。

(4) 烟气脱硝技术之四——氧化+半干式氨吸收(OA)技术。

① 技术介绍。氧化+半干式氨吸收(OA)技术原理是烟气中 NO_X 溶于水生成 HNO_2 和 HNO_3,可与 SO_2 同时被吸收,达到同时脱硫脱硝的目的。为降低制臭氧成本和运行费用,开发用一种氧化液,辅以少量臭氧的技术。脱硫脱硝装置采用气-汽热交换原理,当烟气进入脱硫脱硝塔的氧化器,烟气中的 NO 被强制氧化成 NO_2,进入反应器喷入活化并雾化的氨水,气态氨、气态水与气态的 NO_X 迅速反应结合成铵盐和部分氮气,从而达到烟气 NO_X 和 SO_2 同时脱除的目的,副产物为硫酸铵、硝酸铵,无二次污染。

烟气中 NO_X 的主要组成是 NO(占 90%以上),NO 难溶于水,而高价态的 NO_2、N_2O_5 等可溶于水生成 HNO_2 和 HNO_3,溶解能力大大提高,从而可与 SO_2 同时吸收，达到同时脱硫脱硝的目的。此技术的关键是将NO氧化成高价态的NO_2。采用强制性氧化，将NO氧化率提高到90%左右(传统技术氧化率不足40%)，NO氧化成NO_2再经氨吸收，尾气中氮氧化物浓度可达到国家最低排放要求。

其化学反应如下：

$2NO+O_2=2NO_2$

$2NO_2+H_2O+1/2O_2=2HNO_3$

总体工艺流程框图如图3-21所示。

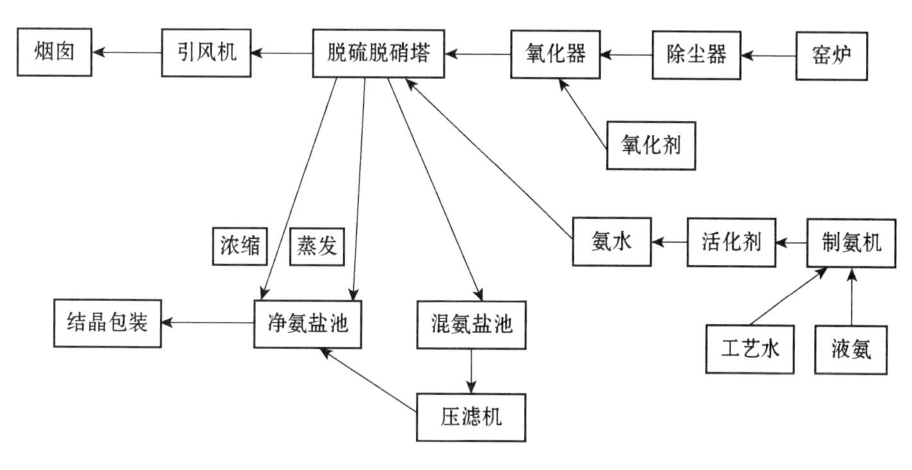

图3-21 工艺流程

② 技术适用条件。该技术适用范围广，不仅可用于玻璃熔窑烟气还可用于水泥等含NO_X的烟气治理。用于玻璃熔窑是从余热发电后烟道引出烟气，烟气经脱硫脱硝后返回至烟囱入口烟道的设施和辅助设备，确保满足用户废气排放要求。

③ 节能减排效果。以600吨/日浮法线脱硫脱硝系统为例，处理前烟气NO_X浓度2 275毫克/标立方米、SO_2浓度为3 000毫克/标立方；预计脱硫脱硝后NO_X排放浓度≤700毫克/标立方米，SO_2≤300毫克/标立方米。脱硝效率可达69.2%以上，脱硫效率可达90%以上，达到国家排放要求。

④ 技术经济分析。以600吨/天浮法线脱硫脱硝系统为例，工程与设备投入约为1000万～1200万元。对于烧天然气的窑年运行费用为250万～300万元；对于烧含硫量较高的重油或燃煤窑，硫的存在减少了氧化成本，同时增加了副产品硫酸铵的回收费用，年运行费用基本为零。此技术的优势正在于此，即烟气中的NO_X和SO_2同时脱除，降低了投资成本和装置规模，也减少了运行费用。

⑤ 技术推广应用情况。目前该技术已在国内一条烟气量超过600吨/天浮法线的水泥窑上实施，即将投入运行。已完成600吨/天浮法线脱硫脱硝系统的工程设计，正在寻找实施地点。

⑥ 技术知识产权情况。国内专有技术。

3.2.3.2 玻璃行业生产工艺的节能减排技术

1) 浮法玻璃生产技术的研究进展

以国内普通的日熔化量600吨的生产线为例,介绍浮法玻璃的制造流程。

浮法玻璃是在锡槽中制造。整个生产线长度约为500米,每天可生产550～600吨的玻璃,相当于3米宽、3毫米厚、长度约25千米的玻璃带。一旦开始生产,便是每天24小时不间断,直到8～10年之后才会停炉维修。浮法生产是当今平板玻璃主要的生产方式,其流程可分为以下五个阶段:

(1) 原料的混成。浮法玻璃的主要原料成分有:73%的二氧化硅、13%的碳酸钠、9%的氧化钙及4%的镁等。这些原料依照比例混合,再加入回收的碎玻璃小颗粒。

(2) 原料的熔融。将调配好的原料经过一个混合仓后再进入一个有5个仓室的窑炉中加热,约1550℃时成为玻璃熔液。

(3) 玻璃成型。玻璃熔液流入锡槽且浮在熔化的金属锡液之上,此时温度约1000℃。在锡液上的玻璃熔液形成宽3.66米(主流宽度)、厚度介于3～19毫米的玻璃带。因为玻璃与锡有极不相同的黏稠性,所以浮在上方的玻璃熔液与下方的锡液不会混合在一起,并且形成非常平整的接触面。

(4) 玻璃熔液的冷却。玻璃带在离开锡槽时温度约为600℃,之后进入退火室或连续式缓冷窑,将玻璃的温度渐渐降低至50℃。由此徐冷方式生产的玻璃也称为退火玻璃,一般采用德国格林策巴赫设备。

(5) 裁切和储存。徐冷之后的玻璃经过数阶段的品质检查,之后再裁切成不同的尺寸,进行包装入库,储存或运输。

2) 玻璃熔窑节能降耗的主要途径

随着玻璃市场竞争日益激烈,节能降耗已成为各生产厂家降低成本的主要途径之一。近些年来随着玻璃熔窑技术整体水平的提高,国内耐火材料和保温材料均相应取得了很大进展。目前我国自行设计的现代浮法玻璃熔窑的能耗为6900～8372千焦/千克,但离国外先进窑炉的能耗6488～6910千焦/千克尚有一定的差距,节能降耗的空间很大。

(1) 采用先进的燃烧技术。

① 全氧燃烧技术。这种燃烧技术主要起源于欧美国家,为了降低空气中的NO_X及污染的需要从而开发和推广出这种新型燃烧技术。由于使用全氧替代助燃空气,气体中基本不含N_2,仅含极少量的NO_X,这样废气总体积可减少约80%,相应废气带走热量大大降低。同时由于使用全氧燃烧喷枪替代了传统小炉、蓄热室结构,节省

了一次性投资。这种喷枪的特点是燃烧过程为分阶段全氧燃烧，外形呈矩形，可以增大燃料与氧气混合的接触面积和火焰覆盖率，并使喷枪产生更多的碳黑，从而火焰亮度增加，因此增加了黑体辐射的传热。火焰亮度的增加使更多的能量转变为更短波段的热辐射，而较短波段的热辐射在玻璃液中穿透得更深，因此，传热的效率也得以提高，较大的火焰覆盖面积可以提高传热的均匀性。

据有关资料报道，使用全氧燃烧后熔窑的热效率可提高20%～30%，但采用全氧燃烧技术时，熔窑耐火材料的选择要注意，因烟气中水蒸气的浓度相应增加，同时生产过程中产生的碱性蒸气的浓度明显增大，均对相应的耐火材料的侵蚀加速，特别是碹顶硅砖。这样窑龄则相应受到影响，碹跨在一定程度上受到影响，从而影响到生产规模。目前国外报道最大生产规模为350吨/天的熔化量。

② 对重油进行精细乳化。精细破碎乳化重油之所以能够节能降污，提高玻璃质量，降低成本，主要是由于水的媒介作用，其作用主要表现在以下几个方面：

a. 微爆作用。精细破碎乳化重油是将重油经一定的破碎设备破碎，再加入一定量水和乳化剂，使重油成油包水形式，油是连续相，水是分散相，水珠直径约为5微米。由于油的沸点比水高，因此，水总是先达到沸点而蒸发，当油滴中的水过热到超过油的表面张力及环境压力之和所对应的饱和温度时，水蒸气将冲破油膜而使油滴发生爆炸，形成更小的油滴，这就是油滴的微爆或称油的“二次雾化”，其中水起到了使油滴爆炸的媒介作用。油滴的直径愈小，其蒸发速率就愈大，这样有利于油的快速燃烬，从而提高了燃油由化学能转变为热能的转化速率。

b. 水分子的热辐射作用。因为精细破碎乳化重油在炉内燃烧后使水蒸发，形成蒸汽，因此增加了炉内的水蒸气分压。由于水是三原子气体，它的热辐射能力较强，从而增强了炉内火焰的热量传递速率，提高了能量的利用率，最后达到节能效果。

c. 水的蒸发降温作用。油掺水燃烧过程中，水的另一个媒介作用是其蒸发导致炉温有所下降，这一物理现象有两面性。其有利的一面是抑制了 NO_X 的生成，净化了环境。其不利的一面是使热效率有所下降。因此，掺水量的大小十分重要，适当的掺水量可以既节能又降污，但掺水量过大，则会导致热效率降低。

(2) 改进熔化部的结构。

① 对窑底结构进行改进。对小炉后的池底应设计成浅池底，通过降低玻璃液的回流系数，可以减少回流玻璃液的重复加热，有利于节能。众所周知，熔窑中对流强度的大小与池深三次方、温差成正比，可适当地降低冷却部的池深，以减少冷却部的回流。如国外PPGCo和Saint—GobaintCo等熔窑的卡脖、冷却部池深均较浅，一般为0.9～1米。冷却部池深的减浅还可减少冷却部的面积，降低一次性投资。末对小炉以前的池底应设计成阶梯式的，池深由浅逐渐变深，投料池的池深是最大的，这样

的池深变化会加长配合料在高温带的滞留时间，有利于提高热效率，有利于提高熔化率，有利于提高玻璃液的质量。实践证明，这是一种理想的池底结构。通过降低玻璃液的回流系数，可以减少回流玻璃液的重复加热。

② 适当增加熔窑宽度，减少小炉对数。在保证相同熔化率的情况下，如有条件可适当地增加熔窑的宽度，减少小炉的对数，因为熔窑宽度的增加，不但可以减薄料层的厚度，而且由于高温火焰在熔窑内的停留时间可适当延长，这样有效辐射传热效果明显加强，同时火焰黑根区所占火焰长度的比例适当减少，均利于熔化。同时，减缓配合料的流动速度，从而有利于减少对池壁的侵蚀速度，减少对格子体的烧损和堵塞。

③ 碹顶采用"蜂窝状"碹砖结构，增加火焰空间辐射面积。"蜂窝状"碹顶结构能提高炉内有效利用率。由于碹内表面尖端部位的温度相对高，物体的辐射能力明显增强，而且碹的内表面面积增大，相应较大地提高了大碹对玻璃液的有效辐射能力。这样通过砖体向外表面的散热损失就相应减少。另外，"蜂窝状"结构对贴近大碹内表面的高速气流具有阻滞作用而形成了一个"紊流区"，大大减轻了碱蒸气对大碹的冲刷侵蚀，从而延长了窑炉的使用寿命。

(3) 采用先进的投料技术。

① 改进投料池，使投料池的宽度与熔化部等宽或接近等宽，采用等宽投料技术。投料是熔制过程中的重要工艺环节之一，它关系到配合料的熔化速度、熔化区的位置、泡界线的稳定，最终会影响产品的质量和产量。采用等宽投料技术是充分利用燃料热量和提高熔化率的最有效的方法。等宽投料技术使火焰覆盖面积的利用率达到了百分之百。投料池越宽，配合料的覆盖面积就越大，配合料的吸热是与覆盖面积大小成正比的。因此采用与熔化部等宽或接近等宽的投料池，有利于提高热效率，有利于节能，有利于提高熔化率。

② 采用无水包的45度L形吊墙。传统的L形吊墙都有水包，由于水包的寿命短、易损坏，漏水，造成吊墙砖的炸裂，吊墙砖实际上在热工作状态下无法更换，这样就影响窑炉的寿命。所谓无水包吊墙，就是水包被一排吊砖所代替，这就解决了因水包漏水所造成的吊墙砖炸裂问题，同时也解决了更换损坏水包对生产的影响。

前脸采用L形吊墙结构以后，可适当地加大1#小炉至前脸的距离，以充分发挥1#小炉的潜力，进一步实现配合料的强制预熔化作用。这样熔窑内的料堆和泡界线均相应地前移，可明显起到节约能源、降低能耗的作用。同时由于入窑的配合料强制预熔，还可以减缓飞料对1#、2#小炉、蓄热室格子砖的侵蚀作用。

③ 投料口采用全密封结构。投料池内的压力一般是正压，所以由窑内向外部的溢流和辐射热损失较大。采用全密封结构，构成预熔池，将减少这部分热损失，使配合料进入熔化池之前能吸收一定的热量，将其中的水分蒸发并进行预熔，这样料堆进

入熔化池后很快就会熔化摊平,因此加速了熔化过程。同时,由于料堆表面被预熔,就减少了粉料被烟气带入蓄热室的量,也减轻了飞料对熔窑上部结构的化学侵蚀。投料池采用全密封结构,可以防止外界的干扰,保证窑内压力制度、温度制度的稳定,保证泡界线的稳定。特别是保证玻璃对流的稳定,有利于减少生料对池壁砖的侵蚀,延长窑炉寿命。

④ 采用大型弧毯式投料机。由于窑内配合料区是强吸热区,设置宽投料池,采用宽型毯式投料机或大型弧毯式投料机,实行薄层投料,使配合料一入窑就能起到强制顶熔的作用。投料机的投料效果直接影响配合料的熔化率和熔窑的能源消耗水平。

⑤ 合理布置投料机,采用等宽同步投料技术。传统的投料技术一般都有偏料或分料的情况发生,如果采用等宽同步投料技术,两台圆弧式投料机紧密布置,投料机中间不留空隙,可实现薄层投料,中间不裸露玻璃液。

(4) 采用电助熔技术。通过在浮法玻璃熔窑内合理地安装电极,直接在玻璃液中产生焦耳效应,这样电能提供的热量直接被玻璃液有效利用,相应窑内空间温度得到显著地降低,电助熔的热效率最高为95%左右。电加热的功串主要分布在热点处,适当布于配合料区,通过在熔体中集中释放热量,以加强热点的热障作用,提高玻璃液的加权平均温度,从而提高窑炉热点与投料区之间的温度梯度,提高温度梯度能增加配合料下面玻璃液往后流动的平均速度。该回流液流强烈抑制表面成形流,即减少新熔玻璃液往成形方向流动的速度,用电辅助加热玻璃液(达总热量的10%)可使窑炉熔化量提高20%左右,相应地能耗得到显著下降。

(5) 改变熔窑的温度制度,熔化按"双高峰热负荷"操作。"双高峰热负荷"即合理地加大配合料区和热点处的热负荷,适当降低泡沫区和调节区的热负荷。因为配合料的吸热系数是泡沫区的1.2~1.5倍,所以适当提高1#、2#小炉热负荷可起强制熔化作用,而且不会造成碹顶温度的升高,而泡沫区的热阻大,过多地投入热量,热量主要被该区域附近的窑体吸收,既浪费了热量又加剧了该部位的窑体蚀损。

(6) 改进蓄热室的格子砖。

① 选择优质的耐火材料做格子砖。碱性耐火材料格子砖是理想的选择,其优点是耐火度高,耐碱的侵蚀性能好,蓄热能力强,容积比热大,是低气孔黏土砖的1.36倍;导热系数大,是低气孔黏土砖的两倍左右。所以使用碱性格子砖换热效率高,可提高助燃空气的预热温度,提高火焰温度,可节能10%左右。

② 合理选择格子砖的结构形式。蓄热室格子体换热面积越大,蓄热室的热回收就越多。为了增加换热面积,蓄热室的格子体采用筒型砖是最佳的选择。

窑炉的换火操作,一般20分钟换一火。对于一侧格子砖20分钟处在被加热状

态，20分钟处在冷却状态。使用传统的65毫米条形砖作格子体不是整体的砖参加热交换，而仅仅是砖的20毫米厚的表层参加热交换，而砖的中央部分不参加热交换。这一点已被实验数据所证明。不参加热交换的砖体，增加了格子体的重量又占据蓄热室的容积，因此应尽可能地减少。实践证明，壁厚40毫米的筒型砖是最佳的厚度，可获得最大的换热效率，提高空气的预热温度，降低能耗。

(7) 熔窑采用新型保温材料，采用全方位复合保温结构。随着科学技术的发展，近几年来我国多单位自行研制开发出了各种适合熔窑不同部位使用的新型密封材料、保温材料和保温涂料，改善了传统熔窑保温结构的设计，熔窑墙体的保温隔热度也提高了50%～100%，大大减少了窑体表面散热。

3) 玻璃熔窑热端大型化和控制系统技术

(1) 大型浮法玻璃熔窑结构与控制技术。针对大型熔窑结构的特点，建立了大规模熔窑关键工艺结构数学模型，优化了大型玻璃熔窑结构尺寸参数，开发了FDAS阻力计算软件、CBS熔窑组合碹结构优化设计软件、QMASSPRO异型复杂结构强度特性的快速计算技术，开发了熔窑安全性的软件和硬件保障技术。窑压、窑温是熔窑运行的重要工艺参数，它们的稳定与否关乎窑的运行寿命、熔化质量和能耗等，为此开发了熔窑多级抗扰动专家系统优化控制软件，具有窑温窑压补偿技术的快速换向专家软件控制系统，换向期间窑温波动小于5℃，智能窑温控制模块技术实现了空气-燃料比例优化控制。

熔窑规模越大，需要密封的区域就越大，对耐火材料的热态时膨胀变形控制的难度越高，为此开发了门式框架四层钢结构，用来解决熔窑大型化时大尺寸熔化池的结构膨胀控制问题。为提高前脸墙的可靠性和安全性，开发了新的小鼻区柔性吊墙技术——高位铠装式柔性前脸墙，解决了火焰空间高、横向跨度大，吊脸结构热变形问题。

(2) 建立了玻璃成形过程数学模型，优化大型锡槽结构及成形工艺软件。大规模锡槽在烤窑升温后热膨胀容易造成结构整体变形，影响生产和使用，为此建立了玻璃成形过程数学模型，优化大型锡槽结构及成形工艺软件，锡槽密封性的优化集成，确定了大规模锡槽收缩率取值范围，建立了新的收缩率计算方法，开发了适应于大吨位、大板宽玻璃成形的锡液池新式钢结构。

(3) 建立了全数字网络化冷端计算机控制技术。浮法玻璃冷端系统是连续化、不间断工作方式，对可靠性要求很高，在冷端研发了网络化全数字控制系统和立交分片控制系统，提高了冷端的自动控制系统精度。江苏华尔润集团有限公司900吨/天(八线)运行参数如下：

熔化量900吨/天，原板宽度4950毫米，合格板宽4600毫米，已成功商业化生产4.0～15毫米的各种厚度玻璃，试生产了19毫米厚度玻璃，产品的成品率为88%～

90%，其中汽车级约在85%，实际热耗指标(数据取值为日拉量在900吨以上的数值)：熔化平均热耗8.162千克重油/重量箱(折合1438.4大卡/千克玻璃液)，最低7.576千克重油/重量箱(折合1354.5大卡/千克玻璃液)。

2006年8月中国建筑材料工业协会组织行业专家对由秦皇岛玻璃工业研究设计院和江苏华尔润集团有限公司合作完成的“热端大型化和控制系统技术开发及其在900吨/天浮法玻璃生产线的工程应用”项目进行了科技成果鉴定，形成如下结论。

① 在系统分析与优化热端技术的基础上，建立了大规模熔窑和锡槽关键结构数学模型，并开发出多个相关软件，形成了浮法玻璃生产热端大型化及配套的设计与工程应用技术，攻克了大型熔窑结构与安全性难点，提出了新的熔化及成形过程理念，熔窑的有效利用率明显提升，节能效果显著，建成熔窑内宽达到12.8米的900吨/天浮法玻璃生产线，填补了国内空白。

② 项目在FDAS阻力计算、CBS熔窑组合碹结构优化设计、QMASSPRO异型复杂结构强度特性的快速计算法、熔窑大碹砖热态内应力安全许用值等大型熔窑的设计与工程应用方面有所创新。

③ 该成果已成功应用于江苏华尔润集团有限公司3条900吨/天浮法玻璃生产线，经过两年的实际运行表明：熔窑热耗为5660～6010千焦/千克玻璃液，属国际先进水平。经过华东理工大学按照建材行业标准JC488-92热平衡测定，熔窑有效热利用率达到49.09%，能耗的降低还可相对减少水、电等资源消耗与二氧化硫排放。同时玻璃质量全面提升，产品经国家玻璃质量检测中心和燕山大学抽查检测，主要外观指标与内部质量指标达到国际同类产品水平。经济效益和社会效益显著。

④ 该成果的研发及工程应用，为浮法玻璃生产的大型化起到了示范作用，对提高单线规模结构和生产效率、节约能耗、有效利用资源、全面提升行业科技水平及建立节约型社会具有重大意义，有广阔的推广前景。

4) 富氧燃烧技术在玻璃生产中的节能效益

由于富氧本来就是浮法玻璃工厂生产过程中的副产物，如将其充分利用，可适当降低生产成本，提高熔化量。目前富氧燃烧方式主要有两种：一种是将富氧喷嘴安装在燃油喷枪的下方，将富氧以高速射流的形式喷入窑内，在射流的作用下将火焰拉近液面。因火焰下方的助燃介质中氧浓度比火焰上方高，火焰燃烧迅速，下方温度明显升高，这样火焰直接对配合料和液面的辐射传热相对加大，而碹顶温度则相应有所下降，窑体表面散热和烟气出口温度相应下降，从而熔窑的热效率得到相应提高。另一种是采用富氧喷枪将富氧空气作为雾化介质直接与燃料充分混合而燃烧，由于这种新型喷枪产生的火焰穿透能力强、本身热效率高，可以达到节能降耗的作用。第一种结构简单，投资少，但节能效果低，一般仅为2%～4%，这与浮法生产副产物——富氧产生的量有关。第二种投资大，结构较第一种相对复杂，节能达10%～15%，但目前国内尚未开发出这种燃烧器。

5）玻璃工业窑炉尾气余热利用工艺技术介绍

（1）热管蒸汽发生器回收玻璃窑炉尾气余热。玻璃生产过程中，从池窑蓄热室、换热室（或换热器）出来的烟气温度一般在500℃以下。这些烟气可以通过热管余热锅炉来产生蒸汽。蒸汽可用于加热和雾化重油、管道保温，以及生活取暖等。对于排烟量较大、温度较高的烟气，可通过热管余热锅炉产生较高压力的蒸汽（3.5兆帕）用于蒸汽透平来发电，或者直接驱动透平空压机、风机、水泵等机械。对于从工作池和供料道等处排出的烟气，气量少而温度高，可以采用少量的高温热管（工作温度>650℃）来预热空气，当离炉烟气温度为1 000～1 200℃，空气预热温度可达400～500℃，节油效果可达20%。在退火炉烟气的烟道中，以及退火炉缓冷带以后的部位都可以设置热管换热器以回收烟气的余热和玻璃制品的散热量来预热空气，作为助燃空气、干燥热源或车间取暖等的热源，都可以获得很好的节能效果。

当前国内玻璃窑炉所使用的燃料大多为重油和渣油，对于这种燃料的烟气余热回收应该特别注意热管蒸发段管外的积灰堵塞问题。

某玻璃厂由蓄热室排出的烟气温度为420℃，烟气量为（标准状态）17 800立方米/小时，要求将烟气温度降到200℃以下，回收的热量产生0.5兆帕（表压）的低压饱和蒸汽。

该设备具有如下优越性：

① 烟气侧压力降小，可以满足工艺窑炉内负压的要求。

② 不容易积灰，设备具有热水冲洗装置，可以在线清洗。

③ 管壁温度可全部控制在烟气露点之上，避免结露及低温腐蚀。

④ 可连续长期运转，单根热管破坏不影响设备运行。

⑤ 设备成本一年内回收。

（2）用热管式空气预热器回收玻璃窑炉尾气余热加热冷空气。回收利用玻璃窑炉尾气余热，达到节能的目的，已被广大企业所认识和落实。目前回收窑炉尾气余热使用的设备基本是采用余热锅炉，而玻璃企业所使用的燃料大部分是煤气，煤气发生炉本身自带水夹套，可以副产低压蒸汽供生产生活使用，只有在吹扫烟道时，需要的蒸汽较多，需外供蒸汽加以补充。烟道吹扫结束以后，蒸汽需要量较少，这时企业为了降低运行成本，就将余热锅炉停开或微开。这样大部分烟气的余热，还是被排空放掉了，回收利用余热，生产蒸汽供生产和生活使用，取消外供燃煤（气、油）锅炉，为能完全回收窑炉尾气余热，达到充分节能的目的。

目前玻璃窑炉尾气余热温度一般为200～300℃，有30万～50万大卡的热量，回

收这部分热量用以预热二次风冷空气，使常温冷空气变成100℃左右的热空气，送入窑内，可以提高燃料的理论燃烧温度，保证必需的炉温以加快升温速度并能显著节约燃料。主要用途分述如下：

① 提高燃料的理论燃烧温度。空气预热后可以提高燃料的理论燃烧温度，温度的提高程度与燃料种类及气体的预热温度有关，一般空气预热温度每提高100℃可提高理论燃烧温度50℃左右。

② 保证必需的炉温。燃料的理论燃烧温度提高后炉温亦即提高，其辐射热量与绝对温度的4次方成正比，从而又提高了炉子的生产能力。根据经验，空气预热温度每提高100℃，约可提高炉子生产能力2%。对使用低热值煤气的高温炉来说，预热空气和煤气成为必需的前提，否则将达不到加热工艺所需求的炉温。

③ 节约燃料。预热空气、煤气和炉料相当于直接向炉内回收一部分热量，对强化燃料和节约燃料有明显效果。随着空气预热温度提高，燃料节约率亦响应增大。一般认为：每提高空气预热温度100℃，可节约燃料5%左右，是有效的节能手段，投资回收期短，有较高的经济效益。

④ 提高燃料效率并降低钢材烧损。空气预热后由于体积膨胀使气体流动速度加快，促使可燃物混合加强，混合物活性增加，从而能实现低氧完全燃烧并提高燃烧效率。另外，在低氧燃烧情况下由于烟气中氧含量减少，火焰温度有所提高，使钢材在高温状态下停留的时间相应减少，从而钢材的氧化烧损量减少。

⑤ 减少烟气排放量有利保护环境。

a. 随着环境保护标准的提高，不仅要求降低烟气中的SO_2和NO_X的排放浓度，同时要求烟气的总排放量也要减少，这是因为烟气中CO_2的大量排放将影响全球的大气质量。回收烟气余热可在总供热量不变的情况下减少燃料的供给量，亦即减少了烟气的生成量和排放量。回收的热量越多，则烟气排放量越少，对环境保护的意义就越大。

b. 热管式空气预热器的特点。热管式空气预热器是由具有超导传热元件之称的热管组成，它和其他形式的空气预热器有如下特点：

传热性能高。由于热管式空气预热器的加热段和冷却段都可以带有翅片，大大增加了扩展表面，因此其传热系数比普通的光管空气预热器要大好多倍。

对数平均温差大。由于热管式空气预热器可以方便地做到冷流体与热流体的纯逆向流动，这样在相同的进、出口温度情况下就可以产生最大的对数平均温差。

传递热量大。由于热管式空气预热器传热系数和对数平均温差大，因此，传输的热量就大。热管传递的热量是指管内从沸腾段液体吸热变为蒸汽的汽化潜热到凝结段蒸汽又变为液体放出的潜热量，这种吸收或放出的潜热量相当大，比不是靠相变吸

收或放出潜热方式传热量的元件要大得多。特别适合在玻璃窑炉尾气的余热这种热复符量较少的工况上使用。

体积小、重量轻、结构紧凑。热管式空气预热器所传输的热量大，因此，如果在传输同样热量的情况下，热管式空气预热器就显得小，结构紧凑，因此金属的消耗量少，占地面积也可以大大减少。

便于拆装、检查和更换。热管式空气预热器是由许多根独立的换热元件热管按照一定的排列方式组成的。因此，有部分热管更换不会影响整台热管式空气预热器的正常工作。根据玻璃窑炉尾气余热工况的实际情况，热管式空气预热器的热管可以定期的拆装进行清灰。

热管式空气预热器具有很大的灵活性，可以根据不同的热负荷和气体流量，将几个热管式空气预热器串联和并联使用。

(3) 热管式空气预热器的结构及安装运行。

热管式空气预热器其结构特点为：由若干根热管组成一个管束。中间用中孔板分开，一边走烟气(排气)为加热段，另一边走空气(给气)为冷却段。窑炉尾气余热从加热段通过，经热管吸热段吸收热量，使管内的液体工质吸热、汽化相变、潜热经冷却段放热，将冷空气加热，达到预期目的。加热段烟箱入口与窑炉主烟道相连，出口经引风机与烟囱入口相连。

热管式空气预热器的运行方式如下：

① 待余热锅炉停止运行或减负荷运行时，关闭烟气入余热锅炉的闸板，打开空气预热器和通引。风机的闸板使烟气从空气预热器通过，加热冷空气，给窑炉配送热风，以节约燃料。

② 与烟气接触的烟箱内的热管时间长了会附着一层结尘。操作者在空气预热器运行一段时间后，可以将热管抽出，进行清灰，然后将热管重新装入烟箱内，使空气预热器继续工作。

3.2.4 玻璃生产行业工程案例

3.2.4.1 浮法玻璃熔窑0#喷枪纯氧助燃技术

<table>
<tr><td colspan="4">1. 技术概况</td></tr>
<tr><td colspan="2">技术名称</td><td colspan="2">浮法玻璃熔窑0#喷枪纯氧助燃技术</td></tr>
<tr><td colspan="2">技术来源</td><td colspan="2">秦皇岛玻璃工业研究设计院　☑国内自主研发　☐国外引进技术</td></tr>
<tr><td>技术投入运行时间</td><td>2010年10月</td><td>工程项目类型</td><td>☑新建　☐改造</td></tr>
</table>

（续表）

技术基本原理	该技术是在浮法玻璃熔窑前墙和 1＃小炉之间位置增设一对全氧喷枪。实施后可以实现：促进玻璃的快速熔化、配合料的一系列物理化学反应提前进行、在配合料表面形成“釉层”，减少配合料的飞料、扩大熔化部的澄清区，有利于玻璃液的澄清、减少 NO_X 等废气及粉尘的排放量，促进环境保护。实践证明，高温强制熔化有利于节能降耗、提高玻璃质量和产量。浮法玻璃生产线锡槽需要 N_2 作为保护气体，如采用双高空分设备在制备 N_2 同时，即可利用产生的副产品 O_2 作为 0＃喷枪纯氧助燃的氧气来源，实现熔窑的节能降耗	
涉及的主要设备	数　量	规　　格
（1）双高空分设备（利用其副产品 O_2）	1 套	氧气量（O_2≥96％）≥1 000 标立方米/小时
（2）扁平式氧-燃料全氧燃烧喷枪及喷嘴砖	2 套	3～12 百万英热/小时
（3）燃料及氧气流量控制及安全设备	1 套	/
（4）氧气、燃料管路及阀组	1 套	/

2. 技术的节能减排效果

浮法玻璃熔窑 0＃喷枪纯氧助燃技术在 600 吨/天生产线实施，产量质量均有提升，使用前玻璃成品 0.1 毫米以上缺陷总数为 8～10 个/20 平方米，使用后下降至 3～4 个/20 平方米，优等品率提高 8％左右，产量提高 5％～6％；节能率 3％，每年可节约天然气 120 万标立方米，按目前天然气价格 2.8 元/标立方计，每年可产生 336 万元的直接经济效益。同时，粉尘、烟尘排放量减少约 20％；烟气量减少 10％～12％；NO_X 等废气及粉尘的排放量也不同程度减少，促进了环境保护

3. 技术的经济成本

投资成本	新增建设项目总投资估算值为 625 万元
运行成本	年节省燃料费用约 540 万元，提高质量和产量的年销售额增加约 500 万元，0＃喷枪纯氧助燃系统年运行费增加约 260 万元，年新增利税总额约 780 万元。投资收回期约 1 年（按平均节能 4％、天然气价格 2.8 元/标立方米计算）

4. 技术的优缺点

优点：节能降耗、有效利用资源。缺点：具有双高空分设备的浮法玻璃生产线可实现热态改造。单高空分设备生产线和其他企业需要在冷修或建设阶段考虑氧气来源

3.2.4.2　熔窑大型化技术

1. 技术概况

技术名称	熔窑大型化技术		
技术来源	秦皇岛玻璃工业研究设计院　☑国内自主研发　□国外引进技术		
技术投入运行时间	/	工程项目类型	☑新建　□改造

(续表)

技术基本原理	浮法玻璃熔窑的能耗与熔窑规模成近似线性的关系，熔窑的规模越大，单位玻璃液的热耗越低	
涉及的主要设备	数　量	规　　格
窑炉	1	900 吨/天
锡槽	1	900 吨/天
2. 技术的节能减排效果		
以 900 吨/天级熔窑的浮法玻璃生产线为例，比 600 吨/天级熔窑的浮法玻璃生产线单位产品综合能耗降低 15%左右，节约约 12 万吨标煤		
3. 技术的经济成本		
投资成本	35 000 万元	
运行成本	500 万元/年	
4. 技术的优缺点		
优点：使用熔窑大型化技术可提高玻璃熔化质量与原板宽度、产品品种多、节省能源、投资相对较少、劳动生产率高、综合成本低，抗市场风险能力强。尤其可大幅度降低燃料耗量。缺点：产品运输成本较高		

3.2.4.3 利用玻璃熔窑烟气余热发电技术

1. 技术概况				
技术名称		利用玻璃熔窑烟气余热发电技术(案例一)		
技术来源		中国新型建筑材料杭州设计院　　☑国内自主研发　☐国外引进技术		
技术投入运行时间	2009 年 8 月	工程项目类型	☑新建　☐改造	
技术基本原理		利用余热锅炉回收烟气余热热能，将锅炉给水加热生产的过热蒸汽送到汽轮机中，将热能转换成机械能，进而带动发电机发出电力，实现热能→机械能→电能的转换		
2. 技术的节能减排效果				
12 兆瓦烟气余热发电站是我国目前利用玻璃烟气余热进行发电的最大装机容量项目，每年将节约耗电约 8 760 万度，相当于每年节约 2.2 万吨标煤，其发电量可直接用于生产各个环节，能满足成都南玻玻璃生产线的自用电量 90%以上，能源综合利用率提高了 12%，每年减少 CO_2 排放 5.92 万吨，有效减少了烟气中粉尘的排放				
3. 技术的经济成本				
投资成本		约 7 000 万元		
运行维护成本		约 200 万元/年		
4. 技术的优缺点				
优点：能有效利用排废烟气，节能减排，降低企业生产成本。实现余热利用率的最大化，保证余热利用项目经济性；配置有效在线清灰装置，年运行时间长				

(续表)

<table>
<tr><td colspan="4">1. 技术概况</td></tr>
<tr><td colspan="2">技术名称</td><td colspan="2">利用玻璃熔窑烟气余热发电技术(案例二)</td></tr>
<tr><td colspan="2">技术来源</td><td colspan="2">秦皇岛玻璃工业研究设计院　☑国内自主研发　□国外引进技术</td></tr>
<tr><td>技术投入运行时间</td><td>2010年5月</td><td>工程项目类型</td><td>☑新建　□改造</td></tr>
<tr><td colspan="2">技术基本原理</td><td colspan="2">利用余热锅炉回收烟气余热热能,将锅炉给水加热生产的过热蒸汽送到汽轮机中膨胀做功,将热能转换成机械能,进而带动发电机发出电力,实现热能→机械能→电能的转换。该公司热源取自四条400吨/天级发生炉煤气浮法玻璃生产线,采用四炉二机的配置。热力参数采用中温中压,蒸汽和锅炉给水采用母管制系统,闪蒸回水采用单元式,可以最大限度的利用烟气的余热</td></tr>
<tr><td colspan="2">涉及的主要设备</td><td colspan="2">规格</td></tr>
<tr><td colspan="2">汽轮机</td><td colspan="2">N6.0-2.35</td></tr>
<tr><td colspan="2">引风机</td><td colspan="2">Y4-73　NO18D离心式引风机</td></tr>
<tr><td colspan="2">发电机</td><td colspan="2">HM2-355M3-6</td></tr>
<tr><td colspan="4">2. 技术的节能减排效果</td></tr>
<tr><td colspan="4">该公司一期工程于2009年8月开工,2010年5月投产发电,发电能力可达5 000千瓦,余热电站自用约8%,可以满足浮法玻璃生产线的生产用电,据此计算,每年发电量3.3×10^7千瓦时,年节约10 267吨标煤,减少CO2排放26 695吨,经济效益明显,节能减排效果显著</td></tr>
<tr><td colspan="4">3. 技术的经济成本</td></tr>
<tr><td colspan="2">设备使用周期</td><td colspan="2">8年</td></tr>
<tr><td colspan="2">运行成本</td><td colspan="2">费用低</td></tr>
<tr><td colspan="4">4. 技术的优缺点</td></tr>
<tr><td colspan="4">优点:运行成本低,可以满足生产线90%以上的用电量,自动化程度高,系统运行稳定可靠,不影响玻璃生产</td></tr>
</table>

<table>
<tr><td colspan="4">1. 技术概况</td></tr>
<tr><td colspan="2">技术名称</td><td colspan="2">利用玻璃熔窑烟气余热发电技术(案例三)</td></tr>
<tr><td colspan="2">技术来源</td><td colspan="2">中国新型建筑材料杭州设计院　☑国内自主研发　□国外引进技术</td></tr>
<tr><td>技术投入运行时间</td><td>2009年6月</td><td>工程项目类型</td><td>☑新建　□改造</td></tr>
<tr><td colspan="2">技术基本原理</td><td colspan="2">利用余热锅炉回收烟气余热热能,将锅炉给水加热生产的过热蒸汽送到汽轮机中膨胀做功,将热能转换成机械能,进而带动发电机发出电力,实现热能→机械能→电能的转换。该企业充分利用500吨/天、550吨/天、550吨/天、450吨/天4条浮法玻璃熔窑排放500℃左右的废烟气,在砖烟道与烟囱之间相应配置4台余热锅炉,产出蒸汽带动两台低参数汽轮发电机(2×6兆瓦)发电。该余热发电系统由中新建材杭州设计院设计,通过对烟气特性进行现场热工标定,在取得烟气热工参数的基础上选定主机设备</td></tr>
</table>

（续表）

涉及的主要设备	数　量	规　　格
余热锅炉	2 台	QCF110/500-15-2.5/420
余热锅炉	2 台	QCF130/500-18-2.5/420
汽轮机	2 台	N6.0-2.35
发电机	2 台	QF2-J6-2
2. 技术的节能减排效果		
玻璃熔窑余热发电工程现已成功运行一年多，年供电量约 7 176×10^4 千瓦时，年运转时间 7 800 小时，平均发电功率为 10 兆瓦，经济效益可观，按照火力发电厂 300 兆瓦供电标煤耗限额计算方法，标准煤耗 339 克/千瓦时折算，余热电站年供电量可折算燃烧 212 000 吨标煤，减少 CO_2 排放 71 545 吨，环境效益可观		
3. 技术的经济成本		
投资成本	约 7 800 万元	
运行成本	费用低	
4. 技术的优缺点		
优点：自动化程度高，日常运行维护费用低，系统运行稳定可靠，不影响玻璃生产，与国家节能减排、低碳经济的政策相符合，提高了能源的利用率。同时实现了企业的经济效益，降低了成本，值得在整个玻璃行业中推广和优化		

3.2.4.4　燃气回收技术

<table>
<tr><td colspan="5">1. 技术概况</td></tr>
<tr><td colspan="2">技术名称</td><td colspan="3">燃煤玻璃生产线烟道残留煤气回收利用技术</td></tr>
<tr><td colspan="2">技术来源</td><td colspan="3">晶牛集团　　☑国内自主研发　□国外引进技术</td></tr>
<tr><td>技术投入运行时间</td><td>2006 年 6 月</td><td>工程项目类型</td><td colspan="2">☑新建　□改造</td></tr>
<tr><td colspan="2">技术基本原理</td><td colspan="3">燃煤玻璃生产线，在玻璃生产过程中，采用煤气发生炉生产煤气送到玻璃熔窑进行燃烧，熔化玻璃原料进行玻璃的制备。煤气通过煤气交换器、煤气烟道，经过蓄热室送到熔窑进行燃烧，燃烧后的废气通过另一侧蓄热室、烟道煤气交换器排气口进入烟囱。经过 20～30 分钟，进行煤气的换向，使原送煤气侧变成废气侧。此时，由煤气交换器到熔窑的烟道及蓄热室的大量煤气，被熔窑内废气压向烟囱，排到大气中，浪费了资源，污染了环境。晶牛集团自主开发的燃煤玻璃生产线烟道残留煤气回收利用系统，在煤气交换器下侧开口，采用高温煤气加压机等设备回收排放到大气中的高温（约 600℃）热煤气直接输送到玻璃熔窑进行燃烧，节约能源</td></tr>
<tr><td colspan="2">涉及的主要设备</td><td colspan="2">数　量</td><td>规　　格</td></tr>
<tr><td colspan="2">PLC 控制系统</td><td colspan="2">1</td><td>/</td></tr>
<tr><td colspan="2">加压机</td><td colspan="2">1</td><td>/</td></tr>
</table>

（续表）

<table>
<tr><td colspan="2">2. 技术的节能减排效果</td></tr>
<tr><td colspan="2">该技术可使一条500吨/天燃煤浮法玻璃生产线年回收煤气2 800万立方米，每年可节约约6 000吨标煤。如果该技术在全国的玻璃行业中推广应用，每年可节约40万吨标煤以上，并可大大减少废气直接排放对大气造成的污染，同时有利于提高产品质量</td></tr>
<tr><td colspan="2">3. 技术的经济成本</td></tr>
<tr><td>投资成本</td><td>该技术仅需对熔窑部分结构进行改造，投资成本较低</td></tr>
<tr><td>运行成本</td><td>运行成本较低</td></tr>
<tr><td colspan="2">4. 技术的优缺点</td></tr>
<tr><td colspan="2">优点：①回收煤气被直接送往熔窑进行燃烧，避免了存储中可能发生大爆炸的危险；②采用晶牛集团自主研发的耐高温、耐磨损、耐腐蚀的晶核新材作为高温连接管道，既保温，又与原有烟道粘贴紧密，保证了整个系统的密封性，避免了高温煤气爆炸等危险；③自主开发了自动煤气换向器，动作灵活、安全可靠；④采用PLC控制系统，将该系统嵌入玻璃熔窑的DCS系统相互联通，确保了该系统与熔窑换向动作的和谐一致，动作准确、可靠</td></tr>
</table>

3.2.4.5 湿法脱硫技术

<table>
<tr><td colspan="5">1. 技术概况</td></tr>
<tr><td colspan="2">技术名称</td><td colspan="3">湿法脱硫技术（案例一）</td></tr>
<tr><td colspan="2">技术来源</td><td colspan="3">蚌埠玻璃设计院　　☑国内自主研发　□国外引进技术</td></tr>
<tr><td>技术投入运行时间</td><td>2010年6月</td><td>工程项目类型</td><td colspan="2">☑新建　□改造</td></tr>
<tr><td colspan="2">技术基本原理</td><td colspan="3">双碱法利用钠盐易溶于水的特点在吸收塔内部采用钠碱吸收SO_2，吸收后的脱硫液在再生池内利用廉价的石灰进行再生，从而使得钠离子循环吸收利用</td></tr>
<tr><td colspan="2">涉及的主要设备</td><td>数　量</td><td colspan="2">规　　格</td></tr>
<tr><td colspan="2">引风机</td><td>1</td><td colspan="2">/</td></tr>
<tr><td colspan="2">循环泵</td><td>1</td><td colspan="2">/</td></tr>
<tr><td colspan="2">清水池</td><td>1</td><td colspan="2">/</td></tr>
<tr><td colspan="2">脱硫塔</td><td>1</td><td colspan="2">/</td></tr>
<tr><td colspan="2">再生池</td><td>1</td><td colspan="2">/</td></tr>
<tr><td colspan="5">2. 技术的节能减排效果</td></tr>
<tr><td colspan="5">SO_2去除率达90%以上；减排前SO_2排放浓度为2 000～3 600毫克/标立方，减排后为200～360毫克/标立方。600吨/天的浮法玻璃熔窑每年SO_2去除量约960吨</td></tr>
<tr><td colspan="5">3. 技术的经济成本</td></tr>
<tr><td colspan="2">投资成本</td><td colspan="3">约500万元</td></tr>
<tr><td colspan="2">运行成本</td><td colspan="3">约180万元/年</td></tr>
</table>

（续表）

4. 技术的优缺点
优点：脱硫工艺简单、脱硫效率高、脱硫成本低、无二次污染、应用广泛。缺点：设备运行管理比单碱法复杂

1. 技术概况			
技术名称	湿法脱硫技术（案例二）		
技术来源	中国新型建筑材料工业杭州设计研究院　☑国内自主研发　□国外引进技术		
技术投入运行时间	/	工程项目类型	☑新建　□改造
技术基本原理	石灰石膏法采用石灰作为脱硫剂吸收烟气中的 SO_2 将其转化为脱硫石膏		
涉及的主要设备	数　量	规　　格	
引风机	2	/	
沉降池	1	/	
脱硫塔	1	/	
2. 技术的节能减排效果			
SO_2 去除率达 90%以上；减排前 SO_2 排放浓度为 2 000～3 600 毫克/标立方，减排后为 200～360 毫克/标立方。600 吨/天的浮法玻璃熔窑每年 SO_2 去除量约 960 吨			
3. 技术的经济成本			
投资成本	约 350 万元		
运行成本	约 100 万元/年		
4. 技术的优缺点			
优点：技术成熟、脱硫效率高、系统稳定性高、投资费用低、运行费用低。缺点：副产品石膏的产量较小、品质较差			

3.2.4.6　甲醇裂解制氢技术

1. 技术概况			
技术名称	甲醇裂解制氢技术		
技术来源	☑国内自主开发　□国外引进技术		
技术投入运行时间	/	工程项目类型	☑新建　□改造
技术基本原理	利用甲醇和水蒸气催化分解生成 H_2 的过程		

（续表）

涉及的主要设备	数　量	规　　格
原料水计量泵	2	/
原料计量泵	2	/
导热油炉	1	/
氮气风机	1	/
甲醇缓冲罐	1	/
脱盐水缓冲罐	1	/
脱盐水缓冲罐	1	/
反应器	1	/
甲醇水洗塔	1	/
预热换热器	1	/
原料汽化器	1	/
产品冷却器	1	/
分液罐	1	/
后分液罐	1	/
吸附塔	1	/
顷放气罐甲	1	/
产品缓冲	1	/
2. 技术的节能减排效果		
甲醇裂解制 H_2 的单位能耗约为 1.06 千克标煤/立方米，比氨分解技术降低 15%～20%		
3. 技术的经济成本		
投资成本	约 400 万元	
运行成本	约 85 万元/年	
4. 技术的优缺点		
优点：原料甲醇容易获得，存储、运输方便，反应温度低，工艺条件缓和，燃料消耗低，流程简单，操作容易，该技术安全性较高，社会综合能耗较低		

3.2.4.7　玻璃行业先进生产工艺案例

1）超薄技术

对玻璃带施加纵向——横向拉力是生产浮法超薄玻璃的唯一方法（美国专利 4349642、4354866；英国专利 1010913、1313743；俄罗斯专利 775997、367685、485079）。

无色透明优质超薄玻璃是生产ITO膜玻璃的重要材料之一，目前该产品正走俏国际、国内市场，产品供不应求。不少国家的玻璃制造商早已看到这个商机，纷纷将原有的个别生产线改成超薄玻璃生产线。英国皮尔金顿公司将一条较小的浮法线改成在线镀膜超薄玻璃生产线，可生产0.4～1.1毫米的薄玻璃，板面的平整度极佳，微波纹起伏只有30～50纳米。

2）浮法玻璃退火窑辊道技术

在退火窑的热端，目前解决辊印所采用的两条途径明显不同。一条是开发一种非常硬的应用于金属辊的陶瓷表面涂层，它易于清洁并恢复到光滑的抛光表面，而且能应用于退火窑在线清理设备中。另一条是开发能阻止表面附着物形成的辊道包覆材料，但还要研究解决陶瓷纤维包覆材料内（目前无法避免）的"渣粒"和包覆材料提前退化等问题。

3）纳米技术在节能玻璃中的应用

近年来，国内外积极探索纳米材料和纳米技术在功能化新型玻璃领域的应用工作，并在节能、环保应用方面取得了一些可喜的成果。不过，到目前为止，已形成一定规模的应用研究主要集中于纳米涂层玻璃方面，其他方面的应用研究正处于起步阶段。

（1）纳米技术在自清洁玻璃中的应用与发展趋势。近年来，高层建筑中大规模应用的玻璃幕墙、玻璃屋顶、玻璃结构已成为一种城市景观，但普通玻璃耐污性差，传统的擦窗机械清洁既危险又麻烦。由于空气污染的加剧，寻求一种能够利用自然条件达到自动清洁的玻璃已成为各国研究开发的热点。纳米自清洁玻璃是应用纳米技术，在平板玻璃的双面形成一层纳米结构的氧化物（目前主要是TiO）薄膜，在日光照射及在空气和水的存在下，将玻璃表面的有机污染物氧化并降解为相应的无害无机物，同时催化剂本身具有超亲水性，可使附在其表面的水分形成均匀水膜，通过水膜的重力下落带走玻璃表面的灰尘和污垢，从而使玻璃表面具有自我清洁功能。在自洁的同时，光催化剂还能分解甲醛、苯、氨气等有害气体，杀灭室内空气中的各种细菌和病毒，有效地净化空气，减少污染，改善工作和生活环境。此外，当水在TiO_2薄膜表面的接触角小于7°时，这种玻璃还有防雾的效果，且接触角越小防雾效果越好。

目前国内外工业化生产的纳米自清洁玻璃的方法主要有化学气相沉积法（CVD）、磁控溅射法、溶胶一凝胶高温烧结法（Sol-Ge1）以及纳米涂料——常温固化法。不过目前的纳米自清洁玻璃产品都存在一些尚需解决的问题：其在可见光下的光催化效率太低、TiO_2膜的大面积制备技术和固载技术也不够成熟、自清洁性能的持久性还有待提高等。许多研究机构也在对解决这些技术问题进行研究，今后的纳米自清洁玻璃将会朝着更高光催化效率、更稳定的自清洁性能方向发展。此外，纳米

自清洁玻璃的性能指标以及测试标准也亟待完善。

(2) 纳米技术在智能玻璃等新兴技术中的应用和发展现状。近年来,能动态调节太阳能摄入量的“智能玻璃”“智能窗”的研究与应用一直是研究的热点。爱沙尼亚科研人员采用纳米技术研制出一种可喷射到普通透明玻璃上并且光学属性在电场的作用下可发生变化的凝胶涂层,这种涂层玻璃经电源开关控制就可以快速完成“透明玻璃”与“毛玻璃”之间的互换,从而轻松取代窗帘或百叶窗。韩国研究人员利用纳米技术开发了一种可以迅速实现光学性能切换的智能玻璃,这种智能玻璃便宜、稳定,而且可以根据环境温度和光照条件自动调整自身的光学属性,动态地控制照射到房屋内部阳光的多少,从而节省取暖、制冷和照明的费用。加拿大研究人员使用纳米晶体纤维素成功开发出一种能动态调节各种反射波长光线(范围从红外光到可见光直到紫外光)的玻璃薄膜,使普通透明玻璃能够呈现各种斑斓颜色。该项成果既有助于节约能源,又可美化建筑外观。美国和西班牙的科技人员联合研发了一种嵌入了纳米晶体薄涂层的玻璃“智能窗”,该纳米涂层可对可见光和产生热量的近红外光进行选择性控制,通过动态控制照进的光线,可提升居住舒适度而且环保节能。当然以上这些试验还基本是在实验室内完成的,离市场化还有一段距离,但我们有理由相信,随着相关技术的不断成熟和社会节能环保意识的增强,在今后的建筑玻璃中会看到这些新型产品。

4) 玻璃熔窑余热发电技术

(1) 技术名称。玻璃熔窑余热发电技术。

(2) 技术所属领域及适用范围。建材行业大型浮法玻璃熔窑。

(3) 与玻璃熔窑余热发电技术相关的能耗及碳排放现状。与该节能技术相关生产环节的能耗现状为行业平均能耗为 20 千克标煤/重量箱。目前玻璃熔窑余热发电技术可实现节能量 90 万吨标准煤/年,CO_2 减排约 238 万吨/年。

(4) 技术内容。技术原理是将玻璃熔窑排放的余热转换为电能。关键技术为“转换”技术及玻璃熔窑工艺参数的稳定。工艺流程是在熔窑排废烟道上安装换热器→低温发电设备。

(5) 主要技术指标。废气温度 500℃以上;500 吨/天浮法窑,达到 1 000 千瓦发电能力。

(6) 技术鉴定、获奖情况及应用现状。我国大型浮法玻璃生产企业正在与科研设计单位联合开发低温余热发电项目,主要有:江苏华尔润集团与杭州玻璃设计院联合开发,并在浮法线试用;深圳(东莞)信义超薄玻璃有限公司与深圳凯盛科技工程有限公司联合开发;德州晶华集团振华有限公司与秦皇岛玻璃设计院等单位联合开发;中国洛阳浮法玻璃集团有限公司。

（7）典型应用案例。

典型案例1

德州晶华集团振华有限公司与秦皇岛玻璃设计院等技术单位合作，利用现有一线、二线两条浮法玻璃生产线的外排废气余热建设一座装机容量为7.5兆瓦的纯低温余热电站。年发电量达7020万千瓦时，平均供电成本为0.163元/千瓦时，可节约用电成本2786.94万元，3年即可收回成本。

典型案例2

中国洛阳浮法玻璃集团有限公司，利用浮法玻璃生产线的外排废气余热建设一座装机容量为3兆瓦的低温余热电站。年发电量达2340×10^{4}千瓦时，年供电量达2031×10^{4}千瓦时，供电成本为0.125元/千瓦时，电价按0.5元/千瓦时与玻璃厂结算，达产后年销售收入为1016万元，年利润为761万元，投资回收期为3.2年。

典型案例3

江苏华尔润集团在8＃、9＃线上建设余热发电，年发电达7835万千瓦时，自用电率为36％，效益为2300万元，投资为9500万元。

（8）推广前景及节能减排潜力。预计未来5年，玻璃熔窑余热发电技术在行业内的普及率可达80％，年节能能力可达180万吨标准煤，年减排能力414万吨二氧化碳当量。

5）玻璃熔窑全氧燃烧技术

玻璃熔窑全氧燃烧技术的优点如下：

（1）玻璃熔化质量好。全氧燃烧时玻璃黏度降低，火焰稳定，无换向，燃烧气体在窑内停留时间长，窑内压力稳定，有利于玻璃的熔化、澄清，减少玻璃的气泡及条纹。

（2）节能降耗。全氧燃烧时废气带走的热量和窑体散热同时下降。研究和实践表明，熔制普通钠钙硅平板玻璃熔窑可节能约30％以上。

（3）减少NO_X排放。全氧燃烧时熔窑废气中NO_X排放量从2200毫克/标立方米降低到500毫克/标立方米以下，粉尘排放减少约80％，SO_2排放量减少30％。

（4）改善了燃烧，提高了熔窑熔化能力，使熔窑产量得以提高。玻璃熔窑采用全氧燃烧时，燃料燃烧完全，火焰温度高，配合料熔融速度加快，可提高熔化率10％以上。

（5）熔窑建设费用低。全氧燃烧窑结构近似于单元窑，无金属换热器及小炉、蓄热室。窑体呈一个熔化部单体结构，占地小，建窑投资费用低。

（6）熔窑使用寿命长。全氧燃烧可使火焰分为两个区域，在火焰下部由于全氧的喷入，使火焰温度提高，而火焰上部的温度有所降低，使熔窑碹顶温度下降，减轻了对大碹的烧损。同时，火焰空间使用了优质耐火材料，窑龄可提高到10年以上。

(7) 生产成本总体下降。举例来说，350吨/天优质浮法玻璃熔窑采用全氧燃烧技术，按照目前油价3500元/吨测算，每年可为企业创造800万元的附加直接经济效益，而从长远看油价的进一步上升是必然趋势。

3.2.4.8 上海耀皮玻璃集团空压机余热利用技术

1) 工程概述

螺杆空气压缩机在长期连续的运行过程中，把电能转换为机械能，机械能进一步转换为风能，在机械能转换为风能的过程中，空气得到强烈的高压压缩，使之温度骤升，这是普通物理学机械能量转换现象，机械螺杆的高速旋转，同时也摩擦发热，这些产生的高热由于空压机润滑油的加入混合成油、气蒸汽排出机体，温度通常在80℃(冬季)～100℃(夏秋季)。由于机器运行温度的要求，这些热能通过空压机的散热系统作为废热排往大气中。

螺杆空压机节能系统就是利用热能转换原理，使空压机的高温润滑油与冷水换热，将热量回收转换到水里，水吸收了热量后，将空压机的高温润滑油冷却。

在对空压机进行余热回收改造后，明显改善了空压机运行工况，使空压机温度降低8～10℃，有效延长了润滑寿命。螺杆式空压机的产气量会随着机组运行温度的升高而降低。在实际运行中，空压机的机械效率不会稳定在80℃标定的产气量上。温度每升高10℃，产气量就会下降0.5%，温度升高100℃，产气量就会下降5%。一般空压机都在88～96℃运行，其降幅都在4%～8%，夏天更甚。对空压机进行余热回收改造后，可以使空压机油温控制在80～86℃之间，可提高产气量8%～10%，大大提高了空压机的运行效率。

空压机余热回收系统与空压机冷却系统是两套完全独立的系统。使用者无须担心空压机余热回收系统影响空压机的运行。两套系统的切换自动控制，在空压系统可自动切换至余热回收系统。

空压机余热回收系统为全自动控制系统，无需人为操作，控制系统会根据温度、水位的情况做出判断，自行决定换热方式。该厂每天洗浴人数约为300人，共分两个班次，每天的洗浴用水需求约为30吨(60℃)。根据实际用热需求，对其中的2台空压机进行余热回收改造，将空压机运行时所散发的废热回收用于加热洗浴热水。对两台200千瓦的空压机进行余热回收改造，每小时可以回收热量约为18万大卡，春夏秋季每小时可制取60℃热水3.6吨，冬季每小时可制60℃热水约为3吨。故在太阳能系统无法工作时，空压机余热回收系统单独运行8～10小时即可满足整个工厂浴室洗浴要求。根据实际考察，空压机余热回收系统及太阳能系统共同工作时，每天工作约6个小时即可满足整个工厂的洗浴要求。

本项目对空压机站房2台200千瓦压机进行余热回收改造，加热职工洗浴热水。最终达到利用余热不浪费，合理节约经济。按照循环水温度最终达到60℃考虑，热水管道设计温度为80℃。

2）工程综合方案

设计方案的系统原理如下：

（1）当2台空压机中有任何一台运行及水箱水温、水位都未达到设定值时，循环水泵开启。

（2）前置水箱补水由浮球控制，当后置水箱开始往浴室送水时，通过连通管由前置水箱往后置水箱送热水。

（3）前置水箱通过浮球补冷水（洗浴时间内不补水）。

（4）当两个水箱水温都达到设定值（60℃可调）、液位达到设定液位时，一、二次侧循环水泵关闭，连通管循环泵关闭。

（5）检测两个水箱供回水温度，当供水温度低于设定值时，电加热开启（原系统已设定此控制策略）。

（6）当检测到水箱水温低于设定值时，同时开启空压机能量回收装置循环水泵及太阳能系统循环水泵。

根据该厂的空压机使用情况，根据空压机所在位置以及对余热回收后产生的保温水箱所处的位置进行了规划。

3）使用效果

2012年12月空压机余热回收系统正式投入运行，根据实际电表测量，全年的用电量为3.26万千瓦时，较2012年全年用电量48.96万千瓦时共节约用电45.7万千瓦时，折合标准煤为137吨，节能率高达93.3%。在空压机余热回收系统投入运行之后，业主将原电加热系统拆除。在节约用电的同时，也增加了用水的安全性。

（1）电加热与空压机余热回收的对比。用电加热1吨洗澡水（40℃左右），利用公式：$Q=C\times M\times T$，1吨水温升高1度，需要能量$Q=4\,200\times1\,000\times1=4\,200\,000$焦耳，损耗设为15%，则需要能量：

$Q1=4\,200\,000/0.85=4\,940\,000$焦耳，1度电$=3\,600\,000$焦耳，1吨水每升高1千瓦时，需要耗电1.37千瓦时，电费平时0.93元/千瓦时，即1吨水每升高1千瓦时花费1.27元，假设原来水温15℃，则需要$25\times1.27=31.75$元。

而每天利用余热可以烧开24吨的水，则一年的费用为：$31.75\times24\times365=278\,130$元，而且这仅仅是理论上的数值。

从成本的角度来做对比，余热回收利用的经济效益远远大于电加热水的经济效益，并且余热回收利用更加环保。

(2) 电加热安全性能。一般都装有各种的温度控制器或热保护器。这种配件可以使被加热的水在测试点温度达到设定值后暂时断开电路,停止加热;但当被测点水温降到一定值后,该器件又会自动闭合,若此时没有关掉电源,电加热器又将重新工作。许多电加热器生产厂家把带有这种温控器的产品在空气中长期通电演示,以证明自己的产品能"防干烧"。其实,这种所谓的防干烧宣传,如果不是厂家故意误导,就是产品制造者存在这一概念上的误区。事实上,这种演示的本身非但没有说明其产品能"防干烧",相反却证明了在没有水的情况下这种产品在不停地一次又一次干烧。甚至电加热器的元件老化很容易引起线路故障引发安全隐患的问题,同样的,突然断电也会使元件损伤然后引发安全隐患。并且电加热器要经常维护维修,以维持其安全性能。而空压机余热利用技术就不存在这样的问题,更安全经济。

(3) 经济效益。项目采用了节能效益分享型合同能源管理模式。耀皮玻璃公司无需投入任何资金,前期工程全部由节能公司投资建设,耀皮玻璃公司只需在项目完成后,每季度根据节约费用按照比例支付给节能公司一定金额,就能零风险享受节能效果。并且,在一段时间后,设备的所有权也会完全转交给耀皮玻璃公司。

本项目于2014年申请通过上海市合同能源财政奖励。本项目实施仅一年就节省了90万元的运行费用,比预期的收益还要高出许多。

3.3 岩棉生产行业

用于外墙外保温的岩棉板的导热系数为0.040瓦/(平方米·度),岩棉带的导热系数为0.048瓦/(平方米·度),与EPS的导热系数相当或略高;质量吸湿率不大于1.0%;憎水率不小于98.0%;吸水量不大于1.0千克/平方米;抗拉强度在7.5～80千帕之间;压缩强度不小于40千帕;燃烧性能为A级。岩棉的主要性能完全能够满足建筑上的使用。在外墙外保温市场上有自己的一席之地。

同时岩棉材料还具有以下几个特点:

(1) 原材料分布广。生产岩棉的主要原料,包括玄武岩、辉绿岩、矿渣、辉长岩、闪长岩、安山岩等属酸性岩石和少量石灰石、白云石等碱性熔剂,均为我国常见的非金属矿,分布广、蕴藏量大,可就地取材,矿山开采容易。

(2) 保温性能好。

(3) 国外应用成熟。岩棉是目前国外产量最大的不燃型保温材料,据德国外墙保温协会统计,德国墙体保温不燃型材料占到18%,其中岩棉占到15%,其他占到3%。北欧人均消耗量在20千克以上,美国人均消耗量为5～10千克,苏联人均消耗量也在5千克以上。由于防火问题,在德国超过22米的建筑外保温全部采用岩棉保温材料。

3.3.1 岩棉生产行业资源能源消耗及污染物排放情况

工信部对岩棉生产企业的要求为：年耗标准煤5 000吨及以上的岩棉生产企业，应当每年提交上年度的能源利用状况报告。能源利用状况包括能源消费情况、能源利用效率、节能目标完成情况和节能效益分析、节能措施等内容。含尘气体收集治理，达标排放。烟气经脱硫除尘等处理后，排放的废气应符合GB9078《工业窑炉大气污染物排放标准》、GB16297《大气污染综合排放标准》或项目所在地环境标准要求。鼓励新建和改扩建岩棉项目配置污染源监测设施并开展自行监测，预留烟气脱硝设施场地、配置烟气脱硝装置。生产用水循环利用，外排废水达到GB8978《污水综合排放标准》或项目所在地环境标准要求。生产过程中产生的废棉回收再利用。

3.3.2 岩棉生产行业技术现状

目前，岩棉制造大致为两个流派，一是欧洲流派，其特点是生产高酸度系数的岩棉，其熔制炉较长，成纤系统设计合理，集棉系统以三角网带为主，板厚可到300毫米。意大利集中了集成设备供应商，主要为STM公司、伽马公司和ROMA公司。欧洲岩棉主要用于建筑保温，其技术标准和规范较为完善。另一个是亚洲流派，其特点是以矿渣棉和粒状棉生产为主导，熔制时间短，集棉系统以鼓式为主。日本的日东纺公司是该流派的主导者。

建筑岩棉制造的技术关键在于：①适应于高酸度系数岩棉熔制的窑炉设计及其配套的供风系统；②适应于熔液流黏度变化的离心成纤系统设计；③便于3D成板的均匀集棉系统；④实现3D成板摆锤和打摺机设计和制造；⑤适应于厚板生产的热风均匀性和控制精确性的固化炉设计与制造；⑥应用当前先进自动控制系统的全程自动化及其控制；⑦保证岩棉憎水性能和黏接性能的防水剂和黏结剂研发。

1978年我国引进瑞典荣格公司第一条生产线，经过南京玻纤院的消化吸收，20世纪80年代迅速实现国产化，相继完成了兰州、哈尔滨、上海、南京、北京的产业布局，并最终形成以工业保温为主的矿棉生产产业。尽管我国产品以矿渣棉为主导，但为岩棉的发展提供了产业基础，形成了以华北北新下花园、华东上海新型建材岩棉公司、华南西斯尔为产业基地的几大产业集群，培养了一大批优秀的技术人才和产业工人队伍。我国已成为矿棉产品的生产大国。在岩、矿棉制品与应用领域开发方面，也取得了长足的发展，我国已具备研制世界先进水平设备和产品的能力，完全有能力提供产品质量达世界先进水平的产品和设备。

岩棉应用技术包括外墙外保温和防火隔离带两种形式。其中薄抹灰外墙外保温形式是墙体保温的主导形式。这种形式在我国有机保温材料的应用已有十余年历史，可提供经验。主要技术关键为：①憎水岩棉表面亲水聚合物砂浆的相容性；②聚合物深入岩棉的浸润性和深度结合；③黏接层、保温层、抹面层之间重量、温差作用下的应力应变状况和系统匹配设计。

1989年我国制定了第一部岩棉产品标准：GB11835—89《绝热用岩棉、矿渣棉及其制品》。1998年，我国对该标准进行了修订，该版本标准非等效采用了日本JISA《人造矿物纤维保温材料标准》。2007年对该标准进行了进一步修订，其蓝本为JISA9504—2003。2005年，我国制定了第一部建筑用岩棉制品的标准GB/T19686—2005《建筑用岩棉、矿渣棉绝热制品》。由于我国建筑保温的急需，2007年，我国就启动了《建筑外墙外保温用岩(矿)棉板标准》的制定工作，该标准以EN13162:2001《建筑绝热制品-工厂生产矿物棉(MW)制品-规范》和EN13500:2003《建筑绝热制品矿物棉基外保温复合系统规范》为蓝本，与EN13162:2001和EN13500:2003的一致性程度为非等效。

我国现在尚缺少统一的岩棉应用技术规程、施工工法等工程技术标准。

近年来，国家对建筑节能和建筑安全高度重视，岩棉行业意识到了自己所担负的社会责任，2010年业内重点岩棉生产企业、科研院所、大专院校、设备制造商、应用单位共同发起成立了"建筑用矿物棉产业技术创新战略联盟"，共同关注行业发展中的重大事项、关键技术、市场开拓，对岩棉行业的发展起到了极大的推动作用。

中国绝热节能材料协会多年来从事岩棉行业的管理工作，熟悉行业，参与多项行业政策的制订，并牵头运作多项国际项目(中国终端能效项目(EUEEP)B38子项目《探讨研究用于灾区重建乡村节能住宅》)和政府项目(建设部《钢丝网架水泥聚苯乙烯承重体系的研究》、公安部消防局《外墙外保温及装饰材料防火关键技术的研究》)；制订多项国家和行业标准；拥有重点岩棉生产企业、科研院所、大专院校、设备制造商、应用单位等协会成员，以及由业内资深专家组成的专家委员会。2010年又组建了"建筑用矿物棉产业技术创新战略联盟"，共同关注行业发展中的重大事项、关键技术、市场开拓，掌握行业最优质的资源，有组织地协调项目运作的优势和能力。

主要参加单位北新集团建材股份有限公司于1978年从瑞典引进了我国首条大型岩棉生产线，率先实现摆锤法等新工艺改造，参与我国有关岩棉的各类标准的制订。作为原国家建材局直属企业，北新建材为行业技术进步做出了特殊的贡献，是当之无愧的行业领军企业。

上海新型建材岩棉有限公司是国内唯一产值过亿元的岩棉生产厂，多年来进行多项技术革新，拥有一流的技术团队，为国内出口土耳其2万吨岩棉生产线提供工艺技术支撑，顺利完成项目任务。目前正在筹建国内最大的10万吨岩棉生产基地。

2011年获得建材系统“创新奖”。

南京玻璃纤维研究院是国内唯一从事岩棉研究设计的研究院，从20世纪80年代开始承担了多项国家科研课题，自行研制开发出国产矿棉生产线几十条，并于2005年出口哈萨克斯坦3万吨岩棉生产线，拥有独立的知识产权和核心竞争力，技术实力雄厚，人才济济，具有国内岩棉行业最具有研发能力的团队和人才，国内三个现行岩棉国家标准全部由该院制定。

中国船舶集团702研究所在承担多项军工项目的同时，致力于岩棉生产线的开发研制，多年来向国内外企业提供多套设备，并成功地向土耳其出口岩棉生产线。

3.3.3 岩棉行业案例

上海新型岩棉有限公司是于1986年成立的一家专业生产各种优质岩棉制品的生产型企业。公司隶属于上海建筑材料(集团)总公司，现拥有两条岩棉生产线，年生产能力达4万余吨，产销量连续多年保持国内同行业第一。产品遍布全国，并远销欧洲、北美、日本、澳大利亚、东南亚以及中国港台地区，出口量占总销量的50%左右。目前公司在江苏大丰建立生产能力为10万吨的岩棉新生产基地，“十二五”时期末，公司形成20万吨优质岩棉的生产能力。公司拥有“樱花”和“ABM”两个品牌，产品被广泛应用于建筑、工业、船舶、农业等多个领域。

公司除对产品潜心研究外，还深入了解岩棉外墙外保温系统，可以为客户提供系统咨询及解决方案。

3.4 管材生产工业

节能工作应该从能源生产开始，一直到最终消费为止，从开采、运输、加工、转换，使用等各个环节都要加以考虑，充分挖掘节能潜力，减少损失和浪费，提高有效利用率。从经济的角度则是指通过合理利用、科学管理、技术进步和经济结构合理化等途径，以最少的能耗取得最大的经济效益。显然，节能必须考虑对环境的影响和各行各业本身的特点，因此，我国节约能源法对节能赋予了更科学的定义，即节能是指“加强用能管理，采取技术上可行、经济上合理以及环境和社会可以承受的措施，减少能源生产到消费各个环节中的损失和浪费，更加有效、合理地利用资源。

钢管作为国民经济建设的重要素材之一，被广泛应用于石油、电力、化工、烟煤、机械、军工、航空航天等行业，世界各国，特别是工业强国都十分重视各类钢管的生产与贸易。钢管制造作为钢压延加工行业之一，近几年在我国出现了有史以来最快的发展，连续6年产销两旺，产品结构调整成效显著，钢管自给率逐年提高。技术改造和投资创历史新高，技术装备大为改善，已有两家百万吨级的无缝钢管生产企业，跨入全球大钢管集团的行列。在钢延压加工行业中相对独立的阶段，需要消耗大量的资源，宁波市工业产业能效统计反映出，在2008年宁波市8个重点用能中类行业中，钢压延加工行业增幅最大，达到了232.93万吨标准煤。因此，在发展经济的同时，必须节约能源，发展循环经济，走持续化发展的道路。下面对在实际工作中存在的普遍问题作了分析并提出了一些切实可行的技术改造节能方案。

3.4.1 管材行业技术现状

我国制造管行业目前存在以下节能技术问题：

1）余热不能有效利用

制管行业在冷拔车间普遍利用退火炉进行加热，在使用过程中大量的热量被高温烟气和高温产品带走，其中可利用的余热占燃料消耗的30%～40%。

2）冷拔机电能浪费

由于企业产品多样，加工的钢管口径和厚度有多种规格，冷拔机所需的负载能力也不同，在加工小口径钢管时常会有大马拉小车的现象，造成电能浪费。

3）原材料质量参差不齐

众所周知原材料质量的好坏直接影响最后的成品率，对于不论是前、后期都要繁复加工的制管业来说，更是如此，原材料质量的参差不齐可能带来更高的不合格率以及二次加工率，增加了生产能耗。

3.4.2 管材生产行业节能减排技术

针对以上制管业技术现状，学者推广了以下节能减排技术。

3.4.2.1 退火炉余热回用技术

把退火炉余热利用起来，一方面可替代蒸汽锅炉煤的消耗量，减少企业用能成本，增加经济效益；另一方面可减少企业废气排放量，改善周围环境影响。经现场测试，退火炉的排烟温度均在500℃以上，这样在退火炉上安装余热锅炉，利用退火炉烟温余热产生蒸汽效果十分显著。余热锅炉结构可采用卧式烟管传热原理，把锅炉安装在退火炉上面，把锅筒、筒体的1/3放在炉内直接受热，再通过直排烟管进行三个回程，使大量的烟气在烟管内传热，退火炉进行余热回用后，可将排烟温度从改造前的500℃降低到300℃。另外再在余热锅炉烟囱出口处接通烟道大约5米处安装引风机，在引风机出口连接原退火炉烟囱，然后使烟气通向大气即可，余热锅炉安装方便，停炉时间短，对生产影响较小，有很大的推广价值。

3.4.2.2 冷拔机节电改造

变频技术是国家倡导多年，目前使用广泛的一种的节电技术，技术成熟。变频器可以改善电机的启动、运行特性，节电效果在15%～60%之间。冷拔机是制管行业的常见设备，对冷拔机采用变频器调速实现轧机速度控制有明显的节能效果，变频调速使电机的运行状况大为改善，减少机械系统的变速机构和控制机构的损耗，使系统更加方便的操作。既提高设备的工作效率，又保证工艺的高质量运行。系统可以采用过流、过压、瞬时断电、短路、欠压、短相等保护措施，避免可能造成的电机烧损带来的经济损失，大幅度实现节能的目的。

3.4.2.3 原材料预处理

原材料的质量直接影响成品率，可以考虑对前期的原材料进行预处理，采用棒材作为原料，通过加热、穿孔、打头、球化等前道工序制成圆钢管坯，一方面降低原材料成本，另一方面提高了产品合格率，从而减少废品重新回收利用、二次加工的能耗损，提高能源利用率。

这里抛砖引玉，针对典型的制管企业的现状提出了若干技改技术方案，当然，随着科技的进步，必将有更多更好更有效的方法和技术出现并应用在生产当中。从制管业来看，结构管和海洋管将是发展的重点之一，国外对这两种焊管一般要求全管热处理，而在国内这个工艺还是个薄弱环节，需要作进一步研究，节能的工作必须一步一脚印地走下去。

3.4.3 管材生产行业工程案例

上海白蝶管业科技股份有限公司先进案例。公司是由上海建筑材料(集团)总公司主要控股的高新技术企业，公司建立了三大生产基地，拥有德国进口克劳斯玛菲、奥地利辛辛那提3层共挤、巴顿菲尔等具有全自动在线检测功能的管材挤出生产线和众多的注塑设备，并配备有多台进口管件焊制设备及检测试验设备，可生产口径为16～450毫米多种压力等级的PP-R管、PE管、PE-RT管、PP-R稳态复合管、3S聚丙烯静音排水管、PVC-U排水管、PVC-U电工套管、β. PP-R管材和相配套的管配件，产品被广泛应用于市政供水、饮用水、纯净水、建筑给排水、化工、医疗、燃气、采暖等领域，进一步扩大了白蝶产品的应用领域和市场占有率。自成立以来，公司一贯秉持“品牌+服务”的经营原则，销售额逐年稳步上升。产品质量稳定可靠，在广大消费者中赢得了良好的口碑，曾获上海装饰材料市场消费者满意产品证书、上海装饰材料市场十大畅销品牌证书、上海塑料行业名优产品证书、国家免检产品、上海市著名商标、上海市名牌产品等。

作为中国塑料管道专业委员会副理事长单位、全国塑料制品标准化技术委员会(TC48/SC3)核心委员单位,完成了 PP-R 产品国家标准制定工作,获得了全国塑料制品标准化技术委员会颁发的“优秀标准奖”与“杰出成就奖”。

3.5 新型建材生产行业

3.5.1 新型建材发展现状

3.5.1.1 陶瓷工业

就目前陶瓷工业的发展来看,我国的节能技术远远落后于欧美发达国家,所以采用先进的节能技术对我国陶瓷业的发展至关重要。可以预计今后陶瓷业的发展趋势为:采用轻质陶瓷纤维涂制的连续更长的窑体;使用低温、低污染的烧结方式;采用控制性能更佳的自动控制技术。有理由相信,我国的陶瓷业经过不断努力,节能技术及设备一定可以达到国际先进水平。

3.5.1.2 墙体工业

国外普遍重视保温材料的生产和在建筑中的应用,力求大幅度减少能源的消耗量,从而减少环境污染和温室效应。在我国建筑能耗占全社会能源消耗总量的 36%以上,开展建筑节能新材料、新技术和新产品的研究和应用推广是非常必要的。在建筑中,热量主要是通过门窗和墙体散去的,当然墙体散热占据了相当大的份额。改善围护结构的热工性能,使得热能在建筑物内部得到有效利用,不至于很快散失,所以发展外墙保温技术和推广使用节能材料是建筑节能实现的必要途径。

上海建筑节能系统材料应用主要有三种形式:外墙外保温、外墙内保温和外墙自保温。上海市应用最为量大面广的是外墙外保温系统,市场占有率在 95%以上。2011—2015 年,上海建筑节能墙体保温系统应用面积为 10 264.5 万平方米,产值约为 100 亿元。其中 2015 年上海建筑节能系统材料应用面积为 2 649.3 万平方米,产值约为 25.8 亿元,保温应用面积与 2014 年基本持平,无机保温砂浆外墙外保温系统下降了 18.7%,改性聚苯板外墙保温系统应用面积比例较 2014 年上升了 18.2%。

近年来,上海市建设体量较大,旺盛的市场需求促进了新型墙体材料行业的快速发展,每年对各类建设工程所需墙体材料在 1 000 万立方米左右,其中 98%产品以上为新型墙体材料。上海新型墙体材料主要为蒸压加气混凝土砌块、混凝土砌块(砖)、蒸压灰砂砖等，其中蒸压加气混凝土砌块约占上海墙体材料总使用量的50%，混凝土砌块砖约占墙体材料总量的40%，其他砖块板类约占墙体材料总量的10%。上海建设工程用墙体材料95%以上均为本市生产企业生产供应。2015年生产66.9亿标准砖(978万立方米)，产值约为32.5亿元。上海非粘土新型墙体材料占墙体材料比例已达到98.9%，在全国名列前茅，节地利废节能等综合效益显著。

目前，上海拥有加工线的地板生产企业不超过80家，其中规模生产的不足50%，年产量超过100万平方米的不足10家。究其原因，一是2008年的国际金融危机以及欧美经济危机导致国际市场萎缩，出口大幅下降；二是国内经济持续下行，房地产业不景气；三是政府不鼓励木材加工业，导致企业关停并转及外迁；四是环保要求提高导致生存空间受限。实木地板受优质木材资源制约影响，未来将朝高档化方向发展；实木复合地板受优质木材资源紧缺的影响较小，仍具有较大的发展空间；强化地板虽属于低端产品，因具有价格和成本上的优势，发展潜力较大。

3.5.1.3 门窗幕墙工业

随着生活水平的提高，人们对居住环境的要求越来越高，从而建筑节能已经成为建筑业中一个不可忽视的问题。在建筑外围护结构中，门窗的保温隔热能力较差，门窗缝隙还是冷风渗透的主要通道。尤其对于华中地区(冬冷夏热)改善门窗的绝热性能是建筑节能工作中的重点。

上海市的门窗生产企业具有一定规模的数量在370家左右，年生产能力为2 000万平方米。2015年，该行业产值约为94.36亿元人民币，从业人员20 510人。在上海解放初期，基本是以上海钢窗厂和上海铁器工程钢窗制造厂第一联营所(属下有9个钢窗生产厂)两家钢窗生产厂为主，当时的钢窗材料由国外进口，然后由国内的钢窗生产厂加工制成钢窗。由于全国其他地方没有钢窗生产厂，所以上海的这两家钢窗生产厂也承担了全国重要建筑的钢窗生产任务，包括北京的十大建筑、上海展览馆(原中苏友好大厦)等。

到20世纪60年代以后，由于上海钢窗厂要发展玻璃机械的制造所以只保留了一个生产车间小批量地专门加工制作钢门窗，厂名也改名为上海玻璃机械厂，而原“上海铁器工程钢窗制造厂第一联营所”随着国家建设事业的发展，企业也不断发展壮大，经多次更名，最终改为上海钢窗厂，专门从事钢门窗生产，最辉煌时年生产量达到100万平方米，承担着对全国的建设工程的钢门窗供应。到70年代末80年代初，随着乡镇企业的发展及解决大批知青回城的就业问题，上海又以上海玻璃机械厂和上海钢窗厂两家主要的钢门窗生产企业发展到遍及上海的机电一局、二局、铁路局、轻工业局、仪表局、化工局、集体事业管理局、乡镇企业管理局、手工业局、建工局、农

场局等十多个局下属的钢窗生产企业80多家。

上海的建筑门窗行业从2000年开始至2010年达到最为旺盛的时期，门窗年产量从2000年的480万平方米逐年上升到2014年1771.5平方米。门窗的品种也由钢门窗、普通铝合金门窗等简单的国产门窗发展到能生产世界著名品牌，如德国旭格高档隔热门窗、意大利阿鲁克、日本YKK、瑞典气压密封高档大面积门窗。门窗企业也从作坊式的生产场地发展到用轻钢结构建造大跨度大面积的标准厂房，有的单个厂房面积达到4万平方米。门窗加工设备配套齐全先进，有不少引进德国、意大利的智能化的门窗自动加工中心和流水线设备。

如今，社会能耗中建筑能耗要占25%，而建筑门窗的能耗要占建筑能耗的近50%，作为对国家节能减排基本国策的积极贯彻，抓好建筑门窗的节能效果，对降低建筑能耗将起到事半功倍的效果。目前，上海市政府规定各类新建建筑使用的门窗如是铝合金型材必须使用断桥隔热型材，各种材质的门窗玻璃必须使用中空玻璃，外窗的传热系数规定不应大于2.2瓦/(平方米·度)，这为建筑的节能减排起到了重要的作用。

3.5.1.4　砖瓦工业

砖瓦行业是资源密集型产业，消耗大量能源。当前，如何采取更加有效的手段，全面落实一系列的节能措施，成为当务之急。节能工作关系到砖瓦行业的持续发展，既是长期的重要任务，也是当前的紧迫任务，解决砖瓦行业的能源消耗问题，根本出路是必须坚持开发与节约并举、节能优先的方针，大力开展节能工作，提高能源利用效率。

3.5.1.5　玻纤工业

在国家“十三五”规划中，将节约能源放到空前重要地位，而建筑材料的节能减排又是重中之重。作为能耗较高、污染较重，建材工业的组分玻璃纤维工业，必须按照国家要求，从制度上和技术上加强节能减排工作。我国玻璃纤维工业的节能减排是一个涉及面广的系统工程，包括政策制定、管理体制、技术推广诸多方面。

3.5.2　新型建材生产行业技术现状

3.5.2.1　陶瓷工业

陶瓷行业因其对环境污染严重而成为各级环境部门重点治理的对象。据我国广东佛山、清远等陶瓷集中区域环境现状调查发现，陶瓷企业较为集中的区域环境均遭到严重的污染影响。为了改善陶瓷企业所在区域的环境质量，减少污染物的排放量，陶瓷行业推行清洁生产势在必行。

目前,我国陶瓷企业清洁生产的水平普遍不高。陶瓷企业清洁生产水平的提高,面临着一定的困难,主要表现在以下几个方面。

(1) 企业积极性不够高。实施清洁生产,需要不断地更新生产设备和改进生产工艺,进行生产技术改造和升级,需要投入大量的资金,中小企业因资金链的短缺,往往积极性不够高。

目前我国陶瓷企业规模普遍不大,使用简陋的生产设备和落后的传统生产方式加工陶瓷原料和生产陶瓷产品,造成资源的巨大浪费和环境的极大破坏,更不利于企业生产技术的更新。我国90%以上的陶瓷企业属于中小规模,推行清洁生产难度较大。

(2) 员工意识不强,缺乏持续性。意识是推行清洁生产的前提,推行清洁生产,员工的意识是落实的关键。

清洁生产是指从源头上削减控制污染物的产生,需从原材料、生产工艺和设备、产品、废物和管理等方面入手,进行节能、降耗及减污。由于它是全过程控制措施,往往不能得到企业各环节所有员工的重视。

部分企业在开展清洁生产审核后,部分没有经费或者缺少经费的方案没有得到很好的实施。企业没有不断地组织员工提出新的清洁生产方案,并对已实施的方案进行总结,巩固其实施效果并持续实施。

(3) 缺乏关键技术支撑。要大幅地提高企业的清洁生产水平,需要关键或重大的技术进行支撑。一些重大的关键技术和装备无法在陶瓷行业推广和运用,如低温快烧、一次烧成工艺、微波干燥和辅助烧成等,是导致整个陶瓷行业清洁生产水平难以提高的瓶颈。

3.5.2.2 墙体工业

1) 内保温技术及其特点

外墙内保温是将保温材料置于外墙体内侧。

优点:①对饰面和保温材料的防水、耐候性等技术指标的要求不高,纸面石膏板、石膏抹面砂浆等均可满足使用要求;②内保温材料被楼板分隔,仅在一个层高范围内施工,不需搭设脚手架;③在夏热冬冷和夏热冬暖地区,内保温可以满足要求。

缺点:①由于圈梁、楼板、构造柱等会引起热桥,热损失较大;②由于材料、构造、施工等原因,饰面层会出现开裂;③占用室内使用空间;④对既有建筑进行节能改造时,对居民的日常生活干扰较大;⑤不便于用户二次装修和吊挂饰物;⑥墙体受室外气候影响大,昼夜温差和冬夏温差大,容易造成墙体开裂。

2) 外墙夹心保温技术

外墙夹心保温是将保温材料置于外墙的内、外侧墙片之间,内外侧墙片可采用混

凝土空心砌块。

优点：①对内侧墙片和保温材料形成的保护，对保温材料的选材要求不高，聚苯乙烯、玻璃棉以及脲醛场浇注材料等均可使用；②对施工季节和施工条件的要求不十分高，不影响冬期施工。

缺点：①在非严寒地区，此类墙体与传统墙体相比尚偏厚；②内、外侧墙片之间需有连接，构造较传统墙体复杂；③外围护结构的"热桥"较多。在地震区，建筑中圈梁和构造柱的设置，"热桥"更多，保温材料的效率仍然得不到充分的发挥；④外侧墙片受室外气候影响大，昼夜温差和冬夏温差大，容易造成墙体开裂和雨水渗漏。

3）外墙外保温技术及其特点

外墙外保温具有以下七大优势：

（1）保护主体结构，延长建筑物寿命。

（2）基本消除"热桥"的影响。

（3）使墙体潮湿情况得到改善。

（4）有利于室温保持稳定。

（5）便于旧建筑物的节能改造。

（6）可以避免装修对保温层的破坏。

（7）增加房屋使用面积。

目前比较成熟的外墙外保温技术主要有以下几种：

（1）外挂式保温。该外挂技术是采用聚合物砂浆或者是锚栓将保温材料贴接或挂在外墙上，然后抹抗裂砂浆，压入玻纤网格布形成增强保护层，然后再抹一遍聚合物砂浆做饰面；另一种做法是用专用的固定件将不易吸水的保温板固定在外墙上，然后将铝板、彩色玻璃等挂在预先制作的骨架上，直接形成装饰面。这种施工方法难度非常大，施工人员的安全也不易得到保障。

（2）聚苯板与墙体一次浇注成型。该技术即现浇混凝土内置保温板外保温系统，这种体系是针对现浇混凝土外墙开发的，特点是保温层施工与结构浇筑同时完成，可缩短工期，节省黏结剂，与基层墙体有可靠的连接。此技术取消了钢丝网架，其保温性能提高，而且成本再次降低。

（3）胶粉聚苯颗粒保温浆料外保温。该系统由界面层、胶粉聚苯颗粒保温浆料保温层、抗裂砂浆薄抹面层和饰面层组成。胶粉聚苯颗粒保温浆料可以在现场搅拌，然后再喷涂或抹在基层上形成保温层，薄抹抗渗、抗裂面层中间夹铺玻纤网格布。此项技术施工简便，可以减少劳动力强度，提高工作效率；不受结构质量差异的影响，对有缺陷的墙体施工时墙面不需要修补找平，直接用聚苯颗粒砂浆找平即可，避免了其他保温施工技术因找平过厚容易脱落的现象。

4）节能墙体的设计要点解析

在建筑墙体施工过程中，采用不同的墙体材料和施工工艺，所建造形成的具有一定构造的墙体系统叫做墙体体系。目前，形成的比较完善的节能墙体体系有四种，分别是外墙外保温墙体体系、外墙内保温墙体体系、夹心复合保温墙体体系、自保温墙体体系。这四种保温墙体体系，选择不同的墙材进行组合加工，其保温隔热性能各具特点，可适用于我国的严寒地区、寒冷地区、夏热冬冷等地区的建筑保温。

一般来说，在建筑物里，北方的能耗在于采暖，适合采用外墙外保温墙体体系；南方地区，建筑耗能主要在于制冷，宜采用外墙内保温墙体体系、自保温体系或复合保温墙体体系。

在进行建筑墙体节能设计的过程中，需要因地制宜，选择最为合适的墙体材料和墙体保温体系，以期最终达到既降低建筑成本又节能的目标，并且也能使建筑具有良好的保温效果。

5）节能墙体材料的相关分类

建筑保温节能墙体材料按品种分，主要包括砖、块、板等。其中砖、块类材料由原来的实心砖、块材料转化为现在的保温节能空心材料。例如空心黏土砖、普通混凝土小型空心砌块、砼多孔砖、砼空心砖、轻集料砼小型空心砌块、煤矸石烧结空心砖、粉煤灰多孔砖等。板材主要包括轻质内墙隔条板和复合板材。其中轻质内墙隔板条包括石膏条板、轻质混凝土条板、植物维条板、硅镁加气水泥隔墙板；复合墙板主要包括聚苯乙烯夹芯复合板、聚氨酯夹芯复合板、混凝土岩棉复合外墙板。

按材质分，节能墙体材料可分为无机保温材料、有机保温材料两大类。无机绝热保温材料又包括泡沫混凝土、加气混凝土、岩棉纤维、硅藻土、膨胀蛭石、膨胀珍珠岩及其制品等。有机保温绝热材料包括泡沫塑料、植物纤维类绝热板等。

目前，节能墙体材料多种多样，涵盖从内墙的砖体砌块，到外墙的保温层、装饰层，均存在各种保温材料，但由于在材料使用过程中，受到成本、强度、耐蚀性、耐久性的影响，在建筑的保温材料选择过程中需要合理搭配各类型节能墙体材料。做到既能达到所需保温效果，又可以减少施工步骤节约成本，还能满足建筑本身强度、耐久性的考验。

3.5.3 新型建材生产行业节能减排技术

3.5.3.1 陶瓷工业

针对目前我国陶瓷企业清洁生产水平普遍偏低的问题，可从改进生产工艺和设备、提高资源能源利用效率、产品指标、废物回收利用及加强管理等措施来考虑。

1）改进生产工艺和流程

生产工艺及设备的改进是企业开展清洁生产的核心，使用先进的工艺和设备可在源头上最大限度地削减污染物的产生，以及降低能耗、物耗等来提高企业的清洁生产水平。

（1）陶瓷原料制备过程中的节能措施。陶瓷原料生产所消耗的能量在整个生产过程中所占的比重很大，据统计，原料生产消耗的燃料约占总量的49%，装机容量约为72%，如果采用有效节能措施，原料制备阶段可以节省较多的能源。

在原料生产的过程中，首先，应该放弃使用噪声大、能耗高、污染严重的破碎系统，例如粗细颗式破碎机和旋磨机，可以采用球磨机或质量可靠的系统；其次，可以采用效率更高的球磨机，可以大幅度提升产量，并且减少耗电量。对于每年全国16亿平方米的墙地砖和数百亿件日用陶瓷的生产来说，如果90%以上企业放弃以前的粗细颗式破碎机而改用连续的球磨机，那么预期可以节省电量约25亿千瓦时。另外，球磨机橡胶衬的设计既减少了负荷，也增加了有效容积，所以不仅提高了产量，又节约了电能。球磨机在实际使用过程中，可以根据具体的生产条件使用不同的设计，可以提高其工作效率，如果使用了氧化铝球，在原来的基础上还可以省电。

陶瓷产业在不断发展的过程中逐渐形成了原材料标准化的趋势，这样不仅可以充分利用资源，还有如下的优点：①通过标准化，可以保证生产质量，提高产品的稳定性；②原材料标准化便于对原材料进行集中处理，从而可以提高原料加工设备的利用率，减少企业特别是新建企业的开发和投资；③工厂不用存储大量的原料以供生产，工厂在任何需要的时候就可以买到标准的原料。

（2）陶瓷制品成型与干燥过程中的节能措施。大吨位、宽间距的压砖机具有较大压力，其产量较大，生产质量好，而且合格率高，所以在同样的条件下，一条砖窑配备一个大吨位压砖机，可节省电量30%以上。当前，我国普遍使用的是2000～4000吨级的压机，而欧洲使用的多半是6000吨以上，甚至意大利的一些公司使用了7200吨的压机。而广东科达机电股份有限公司开发出了最大到7800吨的大吨位全自动压砖机，达到了国际领先水平，不仅提高了我国陶瓷业的竞争力，还出口到国外，在国外市场占有一席之地。

（3）陶瓷制品烧成过程中的节能措施。前面已经论述到，陶瓷在烧制过程中所消耗的能量是巨大的，占到总耗能的61%甚至更高，而陶瓷烧制过程的主要场所为窑炉，所以对窑炉进行节能改造显得十分重要。

① 低温快烧技术。烧制温度越高，所消耗的能量就越大，我国目前烧制的温度为1100～12800℃，有的甚至达到14000℃以上。如果烧结温度降低100℃，则每件产品可节约10%的能量，而且时间可以缩短并增加产量。然而，采用低温烧结技术

需要改进原料，使用烧结温度低的坯料和釉料，还需要改进工艺。所以，还需要进行大量的研发试验。

② 窑型向辊道化发展。传统的陶瓷多半使用隧道型窑烧结，而现在墙体砖多半使用辊道型窑烧结，同时辊道窑也不断应用到卫生陶瓷和日用陶瓷的烧结中。辊道窑是目前为止最好的窑型，它具有高产量、体积小、耗能少、智能、操作简单等优点。所以，在生产中，辊道窑逐渐代替了传统的隧道窑和梭式窑。

③ 使用轻质耐火材料及新型涂料。根据实验可以得到，轻质耐火砖比重质砖具有更好的隔热效果，散热效果也比重质砖好很多。所以，使用诸如硅酸铝等新型材料制成窑体和窑车将具有十分良好的节能效果。

④ 改善窑体结构。经过研究，窑的高度越高，所消耗的能量和散热量也增加，例如当辊道型窑从 0.2 米增加到 1.2 米时，消耗的热量增加了 4.4%，散热量增加了 33.2%，所以从这点来说，窑越高耗能越大。当增加窑长时，单位产品所消耗的热量和烟气带走的热量会减少，从这点来说，窑越长越好，故而现在的窑长从以前的 20 米左右逐渐变为 200～300 米。

2）提高资源能源利用效率

资源能源利用指标是衡量一个企业清洁生产水平的重要指标。

对窑炉燃烧系统进行技术改造，尽量采用洁净气体燃料，使其燃烧充分，可有效减少有毒有害物质的排放。窑炉的技术水平是制约陶瓷工业能耗水平的重要因素，采用高热阻、低蓄热的新型保温隔热耐火材料构筑环保型节能窑炉，可降低能耗；采用高温空气燃烧技术，可提高热效率，减少 NO_X 的产生和排放。

3）产品的清洁化

产品的清洁化是指在陶瓷产品的使用过程中对使用者的健康保护，同时包括产品报废后的回收利用及无害化处理等“绿色”性能。

选用无放射性元素的矿物原材料与添加剂替代有毒、有害色料、釉料，使陶瓷产品中的放射性物质含量减少，从而减小产品对人类健康的危害。在产品的包装过程中尽量使用无害可回收的材料，从而使包装材料可回收再利用，减轻对环境的危害。

4）废物回收利用措施

（1）余热回收。目前陶瓷企业窑炉余热利用率较低，排出的烟气温度在 200℃左右，热量损失较多。若能将该部分能量用于余热发电或余热制冷，不仅可解决企业部分电力，而且还可以提高企业余热的综合利用效率，降低生产成本。

（2）废水再利用。

① 含酚废水。煤气站含酚废水中含有大量的酚、油类、悬浮物及氨氮等有害物质，是建筑陶瓷行业主要的废水污染源。根据佛山某陶瓷企业含酚废水水质调查结

果，COD为14 000～20 000毫克/升、挥发酚为1 500～3 500毫克/升、石油类为600～1 500毫克/升、挥发有机酸为1 200～2 300毫克/升。含酚废水有机物浓度较高，难以进行处理。清远、佛山多家陶瓷企业根据水煤浆应用技术，利用煤气站自身筛下的粉煤和含酚污水按一定比例混合后，再加入适量添加剂，经强力研磨调制后制成水煤浆，在1 100～1 300℃下燃烧，酚及其他有害有机物质充分燃烧分解成H_2O和CO_2，然后随燃烧烟气排入大气中，从而达到治理含酚污水的目的，实现零排放。

② 生产废水。陶瓷行业原料处理车间和抛光车间生产的废水主要含有悬浮物和油类污染物，目前企业多采用多级沉淀+混凝处理后回用于生产工序，不仅节约了水资源，同时减少了废水的排放量。

3.5.3.2　墙体工业

随着烧结砖瓦工业技术水平和生产率的提高，国家产业政策的陆续出台，节能执法力度的加强，煤耗会有一个快速下降，然后进入平台期，节煤的主要方向将转化为技术节能以及产品的转型节能。而电耗会有一个持续的增长，只有更先进的工艺、更高效的设备、更节能的电气才会有效地降低电耗。如原材料含铝量过高，可以搭配烧结温度较低的勃土或其他原材料来进行调配，以降低其烧成温度；原料制备时，在满足物料细度要求和所有设备产量匹配的情况下，尽量采用装机容量小、可靠性好、运行稳定的设备；热工系统采用变频风机，提高单线生产能力，采用节能型隧道窑等。总之，烧结砖瓦企业的技术改造前，应对原有生产线的生产现状尤其是能源结构、能耗水平、节能方向、管理水平有深入的了解，需与有关企业进行认真的交流，拿出切实可行的节能技改方案。由于国家大气环境标准及烧结砖瓦企业的工艺标准、产品标准、能耗标准的不断提高，烧结砖瓦的能源政策也会更加严苛，有关部门的执行及执法力度也会加大，因此新建企业的设计或现有企业的重大技改中与生产工艺、装备功率、热工系统相关的边界条件必须明晰，能耗指标必须严格计算并在生产中得到考核、验证。

蒸压加气混凝土制品的生产可分为原材料处理、配料、搅拌浇注、坯体静停、坯体切割、蒸压养护、成品处理以及加筋条板的钢筋加工等主要工序。根据蒸压加气混凝土制品的生产工艺特点，采用先进和适用的节能技术，可以有效降低蒸压加气混凝土制品单位产品综合能耗。例如，在重点工序部位如浇注搅拌机、各类输送机、浆料储罐搅拌机、磨机、空压机、切割机、行车等电机实行变频技术改造。变频技术的应用，可增加运行设备的使用寿命，改善电机启动及并效输出功率，提高电机的功率因素，达到降低能耗的目的。其次，在生产过程中，蒸汽在加气混凝土制品单位产品能耗中占到90%左右，合理利用和节约蒸汽是企业节能降耗的重点。目前局限于企业规模、装备技术，我国仍有不少企业未开展蒸汽余热、余压冷凝水回收利用，已开展的还停留在一次导气的水平上，低压蒸汽一次排空，无法直接回收利用。因此，加气混凝土制品企业蒸汽余热、余压回收利用还有较大的潜力可挖。应开展蒸汽余热、余压、多次回收利用技术攻关和技术改造，合理控制各蒸压釜之间的时间差，实现蒸汽余热、余压多级导气回收，蒸汽的循环利用，将进一步降低蒸压加气混凝土制品单位生产能耗。

3.5.3.3 门窗幕墙

1）控制窗墙的比例

窗墙比例系指窗户面积与窗户面积加上外墙面积之比。一般来说，窗户的传热系数大于同朝向、同面积的外墙传热系数。因此，采暖耗能热量随着窗墙比例的增加而增加。在采光通风条件的允许下，控制窗墙比例比设置保温窗帘和窗板更加有效。

2）改善窗户保温效果

真空玻璃的使用：真空玻璃不仅隔音性能优良，而且保温性能极佳。它的保温性能为一级，与空调节能性能比较，真空玻璃可分别比中空玻璃、单片玻璃节约用电16%～18%、29%～30%，以北京地区选定的80家住户240毫米砖混结构通用设计耗热量指标计算，与采用双层玻璃相比，采用真空玻璃后，建筑物节能率由36.2%提高到42.7%。以每年100万平方米建筑为例，窗户采用真空塑钢窗，每年节约采暖耗能就达到1 220吨标准煤，可以大幅度提高窗户的保温性能及建筑节能效果。

真空玻璃制造方法：将两片玻璃板（夹丝玻璃、钢化玻璃、热反射玻璃、喷砂玻璃、紫外线吸收玻璃）之间放上支撑物，用450℃温度加热15～60分钟，四周用焊接玻璃封边，用真空泵从适当位置的抽气孔抽成真空，使真空压力达到0.001毫米水银柱，形成真空玻璃，支撑物是直径0.35毫米的圆柱体，高度约等于半径（0.1～0.2毫米），支柱间距为23毫米。支柱材料可以是不锈钢、铝合金、铬钢等。

增加窗户玻璃层数，在内外层玻璃之间形成密闭的空气层，可以大大改善窗户的保温性能。适当加厚玻璃之间的空气层，保温效能也得到进一步的提高。但是当空气层厚度从20毫米继续增大时，保温性能提高就很少。一般来说，双层窗户传热系数比单层窗户传热系数降低将近二分之一，三层窗户传热系数比双层窗户又降低将近三分之一。此外，在窗户上加贴透明聚酯膜，节能效果也颇佳。

窗框部分的保温效果主要取决于窗框材料的导热性能。木材和塑料的导热系数低，保温性能良好；钢材和铝材导热系数高，传递热能迅速。若用木材、塑料制作成窗框，保温性能虽然良好，但是时间过长，木材容易腐烂，塑料容易老化和变形。基于它们各自的优缺点，可用木材、塑料与钢材、铝材混合叠加作为门框材料。先将金属材料放置于居室外侧，木材或塑料置于内侧，从而可以组成材料互补的框格，达到性能

优化的效果。

3）减少冷风渗透

在我国住宅中多数门窗，特别是钢窗的气密性很差，在风压和热压的共同作用下，冬季室外冷空气通过门窗缝隙进入室内，从而增加了供暖能量的消耗。

除了提高门窗的制作质量外，增设密封条也是提高门窗气密性的手段之一。密封条应弹性良好，镶嵌牢固严密，经久耐用，使用方便，价格适中。同时，密封条品种的选择要与门窗的类型、缝隙的宽度、使用的部位相互匹配。根据门窗的具体情况，分别采用不同的密封条，如橡胶条、塑料条或橡塑结合的密封条。然而当密封过于严实，又与居室的卫生环境（通风换气）发生矛盾，为使正常的通风换气问题得到解决，在要求普遍安设密封条的同时，还应开发使用简便的微量通风器。微量通风器可以设置在窗框内，手动调节它的启闭程度。

4）加强户门、阳台门的保温

以前，我国大多采用实心木板或复合板作为户门和阳台门，它们的保温隔热性能较差，同时不利于安全防火。众所周知，木材是遇火即燃的物质。另一方面，户门和阳台门一般与外界接触，自然界的风霜雨雪对户门产生很大的负面影响（变形、裂缝、腐烂）。有些地方使用空腹薄板当作户门，对改善户门的保温隔热虽然起到一定的作用，但是户门的强度性较差，在外界各种力的作用下，空腹薄板户门容易损坏，而且维修不方便，价钱昂贵。因此，可将空腹薄板置于居室内侧，铝合金置于外侧，使两者相得益彰，这样不仅达到保温隔热的效果，而且又起到安全防护的作用，此种多功能户门的传热系数可降低到1瓦/米。

由于阳台的形式多种多样（凸型阳台、四型阳台、半凹半凸型阳台），应该根据不同的特点处理好各自的保温隔热关系，但是不管阳台形式怎样（封闭阳台除外），它们都有一个共同的特征：在阳台门的小部件制作钢材门心板，以往冬天容易结露淌水。现在应该在上面贴上绝缘材料，上部透明部分采用双层玻璃，中间应留一定厚度，使之形成空气层。这样，其保温隔热效果大有改善。

3.5.3.4 砖瓦工业

“大处着眼。小处着手”。砖瓦行业要建立一种节能降耗的长效机制，把节能降耗指标纳入干部乃至企业的考核体系。政绩考核与资源节约、社会效益、环境保护、社会和谐等指标挂钩。作为企业负责人要深刻认识节能降耗的重要性，增强节能降耗的意识。发展节能、节地、轻质、高强、环保的优质砖瓦产品。坚决淘汰黏土实心砖，减少低水平重复建设，改变长期以来高耗能、低产出的落后生产方式。砖瓦企业的发展应以节约能源、资源、保护环境为中心，以墙材革新为重点，以提高资源利用

率、固体废弃物利用率和降低污染物排放及生产节能产品为目标，紧紧依靠科技进步，按照循环经济的发展模式，把砖瓦企业发展成为资源节约型、环境友好型企业。

（1）完善行业能源使用法规和管理体系，修订并有效实施行业能源等级定额标准，建立行业能耗警示监测制度和企业自律机制，设立行业节能专项基金，以行政和经济措施相结合，逐步引导企业节能工作走向市场化。

（2）调整产品结构、企业规模结构和工艺装备结构，逐步实施各种节能改造措施，提高行业能效水平。

（3）利用工业废渣，包括建筑垃圾和城市生活垃圾，特别是废渣中残余热量的二次利用。减少普通砖的生产和使用量，加强优质节能型产品的开发、生产和推广，推行使用节能型装备，使清洁化生产工艺和循环经济模式成为砖瓦行业的发展方向。

3.5.3.5 玻纤行业

（1）国家设置“节能门槛”，杜绝大量资金用于能耗较高的技术。1997—2015年间，面对市场需求和池窑拉丝生产技术取得突破，各地纷纷筑建池窑拉丝生产线，先后上马有十余条之多。这些生产线大多是万吨池窑攻关技术的移植、翻版，投资均在万元以上。但除桐乡巨石、重庆国际等少数生产线外，能耗仍然偏高。针对上述状况，国家已经开始实施宏观调控措施，为行业发展设置“节能门槛”。

（2）尽快组织摸清行业能耗状况和排污状况，在行业统计中加入能耗指标和排污指标。组织对不同类型的典型企业能耗情况、节能工作及三废（废水、废渣、废气）工作进行调查，以便分类引导。加快组织玻纤企业能源标准的制定，根据玻纤生产特点指定企业，重点产品和能耗设备的能耗评价、验收标准，推进企业节能体系建设。

国内现在只有10多年前颁布的《玻璃纤维工厂能量平衡通则》（JC/T545—1994），应指定玻璃纤维生产中各个工序能量消耗（油耗、电耗、气耗）标准，能量消耗的检测方法，如玻璃球（中碱球、无碱球）的能耗标准，玻璃纤维池窑（坩埚）的能耗/产量之比，玻璃纤维纺织、表面处理、制毡等工序及生产车间空调、保暖、照明、能耗标准，玻璃纤维工厂的废水排放标准，废气排放标准等。其中池窑拉丝生产和坩埚拉丝生产的能耗标准应该不同，其他工序则应相同。

（3）恢复行业能耗监测机构。在20世纪80年代，国家建材局曾批准成立国家建材局玻璃纤维矿物棉能耗监测中心，但由于当时片面强调发展，对节能降耗工作缺乏重视。尤其随国家建材局职能的转变，这一机构已销声匿迹，现在应采取某形式，重建行业能耗监测机构，并由大型玻璃纤维企业、有关高校和研究院所建立有关节能技术实验室和工程中心，以改善行业的节能工作。

（4）产业结构调整。当前国内外还有200余家采用坩埚拉丝工艺的生产厂家，池窑拉丝技术的产品质量优于坩埚拉丝工艺。随着池窑拉丝技术日趋普及和价格走低，这些中小企业已经面临越来越大生存压力。对于坩埚拉丝工艺，国家一方面应明确表态限制再建新厂，一方面应积极引导这些厂家逐渐退出拉丝领域，转而进行玻纤生产的深加工。我国玻纤行业初级原料加工工厂很多，而制品加工企业很少，产品60%以上依赖进口，这种状态很不稳定，急待改变。美国全国仅有10余家玻璃纤维生产企业，年产量140万吨，而有数百家玻璃纤维加工企业和数千家以玻璃纤维为原材料的深加工企业，现在玻璃纤维制品种类多达万种。而我国企业大多生产初级产品，制品种类仅为世界水平1/4，其中还有很大发展余地。将坩埚拉丝工厂转变为具有特色的加工企业，有利于行业健康发展，也有利于行业的节能减排工作。

(5) 努力开发高新技术产品，生产能耗较低、附加值较高的产品。如适应数万种制品的高效浸润剂系列和涂层纤维，适用于高新技术的新型功能纤维和三维、多维编织技术、新型玻纤高分子复合纤维、异型玻璃纤维、超高强玻璃纤维、超导玻璃纤维、纳米级直径玻璃纤维、晶体玻璃纤维、耐高温玻璃纤维等。开发玻璃纤维新的应用领域，都有很高的价格/能耗比，其中许多产品并不适于池窑拉丝，只适于坩埚拉丝对高新技术的应用。

(6) 节能减排技术推广。为了提高玻璃纤维池窑的热效率与改善熔制质量，人们已经做了大量工作，至今比较有效的途径为：辅助电加热、熔体鼓泡、余热回收再利用、窑炉全保温、窑炉全自动控制、全氧燃烧等。玻璃纤维工业减排(三废处理)有浸润剂废水的化学-生物处理和循环使用，废丝再熔加工，废气的回收利用等先进技术和先进经验，都是玻璃纤维行业节能减排的重要内容。

① 采用预流床工艺和金属换热器，余热锅炉利用玻璃纤维池窑生产中产生的大量温度高达1400℃的废气(仅熔化部分废气带走的热量即占总能耗的30%)。

② 采用全氧燃烧、富氧燃烧，减少玻璃纤维池窑生产中产生的废气和有害气体(可以减少NO_X排放量的90%、烟尘排放量的70%)，延长窑体寿命。

③ 池窑和球窑筑建时，选用优质耐火材料和保温绝热措施，使占总散热15%的窑体散热大为减少。

④ 玻璃纤维池窑辅助电加热热效率高，对环境污染极少。鼓泡技术可加快窑内融熔玻璃的流动(热交换)和澄清，两者可节约能耗10%以上。研制节约能源、消除硼、氟、砷等废气污染的E-CR新型玻璃。加强原料控制，原料质量优劣直接影响到玻璃的熔制过程。玻璃纤维原料的成分和细度要求达到准光学水平。

⑤ 对玻璃熔制工艺中的四个主要参数(熔制温度、窑压、废气空气过剩系数、液压高低)进行精确控制，以提高玻璃熔体质量，降低单位产品能耗。

⑥ 在坩埚拉丝工艺中，生产纺织细纱仍以200孔漏板为主，热效率根据不同产

品在10%～20%之间，在保证玻璃熔制的基础上，采用400孔漏板分拉技术，节电效果可达20%以上。

3.5.4 新型建材生产行业工程案例

3.5.4.1 陶瓷行业

1）大型喷雾干燥塔技术

<table>
<tr><td colspan="5">1. 技术概况</td></tr>
<tr><td colspan="2">技术名称</td><td colspan="3">大型喷雾干燥塔技术(PD8000型)</td></tr>
<tr><td colspan="2">技术来源</td><td colspan="3">咸阳陶瓷研究设计院　☑国内自主研发　□国外引进技术</td></tr>
<tr><td>技术投入运行时间</td><td>2006年8月</td><td>工程项目类型</td><td colspan="2">☑新建　□改造</td></tr>
<tr><td colspan="2">技术基本原理</td><td colspan="3">将含水率为32%～38%的泥浆由泥浆压力泵送至雾化喷枪，在塔体内雾化成50～300微米雾滴群并与干燥介质接触进行热交换，泥浆雾滴脱水，迅速被干燥至含水率为5%～7%的空心球状粉料，在引力和重力作用下聚集于塔底，由卸料装置卸出。含有微细粉尘的废气经旋风除尘器和水浴除尘器除尘，达到对空排放标准，由排风机经排风管道及烟囱排入大气。整个系统负压操作，安全方便，可提高单台设备的产量。通过提高塔顶进风温度，热利用效率大幅提高，蒸发每千克水所需热值为3 100～3 300千焦。而中小型喷雾干燥塔技术蒸发每千克水所需热值至少为3 500千焦。两者相比，可节能8%～10%，同时排出的粉末量也减少40%～50%</td></tr>
<tr><td colspan="2">涉及的主要设备</td><td colspan="2">数　量</td><td>规　　格</td></tr>
<tr><td colspan="2">干燥塔</td><td colspan="2">1</td><td>PD8000</td></tr>
<tr><td colspan="2">热风炉</td><td colspan="2">1</td><td>热容量650万千卡/小时</td></tr>
<tr><td colspan="2">大型柱塞泵</td><td colspan="2">2</td><td>250泵</td></tr>
<tr><td colspan="5">2. 技术的节能减排效果</td></tr>
<tr><td colspan="5">大型PD8000型喷雾干燥塔的产量相当于2个PD4000型产量，占地面积节省110平方米，装机功率减少62千瓦，单位能耗下降20%～30%。以年产600万平方米墙地砖生产线为例，只需1台PD8000型喷雾干燥塔。每天生产470吨粉料，节约3吨标准煤，节约电耗1 488千瓦时，折合18万吨标准煤；仅这两项，每年以300天工作日计算，可节约100多万元，操作人员也减少一半</td></tr>
<tr><td colspan="5">3. 技术的经济成本</td></tr>
<tr><td colspan="2">投资成本</td><td colspan="3">680万元左右</td></tr>
<tr><td colspan="2">运行成本</td><td colspan="3">550万元/年</td></tr>
<tr><td colspan="5">4. 技术的优缺点</td></tr>
<tr><td colspan="5">节能环保大型喷雾干燥塔与普通的喷雾干燥塔相比，有如下优点：①比普通的喷雾干燥塔节能达8%～10%(不包括电能的节省)；②生产每吨粉料占地面积比中型喷雾干燥塔减少70%～80%；③粉尘排放量比普通喷雾干燥塔少；④操作人员减少60%以上；⑤产量大，粉料质量稳定</td></tr>
</table>

2）卫生陶瓷压力注浆成型工艺技术

1. 技术概况

技术名称		卫生陶瓷压力注浆成型工艺	
技术来源		注浆设备可引进或消化吸收，模具由咸阳陶瓷研究设计院和武汉理工大学研制　☑国内自主开发　□国外引进技术	
技术投入运行时间	2009 年 10 月	工程项目类型	☑新建　□改造
技术基本原理		本项工艺是利用多孔树脂材料取代石膏材料制作卫生陶瓷成型模具，成型过程中泥浆水分的排出不再依赖石膏毛细管的吸附力，而是依靠泥浆自身的压力，通过树脂微孔排出。可省去石膏模具干燥脱水的能耗，降低生产车间的温度，缩短卫生陶瓷坯体的成型时间，实现连续生产，生产效率提高近 10 倍	
涉及的主要设备		数　量	规　　格
卫生陶瓷压力注浆机组		1～10 台（视产量而定）	1.0～1.5 兆帕注浆压力
制模设备		一套	/

2. 技术的节能减排效果

以年产 30 万件卫生陶瓷生产线为例，传统生产线需石膏模具 930 套，每套每天的干燥能耗为 65 200 千焦，全年总能耗折合 621 吨标准煤。综合考虑模具和坯体的干燥，使用压力注浆工艺可节能 12%，折合 74 吨标准煤。我国目前的卫生陶瓷产量约为 1.6 亿件，如能逐步推广应用压力注浆成型工艺，将有显著的节能减排效果

3. 技术的经济成本

投资成本	以年产 30 万件卫生陶瓷生产线为例，需要压力注浆设备 2 套，总投资为 300 万元人民币
运行成本	综合考虑房屋折旧、设备折旧、模具成本、维修费、采暖费、电费等，压力注浆工艺的每件卫生陶瓷坯体的费用为 3.6 元人民币，每年运行成本 108 万元（年产 30 万件计），比传统工艺节约 28%左右

4. 技术的优缺点

优点：用此工艺生产卫生陶瓷，效率高、能耗低、劳动环境好、产品质量高、基建投资低。缺点：对于老厂改造，设备投资较大。目前生产复杂器型尚有难度。适用条件：适用于档次较高，且生产批量大的产品，不适宜生产中低档、小批量多品种的产品

3）卫生陶瓷低压快排水成型工艺技术

1. 技术概况

技术名称		卫生陶瓷低压快排水成型工艺	
技术来源		咸阳陶瓷研究设计院　☑国内自主研发　□国外引进技术	
技术投入运行时间	2008 年 9 月	工程项目类型	☑新建　□改造

（续表）

技术基本原理	该工艺技术是在石膏工作模中取掉滤网，增加排水系统，在注浆过程中，可以根据不同的阶段调节排水系统内的气压。排水系统的作用有三个：一是在完成一个注浆周期后，将模具在注浆过程中吸收的水分及时排出，使模具始终处于水不饱和状态，有利于模具吸水；二是通过该排水系统所产生的负压，增加陶瓷泥坯两侧的压力差，加快系统中水分的渗滤速度以实现快速注浆的目的；三是在泥坯脱模后，向排水系统内通入压缩空气，增加系统内的气压，将模具内多余水分排出，实现模具的快速干燥	
涉及的主要设备	数　量	规　　格
微压组合注浆线	1	/
制模设备	一套	/

2. 技术的节能减排效果

①采用该成型技术使劳动效率提高了2倍多；②以年产100万件计，每年可节约石膏矿产资源234吨，节约钢材430吨，节约水187立方米，节约土地7 884平方米。2010年我国年产卫生瓷1.6亿件，如果全国有1/10的产品采用此技术，每年可节约石膏矿产资源4 992吨；节约钢材9 173吨；节约水3 989立方米；节约土地16.83万平方米，并可节约大量的模具干燥和成型车间采暖费用，降低能耗20%左右

3. 技术的经济成本

投资成本	500万元（年产100万件）
运行成本	100万元

4. 技术的优缺点

优点：石膏模成型卫生陶瓷的速率提高了2倍，模具寿命提高了44%；可节约大量的石膏矿产资源、土地资源、水资源、人力资源和原材料；改善了工人的劳动环境

4）五层智能干燥器技术

1. 技术概况

技术名称	MRD-H5五层智能干燥器技术		
技术来源	佛山摩德娜机械有限公司　☑国内自主研发　□国外引进技术		
技术投入运行时间	2007年2月	工程项目类型	☑新建　□改造
技术基本原理	该技术利用影响干燥的因素和干燥机理，通过干燥器内湿热气体反复循环应用及引发的强制搅拌，达到均温及提高干燥效率的目的。与国内普遍采用的双层干燥相比，同样产量的多层干燥省地45%，砖坯运行线速度仅为其40%，减少了因砖坯运行太快而产生的机械破损		
涉及的主要设备	数　量	规　　格	
MRD-H5五层智能干燥器	1	长70米，内宽300毫米，5层干燥器窑，生产规格为600×600/800×800（毫米）抛光地砖，日干燥量为18 000平方米	

（续表）

2. 技术的节能减排效果

干燥热利用率高，节能显著。在单、双层干燥器和五层干燥器都不利用冷却余热及烟气余热时，五层干燥器热耗为5200～6200千焦/千克水，而国内常规干燥器热耗在6200～11000千焦/千克水。一条MRD-H5型五层智能干燥器每年(按330天计)碳粉尘排放量减少799吨，二氧化碳排放量减少2931吨，二氧化硫排放量减少88吨，氮氧化物排放量减少44吨

3. 技术的经济成本

投资成本	按现有厂房基础，投资一条70米长、300毫米宽的五层智能干燥器约需500万元
运行成本	以一条70米长、3000毫米宽，日产18000平方米抛光地砖的五层干燥器为例，不计抛光地砖原料费用，该干燥器的运行成本约为13204元/天，折合0.734元/平方米砖

4. 技术的优缺点

优点：①干燥热利用率高，节能显著，热利用率在50%左右，干燥周期短，效率可提高45%；②干燥缺陷率低。干燥600×600(毫米)抛光砖的干燥合格率可达99.5%以上，而国内常规干燥器合格率一般在98%以下；③转换产品灵活，且快速稳定；④生产稳定性好；⑤设备长度短，占地面积小。该干燥器长度只有双层的45%，占地面积小。缺点：①干燥器内出现问题时，因内部空间小，维修不方便；②耗电比双层干燥器高50%

5）少空气干燥器技术

1. 技术概况

技术名称		少空气干燥器技术	
技术来源		咸阳陶瓷研究设计院　☑国内自主研发　□国外引进技术	
技术投入运行时间	2006年6月	工程项目类型	☑新建　□改造
技术基本原理		由热风发生系统产生的热风与干燥室内形成闭路循环系统，在整个干燥过程中不断地对循环热空气加温，在热循环过程中坯体内水分不断蒸发到循环的热空气中，坯体干燥进行到一定时间后，首先采取保温排湿，其次停止燃烧器的燃烧供热，开始冷却。在整个升温、保温过程中只有在助燃时供入少量空气供燃烧器助燃，室外空气进入干燥室，减少热损耗，快速干燥坯体。此设备用来干燥大件卫生陶瓷	
涉及的主要设备		数　量	规　　格
少空气干燥器		1	/

2. 技术的节能减排效果

少空气干燥器能耗是传统干燥器(间歇烘房，下同)的1/4～1/3，干燥周期是传统干燥器的1/5～1/4；占地面积是传统干燥器的1/5左右

（续表）

<table>
<tr><td colspan="2">3. 技术的经济成本</td></tr>
<tr><td>投资成本</td><td>每台设备投资约为 60 万元</td></tr>
<tr><td>运行成本</td><td>运行成本为 914 元/次(每次按干燥周期 6～8 小时计)，年运行 660 次，年干燥支出 60.32 万元，而同类产量下，间歇烘房年干燥支出为 117.88 万元，年节约 50 多万元，投资回收期仅 1 年多</td></tr>
<tr><td colspan="2">4. 技术的优缺点</td></tr>
<tr><td colspan="2">优点：能耗低、干燥周期短、占地面积少、干燥周期实行全自动控制</td></tr>
</table>

6）双层烧成辊道窑技术

<table>
<tr><td colspan="5">1. 技术概况</td></tr>
<tr><td colspan="2">技术名称</td><td colspan="3">MDC 双层烧成辊道窑技术</td></tr>
<tr><td colspan="2">技术来源</td><td colspan="3">佛山摩德娜机械有限公司　☑国内自主研发　□国外引进技术</td></tr>
<tr><td>技术投入运行时间</td><td>2009 年 3 月</td><td>工程项目类型</td><td colspan="2">☑新建　□改造</td></tr>
<tr><td colspan="2">技术基本原理</td><td colspan="3">利用窑炉设备新结构和新技术，将现有单层烧成辊道窑设计成双层辊道窑，有效利用厂房空间，降低窑体散热面积，提高产能，在节能省土地资源的同时达到节能减排的效果</td></tr>
<tr><td colspan="2">涉及的主要设备</td><td>数　量</td><td colspan="2">规　　格</td></tr>
<tr><td colspan="2">MDC 双层烧成辊道窑</td><td>1</td><td colspan="2">长 235 米、内宽 2 900 毫米，双层辊道窑，主要生产规格为 300×600(毫米)釉面墙砖，日产 18 000 平方米</td></tr>
<tr><td colspan="5">2. 技术的节能减排效果</td></tr>
<tr><td colspan="5">与同等宽度、长度为 290 米长的单层窑比较，该窑省气 15%以上，省电 9%以上。单层辊道窑与双层辊道窑数据比较：单层辊道窑综合燃耗(含干燥、素烧和釉烧)：3.8 千克普通煤/平方米砖；电耗：素烧 0.36 千瓦时/平方米砖，釉烧 0.41 千瓦时/平方米砖；双层辊道窑综合燃耗(含干燥、素烧和釉烧)：3.2 千克普通煤/平方米砖；电耗：素烧 0.32 千瓦时/平方米砖，釉烧 0.36 千瓦时/平方米砖。一条日产 18 000 平方米的 MDC 型双层烧成辊道窑每年(按 330 天计)碳粉尘排放量减少 1 574 吨，二氧化碳排放量减少 5 771 吨，二氧化硫排放量减少 173 吨，氮氧化物排放量减少 86 吨</td></tr>
<tr><td colspan="5">3. 技术的经济成本</td></tr>
<tr><td colspan="2">投资成本</td><td colspan="3">以现有厂房为基础，投资一条 235 米长、2 900 毫米宽的双层窑约需 1 200 万元</td></tr>
<tr><td colspan="2">运行成本</td><td colspan="3">以一条 235 米长、2 900 毫米宽，日产 18 000 平方米两次烧釉面砖的双辊道层窑为例：该双层窑的运行成本约为每日 66 109 元/天，折合 3.67 元/平方米砖</td></tr>
<tr><td colspan="5">4. 技术的优缺点</td></tr>
<tr><td colspan="5">优点：①利用双层窑，减少窑体散热面积，集成最新窑炉技术，可省电 9.8%，省天然气 15.8%；②在同样产量的情况下，双层窑比单层窑可省地 50%；③适应范围宽，适合釉面墙砖、抛光地砖及西瓦等砖类产品。缺点：当中间隔层损坏时，会影响上下层产品的烧制</td></tr>
</table>

7）抛光砖宽体辊道窑技术

1. 技术概况

技术名称		MFS抛光砖宽体窑技术	
技术来源		佛山摩德娜机械有限公司　☑国内自主研发　□国外引进技术	
技术投入运行时间	2008年3月	工程项目类型	☑新建　□改造
技术基本原理		集成陶机行业多项新技术，通过一系列技术革新，将内宽为2500毫米普通内宽的抛光砖窑炉升级为内宽为3050毫米的宽体窑。与普通2500毫米内宽的窑炉相比，该窑可使600毫米砖每排进4片（2500毫米内宽每排为3片），800毫米砖每排进3片（2500毫米内宽每排为2片），在窑长和烧成周期相同的情况下，600毫米砖产量可增加33.3%，800毫米砖产量可增加50%，提高了产能和效率。由于窑宽增加，节省窑炉所占场地。相同产量的情况下，普通宽度窑比宽体窑长度增加了41.8%，给传动走砖带来较大难度，同时由于窑炉太长，高温带正压增加，热损失严重，而排烟区负压较大，漏风严重，温差增大，增加了风机的耗电量	
涉及的主要设备		数　量	规　　格
MFS抛光砖宽体辊道窑		1	长282米内宽3050毫米宽体窑，生产规格为600×600/800×800（毫米）抛光地砖，日产18000平方米

2. 技术的节能减排效果

（1）与普通宽度窑炉对比表

主要技术指标	2500毫米普通窑	3050毫米宽体窑	宽体窑比普通宽度窑炉节省百分比（%）
单位气耗（水煤气）	3152千焦/千克砖（4.05千克标准煤/平方米砖）	约2512千焦/千克砖（3.24千克标准煤/平方米砖）	17.8
单位电耗（都使用变频器）	0.0158千瓦时/千克砖（0.4108千瓦时/平方米砖）	0.014千瓦时/千克砖（0.364千瓦时/平方米砖）	11.3
传动走砖	偏中心线为80毫米，每排砖前后400毫米	偏中心线不超过50毫米，每排砖前后不超过200毫米	普通宽度窑炉长400米，宽体窑长282米
占地面积	1404平方米	1103平方米	省21.4%（普通宽度窑炉长400米，宽体窑长282米）

（2）窑炉减排情况

一条日产18000平方米的MFS抛光砖宽体辊道窑每年（按330天计）碳粉尘排放量减少2256吨，二氧化碳排放量减少8272吨，二氧化硫排放量减少248吨，氮氧化物排放量减少124吨

3. 技术的经济成本

投资成本	以现有厂房为基础，投资一条282米长、3050毫米宽的宽体窑约需980万元
运行成本	以一条282米长、3050毫米宽，日产18000平方米抛光地砖宽体辊道窑为例，运行成本约为67212元/天，折合3.734元/平方米砖

（续表）

4. 技术的优缺点
优点：①综合各项节能技术，宽体窑比普通宽度窑炉省气17.8%，省电11.3%；②开发新型弧型辊棒，可保证走砖良好；利用高温热风分流器，缩小内截面温差，防止砖坯变形和色差；③在同样产量的情况下，宽体窑比普通窑可省地21.4%；④适应范围宽，适合釉面墙砖、抛光地砖及西瓦等砖类产品。缺点：窑体宽辊棒长，辊棒损耗大

8）轻质陶瓷板生产技术

1. 技术概况

技术名称		轻质陶瓷板生产技术	
技术来源		广东蒙娜丽莎陶瓷有限公司提供生产技术、科达机电股份有限公司提供装备技术 ☑国内自主开发 □国外引进技术	
技术投入运行时间	2009年5月	工程项目类型	☑新建 □改造
技术基本原理		该技术以抛光砖废渣作主要原料，掺入量为50%～80%，采用1050毫米×2060毫米超大规格双模压机压制成型，并利用废渣自身高温发泡的特点，经高温一次烧成后磨边抛光而成，其产品成型厚度最低可达3.5毫米，产品比重可控制在0.7～1.5克/立方厘米之间。工艺流程：废渣均混→配料→湿法球磨→除铁过筛→喷雾干燥造粒→干压成型→干燥→辊道窑烧成→磨边→在线切割→分级入库	

涉及的主要设备	数　量	规　　格
球磨机	4台	40吨
喷雾干燥塔	2座	4000型
双缸魔术师压机及布料系统	1套	KD6800
辊道窑	1条	165万平方米/年
抛光线	1条	/

2. 技术的节能减排效果

项　目	数　　量
物耗(配方：50%抛光水处理废渣+50%矿物原料)	0.95比重，10毫米厚，物耗：废渣4.84千克/平方米，矿物原料4.84千克/平方米
	1.45比重，10毫米厚，物耗：废渣7.4千克/平方米，矿物原料7.4千克/平方米
	1.45比重，15毫米厚，物耗：废渣11.09千克/平方米，矿物原料11.09千克/平方米
能耗	182(千克标准煤/号产品)
污染物排放	数　　量
减排 CO_2	1793吨/年
减排 SO_2	5.8吨/年
减排 NO_X	5.1吨/年

（续表）

按年产825万平方米(5条生产线计算，每条线年产165万平方米)，年综合利用废渣7万吨，节约能源684.42吨标准煤(按废渣50%的轻质板计算节约能源，不与其他砖种比较)
3. 技术的经济成本

投资成本	8089万元(2条年产165万平方米的生产线，包括设备投资、基建费用等)
运行成本	42元/平方米(包括物料成本、能源成本、人力成本、维护费用等)

4. 技术的优缺点
大量利用抛光砖废渣，解决固体废弃物的排放问题，减少二次污染，节约大量土地与资金，并可变废为宝取代优质原料。同时新型大规格轻质板是一种具有装饰性、生态型功能性的产品，它的诞生，将可能改变建筑材料市场格局，促进相关配套产业的发展，促进产业结构的调整

9）干挂空心陶瓷板生产技术

1. 技术概况

技术名称		干挂空心陶瓷板生产技术	
技术来源		咸阳陶瓷研究设计院、福建华泰集团	☑国内自主研发 □国外引进技术
技术投入运行时间	2008年5月	工程项目类型	☑新建 □改造
技术基本原理		利用低质陶瓷原料、工业废渣，经过粉碎、混练、挤出成型、干燥和烧成，制造出多孔、低导热系数的建筑物幕墙装饰材料。独特的产品设计使低质料能够生产高档产品。连续的辊道式干燥和烧成技术，实现了连续化生产，技术领先于国际同类技术	

涉及的主要设备	数量	规格
挤出机	1	ϕ600
辊道式干燥窑	1条	40米
辊道窑	1	/

2. 技术的节能减排效果

①作为一种新型的建筑物幕墙材料，导热系数为0.46瓦/(米·度)，明显低于石材、铝塑板以及普通陶瓷砖，有利于增强建筑物外墙外保温系统的隔热效果；②产品的烧成温度为1080℃左右，比传统瓷质砖的烧成温度低近50℃，可节约大量的烧成能耗；③工业废渣和低质陶土的用量最高可达80%以上，减排效果明显，同时对陶瓷行业的结构调整有促进作用

3. 技术的经济成本

投资成本	建一条年产100万平方米生产线，需要投资3000万元，可实现年销售收入1亿元，年利润总额2000万元
运行成本	8000万元(从原料进厂到产品出厂，含物料成本、能源成本、人力成本、维护费用等)

（续表）

4. 技术的优缺点
优点：利用陶瓷砖工艺的技术特点，使生产线连续、简洁，与欧洲同类技术相比，优势明显；利用大量的低质原料，生产质优产品，为生产企业带来较大的经济效益。缺点：目前生产线的关键设备——挤出机还不能国产化

10）薄型陶瓷砖湿法成型生产技术

1. 技术概况

技术名称		薄型陶瓷砖湿法成型生产技术	
技术来源		咸阳陶瓷研究设计院　☑国内自主研发　□国外引进技术	
技术投入运行时间	2009年9月	工程项目类型	☑新建　□改造
技术基本原理		通过对湿法滚压成型坯釉料配方体系、坯体增强增韧、成型、干燥施釉及烧成等技术的研究，开发出厚度为4～6毫米的湿法生产薄型陶瓷砖成套技术与装备，建立薄型陶瓷砖质量标准体系	
涉及的主要设备	数　量	规　　格	
挤出机	1	GJC600	
辊压机	1	GY1200	
干燥窑	1	GZ120	
烧成窑	1	SC180	

2. 技术的节能减排效果

项　目	传统陶瓷砖	薄型陶瓷砖	节能减排效果	按100万平方米产量计算
原料消耗量（千克/平方米）	88.7	12.7	节约85.6%	节约66 700吨
消耗新鲜水（千克/平方米）	178.6	3.4	减少98.9%	节约44 600吨
综合能耗（千克标准煤/平方米）	5.1	2.4	节能52.94%	节约2 700吨标准煤
CO_2排放量（千克/平方米）	12.75	5.87	降低53.89%	减排6 880吨
SO_2排放量（千克/平方米）	0.084	0.011	每100万平方米减少1吨，降低86.9%	减排73吨
NO_X排放量（千克/平方米）	0.080	0.049	降低38.8%	减排31吨
烟尘排放量（千克/平方米）	0.049	0.018	每100万平方米减少50吨，降低63.26%	减排31吨

（续表）

3. 技术的经济成本	
投资成本	建设年产100万平方米生产线投资约3800万元
运行成本	8000万元/年（从原料进厂到产品出厂，含物料成本、能源成本、人力成本、维护费用等）
4. 技术的优缺点	
优点：从生产情况看，原材料消耗仅为12.7千克/平方米，比传统陶瓷砖节约85.6%；耗水为3.4千克/平方米，比传统陶瓷砖减少98.9%；综合能耗为2.4千克标准煤/平方米，比传统陶瓷砖降低52.94%；生产废水做到零排放，落地料和下脚料可以作为原料回收利用。温室气体和酸性物质的排放都大幅度降低，单位质量为10千克/平方米，仅为传统陶瓷砖的20%。如果我国陶瓷砖产业中有1/4，即20亿平方米的产量采用湿法滚压成型法，做到产品薄型化，年可节约原料1.334亿吨，节约燃料折合标煤540万吨，减少SO_2排放量146000吨。仅节约燃料和电，每年可降低成本50多亿元	

11）喷雾干燥塔除尘脱硫技术

1. 技术概况			
技术名称	喷雾干燥塔除尘脱硫技术		
技术来源	多家公司拥有该项技术 ☑国内自主研发 □国外引进技术		
技术投入运行时间 2007年1月	工程项目类型	新建 改造	
技术基本原理	收尘采用袋式收尘方式，脱硫工艺是以石灰为脱硫吸收剂，石灰经消化并加水制成消石灰乳，由泵打入位于吸收塔内的雾化装置，在吸收塔内，被雾化成细小液滴的吸收剂与烟气混合接触，与烟气中的SO_2发生化学反应生成$CaSO_4$，烟气中的SO_2被脱除。与此同时，吸收剂带入的水分被迅速蒸发，烟气温度随之降低。脱硫反应产物及未被利用的吸收剂呈干燥颗粒状，随烟气带出吸收塔，进入收尘器被收集。脱硫后的烟气经收尘器收尘后排放		
涉及的主要设备	数　量	规　　格	
旋流湿式脱硫技术	1	/	
布式除尘器	1	/	
2. 技术的节能减排效果			
采用旋流湿式脱硫技术和布式除尘器，烟尘排放浓度小于30毫克/立方米，处理率达99.1%；SO_2排放浓度小于100毫克/立方米，脱硫效率达80%；NO_X排放浓度小于200毫克/立方米			
3. 技术的经济成本			
投资成本	脱硫全套设备总投资在80万元，布袋除尘器14万元		
运行成本			
4. 技术的优缺点			
喷雾干燥塔经过旋风除尘后，配备布袋除尘和脱硫技术装置后，可以明显降低大气污染物的排放量。但是，目前使用的稳定性和布袋的耐用性仍不能满足企业的要求			

3.5.4.2 烧结砖瓦行业

1）大型隧道窑焙烧技术

<table>
<tr><td colspan="5">1. 技术概况</td></tr>
<tr><td colspan="2">技术名称</td><td colspan="3">大型隧道窑焙烧技术</td></tr>
<tr><td colspan="2">技术来源</td><td colspan="3">双鸭山东方墙材集团有限公司　☑国内自主开发　□国外引进技术</td></tr>
<tr><td>技术投入运行时间</td><td>2003年5月</td><td>工程项目类型</td><td colspan="2">☑新建　□改造</td></tr>
<tr><td colspan="2">技术基本原理</td><td colspan="3">大型节能保温隧道窑内宽不小于4.60米，甚至宽至10米以上。窑顶和窑墙结构保证了耐热、保温、密封的性能。采用轻质衬砌材料，降低窑车的蓄热量；窑车之间采用双重密封结构，两侧与窑体也采用密封结构，杜绝了窑车面上与车下的气体流动。隧道窑在窑内设置冷却系统，窑下平衡、冷却系统，余热利用系统，窑温、窑压监测控制系统。燃料根据产品不同可选用煤、燃油或天然气。余热被充分置换出来，使热工过程节能效率和热利用率大大提高</td></tr>
<tr><td colspan="2">涉及的主要设备</td><td colspan="2">数　量</td><td>规　　格</td></tr>
<tr><td colspan="2">自动化焙烧系统</td><td colspan="2">8</td><td>LM-DSZ-01A</td></tr>
<tr><td colspan="2">电热偶杆</td><td colspan="2">336</td><td>WZP-330WPN-330</td></tr>
<tr><td colspan="5">2. 技术的节能减排效果</td></tr>
<tr><td colspan="5">每条隧道窑较轮窑节省焙烧用煤费用90万元/年</td></tr>
<tr><td colspan="5">3. 技术的经济成本</td></tr>
<tr><td colspan="2">投资费用</td><td colspan="3">每条生产线5 000万元</td></tr>
<tr><td colspan="2">运行费用</td><td colspan="3">每条窑全月费用60万元，每条生产线两条窑需120万元</td></tr>
<tr><td colspan="5">4. 技术的优缺点</td></tr>
<tr><td colspan="5">优点：窑保温性能好，热效率高，节能，成品砖质量好，抗压强度高，产品合格率高，员工劳动强度低，环保。缺点：投资较大。适用条件：新建生产线或隧道窑技术改造</td></tr>
</table>

2）烧结保温砌块技术

<table>
<tr><td colspan="4">1. 技术概况</td></tr>
<tr><td colspan="2">技术名称</td><td colspan="2">烧结保温砌块技术</td></tr>
<tr><td colspan="2">技术来源</td><td colspan="2">□国内自主开发　☑国外引进技术</td></tr>
<tr><td>技术投入运行时间</td><td>2010年</td><td>工程项目类型</td><td>☑新建　□改造</td></tr>
<tr><td colspan="2">技术基本原理</td><td colspan="2">烧结保温砌块是主要以黏土、页岩或煤矸石、粉煤灰、淤泥等固体废弃物为主要原料，经焙烧而成的主要用于建筑物围护结构保温隔热的多孔薄壁砌块。烧结保温砌块有合理的孔型设计和孔洞排布，孔洞率较高，可以达到50%以上，强度较高，比普通多孔空心烧结制品节约原料和燃料。符合节能建筑墙体砌筑的需要，具有良好的保温、隔热、隔声效果，使墙体传热系数降低，达到建筑节能的目标</td></tr>
</table>

（续表）

涉及的主要设备	数 量	规 格
双级真空挤出机	2	/
隧道式干燥室	1	/
大断面隧道窑	1	内径宽9米
2. 技术的节能减排效果		
产品能够实现有效的建筑节能，达到节能率65%的要求。生产过程比普通多孔空心烧结制品节约原料15%～30%，同时节能10%～20%		
3、技术的经济成本		
投资费用	整个项目总投资3.5亿元	
运行费用	项目年运行费用约4000万元	
4. 技术的优缺点		
优点：节能节原料，产品具有良好的保温、隔热、隔声效果，可达到建筑节能的目标。缺点：适用条件：新建烧结制品生产线		

3）烧结煤矸石砖技术

1. 技术概况				
技术名称		烧结煤矸石砖技术		
技术来源		☑国内自主开发 □国外引进技术		
技术投入运行时间	1990年	工程项目类型	☑□新建 □改造	
技术基本原理		烧结煤矸石砖是用煤矸石为主要原料（占原料70%以上，最高可达100%），可掺入少量黏土、页岩、粉煤灰，经粉碎、成型、焙烧而成的建筑用砖		
涉及的主要设备		数 量	规 格	
反击式锤式粉碎机		1	CPF900×800	
鄂式破碎机		1	pzx-250×1000	
双轴搅拌机		1	SJ300×40	
轮碾机		1	LNJ315	
平顶式隧道焙烧窑		1	内宽9.2米，长157.4米，铠装窑	
2. 技术的节能减排效果				
每年消耗煤矸石150000吨。同实心砖砌体相比煤矸石多孔砖和空心砖在建筑施工中不用浇水可直接使用，从而提高了工效。该系列产品可节约工时15%～25%，节约砂浆20%～30%，节约劳动力18%～20%，房间面积可增加3%～5%，节能效果16.5%，施工周期缩短20%左右；工程总造价降低3%～5%；降低了成本，提高了效率。同时具有施工方便，操作灵活，外形美观等特点。是理想的集节能、环保于一身的国家推广的新型墙体建筑材料				

（续表）

3. 技术的经济成本	
投资费用	整条生产线设备投资 1 142 元/万块标砖
运行费用	生产线能源成本 15.1 元/万块标砖，原料、辅料成本 1.9 元/吨砖，其他运行维护成本 12.3 元/吨砖
4. 技术的优缺点	
优点：节约黏土资源，节约燃煤，大量消耗工业废弃物。缺点：可能排放较多大气污染物，应用区域受煤矸石来源限制。适用条件：周边有煤矸石来源的地区的黏土或页岩烧结砖生产线技术改造，或者新建生产线	

4）烧结粉煤灰砖技术

1. 技术概况			
技术名称	烧结粉煤灰砖技术		
技术来源	☑国内自主开发　□国外引进技术		
技术投入运行时间 2000 年	工程项目类型	☑新建□改造	
技术基本原理	制砖原料中加入粉煤灰除了能节约黏土原料外，还有两个作用：一是作为内燃料，利用粉煤灰中残余炭，起到烧砖省煤的作用；二是作为塑化原料的外掺剂，减少干燥收缩和降低干燥敏感系数		
涉及的主要设备	数　量	规　　格	
节能轮窑	5	/	
2. 技术的节能减排效果			
每年可节煤 2 850 吨，减少二氧化碳和二氧化硫排放 2 800 吨，节电 79.2 万千瓦			
3. 技术的经济成本			
投资费用	一条 3 000 万年产量生产线需 235 万元投资，包含基建费不含土地费用、周转资金		
运行费用	一条 3 000 万年产量生产线需周转资金 150 万元，50 万元人工费用		
4. 技术的优缺点			
优点：节约黏土资源，节约燃煤，大量消耗工业废弃物，提高产品质量。缺点：应用区域受粉煤灰来源限制。适用条件：适用于周边有粉煤灰来源（如发电厂）且有适量黏土或页岩资源的地区，黏土或页岩砖生产线改造或者新建生产线			

5）隧道窑余热利用技术

1. 技术概况	
技术名称	隧道窑余热利用技术
技术来源	☑国内自主开发　□国外引进技术

（续表）

技术投入运行时间	2000年	工程项目类型	□新建 ☑改造
技术基本原理	内燃烧砖隧道窑的原料发热量在满足焙烧和人工干燥外，仍有一部分多余的热量散发浪费，隧道窑余热采暖供热技术将这部分热量回收利用，供生产车间、办公室、生活区冬季采暖及洗浴等生活用，不增加燃料消耗量，也不增加生产设备，只是冬季选用发热量较高的内燃料		
涉及的主要设备	数　量	规　　格	
余热锅炉	6	ZFR400型	
平顶式隧道焙烧窑	1	内宽9.2米，长157.4米，铠装窑	
2. 技术的节能减排效果			
本厂生产线共计6台余热锅炉，每台余热锅炉可替代燃煤锅炉每年可节约燃烧原煤400～500吨（按5个月采暖期），每台可带4000～5000平方米建筑物冬季采暖。6台余热锅炉可供暖面积20000～30000平方米，每年可节约原煤2500～3000吨			
3. 技术的经济成本			
投资费用	约56万元		
运行费用	约10万元/年		
4. 技术的优缺点			
优点：利用余热，节约能源，减少污染排放。适用条件：使用内燃料的隧道窑，余热供暖较适合北方地区冬季使用			

6）大隧道窑余热发电技术

1. 技术概况			
技术名称	大隧道窑余热发电技术		
技术来源	☑国内自主开发 □国外引进技术		
技术投入运行时间	2010年	工程项目类型	☑□新建 □改造
技术基本原理	煤矸石制砖在煅烧过程中有大量的热量，随着排风机而排出窑外，主要是烟气余热和产品冷却余热。可回收利用的余热资源约为余热总资源的40%。在隧道窑高温段烟气温度达400℃，热风平均温度可达200℃左右，是很好的稳定低温热源，具有利用余热发电的潜力。据工业性试验，通常余热发电可达500～1500千瓦时，基本上可满足煤矸石砖厂的用电		
涉及的主要设备	数　量	规　　格	
凝汽式汽轮发电机组	1	1.5兆瓦	
次中温中压隧道窑余热锅炉	2	3吨/小时	

（续表）

2. 技术的节能减排效果	
年产12000万块煤矸石烧结砖的生产线，采用隧道窑余热发电，扣除厂用电后，每年可对外供电约6.66×10^6千瓦时，相当于每年节约标准煤约3736吨	
3. 技术的经济成本	
投资费用	总投资994.6万元，投资回收期(税后)6.24年，内部收益率为28.78%。每年可为企业节约开支430万元，扣除生产成本，每年可增加企业利润248万元。根据国家有关政策，余热发电收益前3年免征企业所得税
运行费用	年运行费用约180万元
4. 技术的优缺点	
优点：利用余热发电，有效节能减排。缺点：对窑的可利用温度要求较高。适用条件：适用于窑内冷却带温度较高的烧结煤矸石砖大隧道窑	

7）砖瓦湿法烟气脱硫技术

1. 技术概况				
技术名称		砖瓦湿法烟气脱硫技术		
技术来源		☑国内自主开发　□国外引进技术		
技术投入运行时间	2010年8月	工程项目类型	☑□新建　□改造	
技术基本原理		砖瓦湿法烟气脱硫一般是以石灰石或石灰的浆液作脱硫剂，在吸收塔内对SO_2烟气喷淋洗涤，使烟气中的SO_2与浆液中的$CaCO_3$反应，最终生成$CaSO_4$，即脱硫副产品石膏		
涉及的主要设备		数　量	规　　格	
脱硫塔		2	塔ϕ2.5米　h=15米　烟囱10米	
排烟风机		2	55千瓦	
2. 技术的节能减排效果				
减少烟气排放，脱硫效率92.7%，除尘效率89%				
3. 技术的经济成本				
投资费用		每个脱硫塔需200万元		
运行费用		每月需15万元		
4. 技术的优缺点				
优点：净化烟气，除去大部分二氧化硫和烟尘，达到排放标准，环保节能。缺点：对于中小企业而言一次性投资较大，增加运行费用。适用条件：使用含硫燃料的烧结砖瓦生产线				

8）节能减排技术组合应用案例

1. 技术组合概况	
技术名称	技术来源
烧结保温砌块技术	□国内自主开发　☑国外引进技术
隧道窑余热人工干燥技术	□国内自主开发　☑国外引进技术
大型隧道窑节能保温焙烧技术	□国内自主开发　☑国外引进技术
隧道窑余热利用技术	□国内自主开发　☑国外引进技术

2. 技术组合的节能减排效果(整个企业消耗)		
物耗能耗	数量	单位
页岩	38万	立方米/年
粉煤灰	8.64万	吨/年
其他工业废渣	4.32万	吨/年
煤	3万	吨/年
电	2500万	千瓦时/年

3. 技术的经济成本	
投资费用	生产企业总投资3.5亿元
运行费用	年运行费用约4000万元

3.5.4.3　玻璃纤维行业节能减排先进适用技术应用案例

<table>
<tr><td colspan="4">1. 技术概况</td></tr>
<tr><td colspan="2">技术名称</td><td colspan="2">无硼无氟配方技术</td></tr>
<tr><td colspan="2">技术来源</td><td colspan="2">巨石集团　☑国内自主研发　□国外引进技术</td></tr>
<tr><td>技术投入运行时间</td><td>2009年8月</td><td>工程项目类型</td><td>☑新建　改造</td></tr>
<tr><td colspan="2">技术基本原理</td><td colspan="2">经玻璃配方的优化设计、实验研究和原料选择，研发成功高性能无碱玻璃纤维，具有较高的强度、模量、耐腐蚀性、耐高温性</td></tr>
<tr><td colspan="2">涉及的主要设备</td><td>数　量</td><td>规　　格</td></tr>
<tr><td colspan="2">/</td><td>/</td><td>/</td></tr>
<tr><td colspan="4">2. 技术的节能减排效果</td></tr>
<tr><td colspan="4">无硼无氟玻璃纤维生产过程中几乎不产生氟化物、硼化物等废气，无需专门的烟气处理设备即可达到排放标准，属环境友好型产品</td></tr>
</table>

（续表）

3. 技术的经济成本	
投资费用	约1300万元
运行费用	该配方技术无运行成本
4. 技术的优缺点	
我国硼矿资源稀少，硼酸、硼砂、硼钙石以进口为主，B_2O_3 在无碱玻璃纤维原料中价格最高，几乎占原料成本的一半。无硼无氟配方技术降低原料成本约30%，因其熔制成形温度较高，燃料消耗比一般无碱玻璃纤维要高一点。研发无硼无氟技术，投资成本约1300万元，投资回收期为1～2年	

第三篇　“十三五”规划建材行业前景展望

第4章 我国建材行业"十三五"规划节能减排前景分析

4.1 "十三五"规划我国节能行业发展前景分析

4.1.1 节能服务发展趋势分析

无论是全球气候变化问题，还是新能源产业革命，或者是能源结构调整，诸多议题均需服从于同一任务：如何以更低成本的能源消耗，支持经济的发展。能源成本包括其外部性，包括环境成本、资源成本和国际政治影响等。由此，能源问题的关键变为——如何节能，才能将节能作为最有效的能源供给手段。

所以，通过合同能源管理模式发展节能服务产业成为国家政策导向的明确选择，也由此产生了节能服务公司能够进入该产业的三大优势。首先，通过发展节能服务产业实现社会分工，将节能工作专业化，提高节能效率；第二，通过节能效益分享机制，绑定节能专业化力量，将节能潜力吃干榨尽；第三，通过节能投资外部化调动社会资本参与用能单位节能改造，由节能服务公司开发合同能源管理项目并且承担大部分投资的做法能够避免企业直接投资产生的负债，对用能单位生产经营压力有很大缓解。

但是节能服务产业是新兴产业，2000多家节能服务公司中大部分还是新成立的产业新入者。难以像资深同行那样三大优势兼具，新入者由此划分为三种类型。第一类主要是大型用能单位为实现内部分工，顺应国家政策导向趋势设立的"资源型节能服务公司"；第二类则是原有节能技术提供商，基于对自身技术的了解和信心，希望能够通过节能收益分享模式增加企业收入而设立的"技术型节能服务公司"，技术层面包括实用技术和管理技术等；第三类则是融资能力较强，以节能服务公司身份参与节能项目投资，推动产业发展的"资金型节能服务公司"。

现有情况下，三类型节能服务公司如果以完全竞争模式推动产业发展，将导致项目、技术、资金三项节能服务产业发展必需的资源被不同的优势集体垄断，则将造成三败俱伤的结果，这个结果是任何人都不愿意看到的，更有违国家政策导向的初衷。所以，资源型节能服务公司部分采用了工程总承包的模式，通过分包节能项目给技术型节能服务公司开始自身的学习过程；技术型节能服务公司逐步开始建立自己专有技术的渠道代理机制，向资源型节能服务公司销售自身技术或产品，开始自身的资金积累过程；而资金型节能服务公司，则将不断寻找节能服务产业投资热点，通过项目共同投资等方式，实现自身资金的增长，随后选择自身道路，是金融化后转变为产业投资基金，还是专业化选择节能技术开发研究。

三类节能服务公司合作、融合的过程也就是产业不断发展的过程，为加速这个融合过程，中国节能服务产业协会(EMCA)通过专项培训、融资推介和技术推介等手段发挥了自身的巨大作用。由于节能效果可以向减排效果转化，北京、天津、上海三大环境能源交易所也建设了自己的"合同能源管理服务平台"，致力于在节能服务产业融合过程中，通过各种中介服务手段，占有更多的国内"碳交易资源"。至于融合的过程会需要多长时间尚无定论，但是相信会很短，毕竟这是一个大鱼吃小鱼、快鱼吃慢鱼的时代。

4.1.2 工业节能发展趋势分析

4.1.2.1 系统化:重视末端设备的节能

目前，很多节能工作仅停留在动力设备的改造上，动力设备之后的末端设备的能耗合理性很少被怀疑，而是被更多地接受为工艺需求。这就导致动力设备的负载匹配性不断得到提高，但负载本身却越来越凸显得不合理。

"系统化"的路线是从传统的提高动力设备负载匹配效率扩展到包括末端设备的整个系统的合理性诊断及改造。系统化能耗节省的理念为"减少需求，按需供给"，包括两个内容。一是"节能"，减少末端设备的能耗需求；二是"省能"，提高能源设备的负载供给匹配效率。常用的变频改造都是省能手段，而减少末端需求的节能则更为直接和有效，是直接从根源上削减耗能量。

选择适合的能源，以适当的方式供给适量的能源，是确立减少末端设备能耗需求措施需要考虑的"三适"原则。

4.1.2.2 信息化:健全能源计量管理优化系统

节能有三个方面，一是管理节能，二是技术节能，三是工艺节能。其中，管理节能是投入最少却见效最快的节能方式。管理节能的前提是工厂要具有完善的能源计量管理优化系统。

目前，我国工业企业的信息化整体水平与世界发达国家相比尚存一定差距。入选信息化500强的企业中，34.5%达到中等发达国家水平，仅6.4%居于国际领先水平。同时,大型企业信息化水平较高,民营企业水平较低。

而具备完善能源计量管理优化系统的企业则少之又少。绝大多数企业仅了解工厂各类能耗的总量,但并不清楚各车间、生产线以及每台设备的能耗明细。部分企业尽管安装了能耗计量系统,但仅作抄表考核用,未能分析能耗的合理性,更不能从现有能耗中找出伪消耗(跑冒滴漏等),未能发挥系统应有的作用。

完善的能源计量管理优化系统不仅可以记录管理各类、各层次、各空间对象以及各设备对象的能耗,而且还应具有合理性分析诊断及优化的功能。随着我国企业信息化水平的逐步提高,能源计量管理优化系统也将日益普及。

4.1.2.3　专业化:专业的工作委托专业的人来做

国务院也印发了"十二五"规划节能减排综合性工作方案的通知,进一步加快推行合同能源管理,引导专业化节能服务公司采用合同能源管理方式为用能单位实施节能改造,扶持壮大节能服务产业;研究建立合同能源管理项目节能量审核和交易制度,培育第三方审核评估机构;鼓励大型重点用能单位利用自身技术优势和管理经验,组建专业化节能服务公司;引导和支持各类融资担保机构提供风险分担服务。

对目前我国工业企业来说,让专业的人做专业的工作是一条行之有效的路子。交钥匙节能改造工程、能源托管等都是工业企业进一步提高能源利用效率的有效方式,在未来将逐步普及。

工业节能是一个社会、一个国家实现可持续发展的必然趋势和内在需求。我国的工业节能也将在"十二五"期间由目前的单一化、粗放化、短期化、通用化向系统化、信息化、持续化、专业化的方向发展。

4.1.3　建筑节能发展趋势分析

以下几个方面将成为未来建筑节能领域的发展趋势。

4.1.3.1　优化建筑设计

根据建筑功能要求和当地的气候参数,在总体规划和单体设计中,科学合理地确定建筑朝向、平面形状、空间布局、外观体型、间距、层高,选用节能型建筑材料,保证建筑外维护结构的保温隔热等热工特性,并对建筑周围环境进行绿化设计,设计要有利于施工和维护,全面应用节能技术措施,最大限度减少建筑物能耗量,获得理想的节能效果。具体措施包括以下几点:

(1) 合理选择建筑的地址、采取合理的外部环境设计。主要方法为在建筑周围布置树木、植被、水面、假山、围墙。

(2) 合理设计建筑朝向和平面形状。同样形状的建筑物,南北朝向比东西朝向的冷负荷小,因此建筑物应尽量采用南北向。如对一个长宽比为4∶1的建筑物,经测试表明:东西向比南北向的冷负荷约增加70%。在建筑物内布置空调房间时,尽量避免布置在东西朝向的房间及东西墙上有窗户的房间以及平屋顶的顶层房间。因此,选择合理的建筑物朝向是一项重要的节能措施。空调建筑的平面形状,应在体积一定的情况下,采用外维护结构表面积小的建筑。因为外表面积越小,冷负荷越小,能耗越小。

(3) 合理规划空间布局及控制体型系数。依靠自然通风降温的建筑,空间布局则需要比较开敞,开较大的窗口以利用自然通风。设有空调系统的建筑,其空间布局则需要十分紧凑,尽量减少建筑物外表面积和窗洞面积,这样可以减少空调负荷。

体形系数的定义是建筑物外表面积 F 与其所包围的体积 V 之比值。对于相同体积的建筑物,其体形系数越大,说明单位建筑空间的热散失面积越高。研究表明,体形系数每增大0.01,能耗指标约增加2.5%。因此,出于节能的考虑,在建筑设计时应尽量控制建筑物的体形系数。但如果出于造型和美观的要求需要采用较大的体形系数时,应尽量增加围护结构的热阻。

(4) 合理绿化。绿化对居住区气候条件起着十分重要的作用,它能调节改善气温,调节碳氧平衡,减弱温室效应,减轻城市的大气污染,降低噪声,遮阳隔热,是改善居住区微小气候,改善建筑室内环境,节约建筑能耗的有效措施。

然而,建筑物是个复杂系统,各方面因素相互影响,很难简单地确定建筑设计的优劣。例如,加大外窗面积可改善自然采光,在冬季还可获得太阳能量,但冬季的夜间会增大热量消耗,同时夏季由于太阳辐射通过窗户进入室内使空调能耗增加。这就需要利用动态热模拟技术对不同的方案进行详细的模拟测试和比较。

4.1.3.2 发展新型建筑围护结构材料和部品

1) 新型建筑维护结构种类

开发新的建筑围护结构部件,以更好地满足保温、隔热、透光、通风等各种需求,可根据外界条件随时改变其物理性能,达到维持室内良好物理环境的同时降低能源消耗的目的。这是实现建筑节能的基础技术和产品。主要涉及的产品有:外墙保温和隔热、屋顶保温和隔热、热物理性能优异的外窗和玻璃幕墙、智能外遮阳装置以及基于相变材料的蓄热型围护结构和基于高分子吸湿材料的调湿型饰面材料。

2) 节能原理分析

维护结构的节能原理是通过建筑物外围结构自身特性中的降低长波辐射、增强保温的低辐射的特点来达到隔热保温的效果。例如LOW-E玻璃与玻璃夹层充惰性

气体和断热窗框、断热式玻璃幕墙技术使外窗的传热系数(u 值)从传统的单玻外窗的5.5瓦/(平方米•千瓦时),降到1.5瓦/(平方米•千瓦时)以下,从而使透光型外围护结构的热损失接近非透光型围护结构。为了减少夏季通过外窗和玻璃幕墙的太阳辐射,在冬季又恰当地吸收太阳辐射,在各种可调节外遮阳装置和玻璃夹层中间设置可调节的遮阳装置并进行有组织的排风,也是做好外围护结构的一项必不可少的措施。此外还可以利用建筑围护结构蓄存热量,夜间室外空气通过楼板空洞通风使楼板冷却,白天用冷却的楼板吸收室内热量。这其实是利用了混凝土的惰性原理。在围护结构中配置适宜的相变材料则能更好地产生蓄热效果。

3) 新型维护结构效能分析

随着建筑形式的设计多样化、现代化、个性化,外窗和玻璃幕墙、玻璃金属幕墙、玻璃砖幕墙、木玻璃幕墙、加金属构件的综合幕墙等透光型外围护结构在建筑外立面中的使用越来越广泛。可使我国大型公共建筑能耗降低到冬季10瓦/平方米的水平,仅为目前采暖能耗的1/3,空调能耗可以显著下降。其实,夏季空调的大量能耗是用于室内的温度调节,同时如果能采用相变材料等辅助措施,可以在空气湿度高的时候吸收空气中的水分,使其转换为结晶水而封存在材料中,在室内空气相对湿度较低时又重新把水分释放回空气中。这样可维持室内相对湿度在40%～75%的舒适范围内,而不消耗常规能源。

4.1.3.3 建筑中充分利用可再生能源

在节约能源、保护环境方面,新能源的利用起至关重要的作用。新能源通常指非常规的可再生能源,可再生能源包括太阳能、风能、水能、生物质能、地热能、海洋能等多种形式,可再生能源日益受到重视。开发利用可再生能源是持续发展战略的重要组成部分。太阳能、风能、地热能等新型可再生能源在建筑上都可以广泛应用,在建筑的用能需求中可以充分考虑可再生能源。

(1) 充分利用技术已经十分成熟的太阳能应用技术进行太阳能发电。

(2) 在多风海岸线山区和易引起强风的高层建筑设置风能发电机组,利用风能发电为建筑物提供电能。

(3) 充分利用地热为建筑物的提供能源。一方面可利用高温地热能发电或直接用于采暖供热和热水供应。另一方面可借助地源热泵和地道风系统利用低温地热能。

(4) 在建筑的能耗设计中充分考虑其他可利用的可再生能源。

随着科学技术的日新月异,将会有更多的可再生能源的应用技术达到现实应用的层面,这将会为建筑提供更多的能源,从而减少常规能源的消耗。

4.1.3.4　各种热泵技术

通过热泵技术提升低品位热能的温度，为其建筑提供热量，是建筑能源供应系统提高效率降低能耗的重要途径，也是建筑设备节能技术发展的重点之一。目前在该领域热泵技术可分为以下几个方面。

1）热泵型家庭热水机组

从室外空气中提取热量制备生活热水，电到热的转化效率可达3～4。目前已经推出采用二氧化碳为工质的热泵性热水机，并开始大范围推广。当没有余热、废热可利用时，这种热泵性热水机应是提供家庭生活热水的最佳方式。

2）空气源热泵

冬季从室外空气中提取热量，为建筑供热，是住宅和其他小规模民用建筑供热的最佳方式。在我国华北大部分地区，这种方式使得冬季平均电热转换率有可能达到3以上。目前的技术难点是室外温度在零度左右时蒸发器的结霜问题和为适应室外温度在5～－3℃范围内的变化，需要压缩机在很大的压缩比范围内都具有良好的性能。国内外近10年来的大量研究攻关都集中在这两个难点上。前者通过优化的化霜循环、智能化霜控制、特殊的空气换热器形成设计以及不结霜表面材料的研制等正在陆续得到解决。后者则通过改变热泵循环方式，如中间补气、压缩机串联和并联转换等来尝试解决。然而革命性的突破可能有待新型的压缩机形式的出现。

3）地下水水源热泵

即从地下抽水经过热泵提取其热量后再把水回灌地下。这种方式用于建筑供热，其电热转换率可达到3～4。这种技术在国内外都已广泛应用。但取水和回灌都受到地下水文地质条件的限制，研究更有效的取水和回灌方式，可能会使玻璃熔窑余热发电技术应用范围更加广泛。

4）污水水源热泵

直接从城市污水中提取热量，是污水综合利用的一部分。经过专家推测，利用城市污水充当热源可解决20％的建筑采暖。目前的方式是从处理后的污水中提取热源，借助于污水换热器，可直接从大规模的污水中提取热量，实现高效的污水热泵供热，是北方大型城市建筑采暖的主要构成方式之一。

5）地埋管式土壤源热泵

通过地下垂直或水平埋入塑料管，通入循环工质，成为循环工质与土壤间的换热器。在冬季通过这一换热器从地下取热，成为热泵的热源；夏季从地下取冷，使其成为热泵的冷源。这就形成了冬存夏用，或夏存冬用。目前这种方式是初始投资较高，并且要大量地从地下取热蓄热，仅适合低密度的住宅和商业建筑。与建筑基础有机

结合从而有效降低初始投资，提高传热管与土壤间的传热能力，将是低密度住宅与商业地产采用热泵解决采暖空调冷热源的一种有效方式。值得进一步研究发展。

综上所述，采暖用能占我国北方城市建筑能耗的约 50%，通过热泵技术如能解决 1/3 建筑的采暖，将大大缓解建筑能耗问题。

4.1.3.5　通风装置与排风热回收装置

对于住宅建筑和普通公共建筑，当建筑围护结构保温隔热做到一定水平后，室内外通风形成的热量或冷量损失成为住宅能耗的重要组成部分。此时，通过专门装置有组织地进行通风换气，同时在需要的时候有效地回收排风中的能源，对降低住宅建筑的能耗具有重要意义。通过有组织的控制通风和排风的热回收，大大降低了空调的使用时间，还使采暖空调期耗热量、耗冷量降低 30%以上。由于以前我国建筑本身的保温隔热性能差，通风问题的重要性没有凸显出来。

就排风热回收而言，目前已研制成功蜂窝状铝膜式、热管式等显热回收器，这只对降低冬季采暖能耗有效。由于夏季除湿是新风处理的主要负荷，因此更需要全热回收器。目前已开发出纸质和高分子膜式透湿型全热回收器，能够有效降低夏季能耗。

4.1.4　节能服务发展前景分析

我国是世界上的能源消费大国，节能已经成为影响我国经济持续发展的关键因素。与欧美等发达国家相对成熟的市场相比，我国的节能环保产业尚处于起步阶段，潜在的市场空间非常大。目前我国一次能源转换有 25%的节能潜力，终端消费有 26%的节能潜力，一次能源消费的平均节能潜力达 26%，其背后是一个高达 10 万亿元以上的节能投资市场。对国内的投资市场来说，专业化的节能产业商机巨大。

就实际产值来看，到 2015 年末，我国节能市场规模达到 1.8 万亿元，其中工业节能市场规模达到 1.2 万亿元，节能服务市场规模达到 3 000 亿元。

4.1.5　工业节能发展前景分析

2015 年 1 月 1 日起，被称为史上最严的新环保法正式施行，工业领域主要污染物减排力度也将进一步加大。同时，国内还将继续化解工业领域高耗能、高污染行业产能过剩的矛盾，逐渐逆转工业结构重化趋势，将工业节能工作做到实处。

近年来，我国工业战线全面贯彻落实生态文明建设和全面深化改革的总体部署，实施绿色发展战略，组织实施工业绿色发展专项行动，推进工业结构优化升级，加快先进适用节能减排技术推广应用，注重加强行业管理，工业节能减排取得了显著成效。

4.1.5.1 变频器产业

随着我国工业节能的提速，相关的节能环保产业也将受益。首当其冲的就是变频器产业。节能变频器在技术性能上有着非常突出的优点，我国目前也在大力推广普及。随着各机械行业等对实现节能环保要求不断提高，具有节能效果的变频器产业依托绿色环保走俏市场。

随着自动化、电力电子等技术的发展，变频器作为电机调速节能关键设备，改变了普通电动机只能以定速方式运行的陈旧模式，使得电动机及其拖动负载在无需任何改动的情况下即可以按照生产工艺要求调整转速输出，从而降低电机功耗，达到系统高效运行的目的。

4.1.5.2 低压电器产业

近年来，我国在新能源建设上投注了众多的物力和财力，尤其是目前已经初具规模的智能电网建设。新能源的发展和智能电网的建设为我国低压电器行业带来了新机遇。

从技术层面来看，在产业结构调整、实现低碳经济发展的背景下，新一代节能、节材、高性能的低压电器产品将得到更大的发展，市场需求日趋旺盛，这也为低压电器行业的转型升级提供了难得契机。与此同时，随着低压电器生产技术的不断发展，以智能化、模块化、可通信为主要特征的新一代智能化低压电器将成为市场主流产品，中高端低压电器市场份额将进一步扩大。

4.1.5.3 高效节能电机

低效电机的大量使用造成巨大的用电浪费。工业领域电机能效每提高一个百分点，每年可节约用电 260 亿千瓦时左右。通过推广高效电机、淘汰在用低效电机、对低效电机进行高效再制造，可从整体上提升电机系统效率 5～8 个百分点，每年可实现节电 1 300 亿～2 300 亿千瓦时，相当于两三个三峡电站的发电量。

因此，为达到工业节能的目的，电机高效化、节能化发展是必然的趋势，同时也得到了国家的大力扶持。国务院办公厅印发《能源发展战略行动计划》，指导国内电机产业的能效提升工作。并且，在 2013 年工信部明确了电机能效提升的计划后，东莞还作为试点单位推动全国的能效提升进程。从这些，我们就可以看出，电机行业是工业节能战略的重要受益者。

我国正处于工业化高速发展阶段，这个时期的资源缺乏、环境污染等问题会逐渐凸显。工业节能的推行，是为了保障我国经济的绿色可持续发展。随着政策持续加码，工业节能领域的相关产业都将加速发展。

4.2　“十三五”规划我国建材行业节能减排前景分析

4.2.1　我国建材行业节能降耗工作重点

经信委2015年工业领域节能减排工作推进方案的实施，对散装、墙改工作起到关键性的推动作用，尤其是对贯彻落实好国家《烧结多空砖和砌块》(GB13544—2011)强制标准和《烧结墙体材料单位产品能源消耗限额》(GB30526—2014)强制性标准，加速建材行业淘汰落后，加快新工艺、新技术、新产品研发生产、提升行业整体水平，将新型墙体材料向乡镇农村延伸推广具有较强助推作用。

4.2.2　建材工业节能减排拥有广阔发展空间

我国节能环保型建材应具有以下特性：一是满足建筑物的力学性能、使用功能以及耐久性的要求。二是对自然环境具有亲和性，符合可持续发展的原则。即节省资源和能源，不产生或不排放污染环境、破坏生态的有害物质，减轻对地球和生态系统的负荷，实现非再生性资源的可循环使用。三是能够为人类构筑温馨、舒适、健康、便捷的生存环境。

节能环境亲和的建筑材料应该耐久性好、易于维护管理、不散发或很少散发有害物质，当然，同时也得兼顾其他方面的特性，如艺术效果等。为了实现可持续发展的目标，将建筑材料对环境造成的负面影响控制在最小限度之内，需要开发研究无污染技术，清洁生产环保型建筑材料。例如，利用工业废料(粉煤灰、矿渣、煤矸石等)可生产水泥、砌块等材料；利用废弃的泡沫塑料生产保温墙体板材；利用废弃的玻璃生产贴面材料等。既可以减少固体废渣的堆存量，减轻环境污染，又可节省自然界中的原材料，对环保和地球资源的保护具有积极的作用。免烧水泥可以节省水泥生产所消耗的能量；高流态、自密实免振混凝土，在施工工程中不需振捣，既可节省施工能耗，又能减轻施工噪声。

节能环保型建材是一个内涵深邃、外延广袤的概念，它是生态建筑赖以发展的基础。材料的革新往往引起技术上的革命。近年来，各种各样的有利于节能和环保新材料的问世，如透明泡热材料、高强轻质材料、高保温玻璃等，大大推动了生态建筑的发展。

我国环保型建材的发展已开始起步。目前，我国已开发的装饰材料有壁纸、涂

料、地毯、复合地板、管材、玻璃、陶瓷、纤维强化石膏板等。如防霉壁纸，经过化学处理，排除了壁纸在空气潮湿或室内外温差较大的情况下易出现的发霉、起泡、滋生霉菌的现象；环保型内外墙乳胶漆，不仅无味无污染，还能散发香味，可以洗涤、复刷等。应该积极注意新型建材的信息，新型建筑材料在环境保护和能源节约方面扮演着重要角色，这些材料将能积极主动地应付自然环境的挑战。可以相信，大力推广环保型建材，运用现代高科技手段进行设计，实现住宅建筑可持续发展会逐步变为现实。

4.2.3 节能减排基调下绿色建筑材料成"新宠"

2013年，住房城乡建设部制定的《"十二五"规划绿色建筑和绿色生态城区发展规划》(以下简称《规划》)公布。按照《规划》提出的具体目标，"十二五"时期，将选择100个城市新建区域按照绿色生态城区标准规划、建设和运行。同时，将引导商业房地产开发项目执行绿色建筑标准，鼓励房地产开发企业建设绿色住宅小区，2015年起直辖市及东部沿海省市城镇的新建房地产项目力争50%以上达到绿色建筑标准。

《规划》的出台，意味着绿色建筑这样一种新的更加环保、更加节能的建筑形态，将在我国进入加速发展的快车道。目前绿色建材仅占建筑业用材料的10%左右，产业规模仅为3500亿元左右。由于标准规范不完善以及缺乏相应公正的、第三方检验认证体系，市场上绿色建材产品鱼目混珠，假冒伪劣时有发生。要想大力推广发展绿色建材产业，就必须完善绿色建材的标准和认证体系建设，使绿色建材真正"绿色"起来。

从2013年6月1日起，北京市将要求新建建筑基本达到绿色建筑一星级及以上，"十二五"期间，北京市还将建设10个绿色生态示范区，区内八成建筑社区门口到公交站点的距离，被限定在500米之内。绿色建筑一星级标准，是北京市在全国率先提出的新建项目执行绿色建筑标准，将实现居住建筑75%的节能目标。

数据显示，我国建材工业每年消耗原材料50亿吨，消耗煤炭2.3亿吨，约占全国能源总消耗的15.8%。继续按照粗放型的模式发展，将会给生态环境带来更大的影响。

尽管绿色建材已经成为建材行业的"新宠"，但目前绿色建材的现状却并不尽如人意。"目前绿色建材发展滞后，标准规范更加滞后，绿色建材发展与应用推广力度不够。"中国民主同盟中央常委李竟先表示：以标准规范为抓手，促进绿色建材发展和应用，这既有利于生产环节的节能减排，也有利于使用环节的节能环保和安全延寿。为此，出台有利于引导建材行业循环发展、绿色发展、低碳发展的绿色建材认定标准和认定制度，编制发布支撑绿色建筑和节能建筑发展的绿色建材产品目录是十分必要的。

4.2.4 节能减排基调下建材工业工作重点探析

4.2.4.1 加强建材经济运行监测

强化建材行业运行监测和供给侧管理，坚持问题导向，及时发现并着力化解运行中的重点、热点和难点问题。发布行业运行和产需变化等信息，引导企业正确投资和经营活动，促进行业平稳运行和健康发展。

4.2.4.2 着力化解建材过剩产能

坚决贯彻落实中央有关部署，遏制水泥、平板玻璃行业产能盲目扩张。提高行业规范(准入)标准，强化节能减排和循环利用，促进结构优化。探索建立北方采暖区水泥错峰生产长效机制，推广水泥窑协同处置，鼓励发展平板玻璃精深加工和光伏、电子玻璃等高附加值产品，加快建筑卫生陶瓷行业清洁生产步伐，倒逼落后产能退出。

4.2.4.3 促进绿色建材生产和消费

适应绿色建筑发展需要，大力创新建材供给，激活绿色消费需求。搞好绿色建材产业发展顶层设计，强化绿色发展理念，规范绿色建材评价标识管理，制定绿色建材评价标准，搭建公共服务平台，发布绿色标识产品。激励传统建材转型发展，拓展绿色环保功能，构建循环经济产业链，建设绿色建材特色园区，壮大绿色建材产业。

4.2.4.4 支持建材企业技术创新

坚持需求牵引和创新驱动相结合，利用信息化技术改造提升传统建材产业，深化行业两化融合。开发推广先进适用技术，培育壮大先进复合材料、无机非金属材料和非金属矿物加工材料，强化新产品和短缺产品供给能力。推广能源、环境和装备等合同管理，加快节能减排新技术推广应用，发展生产性服务业。

4.2.4.5 激发建材市场主体活力

推动资源综合利用税收减免和基于能耗限额的阶梯电价等相关配套措施出台，营造公平、宽松的创新、创业氛围。激励企业不断创新模式和业态，推进并购重组，提高产业集中度；延伸产业链，提升价值链，增强综合竞争能力；抓住"一带一路"战略机遇，支持有实力的各类企业"走出去"，促进我国建材工业由大变强。

4.2.5 节能减排基调下建材工业发展重点探析

未来我国建材行业的发展重点主要集中于以下几个方面。

4.2.5.1 优化产业结构

1）优化组织结构

支持水泥、平板玻璃等规模效益明显的行业优势骨干企业，以技术、管理、资源、资本、品牌为纽带，加快联合重组、淘汰落后、"上大压小"和技术改造。支持优势骨干企业实施横向产业联合和纵向产业重组，通过资源整合、研发设计、精深加工、物流营销和工程服务等，进一步壮大企业规模，延伸完善产业链，提高产业集中度，增强综合竞争力。充分发挥新型墙体材料、加工玻璃、陶瓷、非金属矿等行业中小企业多、贴近市场、机制灵活、创新能力强等优势，积极培育"专、精、特、新"的"小巨人"企业，引导产业链各类企业加强分工协作，形成优势骨干企业为龙头、大中小企业协调发展的格局。

2）优化产品结构

着力延伸产业链，提升产业综合竞争能力。大力发展精深加工制品，提高产品附加值和技术含量，提升产品档次。重点发展具有安全、环保、节能、降噪、防渗漏等功能的新型建筑材料及制品，满足色建筑发展需要。加快培育无机非金属新材料，支撑战略性新兴产业发展。

3）优化区域结构

水泥。立足服务区域市场，着眼降低物流成本，统筹资源、能源、环境、交通和市场等因素，优化生产力布局。在石灰石资源丰富地区集中布局熟料生产基地。支持大型熟料生产企业，在有混合材来源的消费集中地合理布局水泥粉磨站、水泥基材料及制品生产线。在大中城市周边，利用已有水泥窑开展协同处置。人均新型干法水泥熟料产能超过 900 千克的省份，要严格控制产能扩张，坚持减量置换落后产能，着重改造提升现有企业。人均新型干法水泥熟料产能不足 900 千克的省份，结合技术改造、淘汰落后和兼并重组，适度发展新型干法水泥熟料。

平板玻璃。产能较为集中的东部沿海和中部地区，除优质浮法技术外，严格控制新增产能，重点围绕发展高端品种、提高质量、强化节能减排及深加工等环节，改造和提升现有生产线，鼓励生产加工体化。支持资源富集的西部地区有序适度地发展平板玻璃。引导玻璃深加工企业集中布局和集聚发展。建筑陶瓷。东部沿海地区要控制总量，淘汰落后，引导产业转移，原则上不再新建产区，重点提高产品质量与档次，打造知名品牌，支持新工艺、新技术、新产品研发与产业化，发展陶瓷机械装备、物流、商贸会展等配套产业。中部地区和东北地区坚持高起点、高水平、高标准地适度承接东部地区陶瓷产业转移,重点是提高技术装备水平、产品质量、档次及配套能力,培育区域品牌。西部地区可根据市场、资源、能源和环境条件,适度布局生产能力。

新型建筑材料。按照循环经济、节能减排、集聚发展的模式,在符合土地利用总体规划和城市规划的前提下,在部分城镇周边合理布局若干产业链完整、特色鲜明、主业突出的新型建筑材料工业加工基地,推进部品化。

非金属矿。严格行业准入,加大资源保护。以矿产资源规划确定的矿业经济区为基础,依托优势矿产资源集中地,统筹规划,建设石墨、石材、萤石、耐火黏土、高岭土和膨润土等深加工产业基地,形成一批特色产业集聚区。

4）发展建材服务业

促进建材工业生产制造与技术研发、工业设计、现代物流、电子商务和定制加工等生产性服务业融合发展。支持设计咨询服务单位开展工程咨询、试验设计、装备集成、安装调试、运营服务一体化的建材生产工程承包服务,积极开拓国内外业务。发展建筑陶瓷、石材等装饰及装修材料的创意设计和产品设计。推进水泥、平板玻璃、陶瓷、石材等大宗材料物流配送网络建设,探索建立建材下乡营销配送体系,大力发展电子商务。积极发展面向建材行业的能效评估、资源综合利用评价、检测认证、科技成果推广等服务,扶持壮大节能服务产业。

4.2.5.2　推进节能减排

1）加大节能降耗

推广先进节能技术,对现有生产线实施节能改造,建立健全能源计量管理体系,全面提高建材工业能效水平。

2）淘汰落后产能

严格执行水泥、平板玻璃行业准入条件和淘汰落后产能计划,坚持减量置换,推进兼并重组,加强技术改造,支持“上大压小”,控制产能扩张,加快淘汰能耗和主要污染物排放不达标、产品质量不稳定、存在安全生产隐患的落后水泥生产线、水泥粉磨站以及落后平板玻璃生产线。2015年末,水泥、平板玻璃等淘汰落后产能工作已取得阶段性进展。

3）推进清洁生产

积极开展清洁生产审核,完善清洁生产评价体系,优化工艺流程,实施清洁生产技术改造,控制生产全过程污染物的产生、治理和排放。重点推进窑炉烟气二氧化硫、氮氧化物源头削减,减轻末端治理压力,削减大气污染物排放总量。推广高效除尘技术与装备,加强生产过程粉尘排放控制,降低粉尘排放量。推广降噪新技术,降

低声污染。加大污水处理回用力度，降低水资源消耗，减少水污染。

4）发展循环经济

充分发挥建材工业无害化最终消纳固体废弃物的优势，建立与国民经济相关产业以及城市和谐发展相衔接的循环经济体系。加快推进协同处置示范工程建设。减少资源消耗，鼓励综合利用矿渣、粉煤灰、煤矸石、副产石膏、尾矿等大宗工业废弃物和建筑废弃物，生产水泥、墙体材料等产品，扩大资源综合利用范围和固体废弃物利用总量。发展绿色矿业，强化非金属矿资源的节约与综合利用，提高矿产资源的开采回采率、选矿回收率和综合利用率。

4.2.5.3 加快技术进步

1）加强自主创新

重点突破制约建材工业的窑炉烟气脱硫脱硝一体化、二氧化碳减排以及低品位原燃料利用等关键技术，大力开发无机非金属新材料加工制造核心技术，加快研发促进产业升级的新技术、新材料、新工艺和新装备。

2）推进技术改造

支持建材企业运用高新技术和先进适用技术，以品种质量、节能降耗、环境保护、装备完善、安全生产、两化融合等为重点，大力推进技术改造。

水泥。对新型干法生产线实施以余热发电、协同处置、综合节能、粉磨节电、高效收尘、氮氧化物和二氧化硫减排等为主的技术改造。

平板玻璃。原料优化和标准化控制、配合料高温预分解、全氧燃烧、熔窑余热综合利用、烟气脱硫脱硝、生产线智能化控制等技术改造。

建筑卫生陶瓷。陶瓷砖干法制粉、薄型化、一次烧成，卫生陶瓷高压注浆、真空挤出等技术改造。

墙体材料。以节能型隧道窑逐步替代轮窑、变频电机替代传统电机为主的技术改造。

非金属矿。以超细超纯选矿加工、尾矿综合利用和改性复合深加工为主的技术改造。

3）完善标准规范

加快制修订特种玻璃、精深加工玻璃、特种玻纤、水泥基材料及制品、防火保温材料、混凝土外加剂、特种陶瓷、非金属矿及加工制品等的技术和产品标准，加强与应用标准衔接。制修定建材工业节能减排、综合利用、协同处置、产品质量、包装贮存运输使用、安全卫生防护等标准和技术规范。加强与国际标准对标，提升国内相关标准的水平。积极参与国际标准定修订工作。

第四篇　节能减排

JJ 小组活动的理论与实践

第5章 节能减排JJ小组的基础理论

节约资源、保护环境是我国一项基本国策，必须依靠全社会的共同参与和长期坚持。我国节能减排的形势迫切要求探索出一种节能减排全员参与的有效形式。在借鉴质量管理(QC)小组活动成功经验的基础上，积极探索加入中国元素的节能减排JJ小组活动正是在这种背景下产生的，随着它的健康发展，必将为我国的节能减排工作做出拾遗补缺的贡献。

5.1 JJ小组的产生

2008年7月，为贯彻党中央、国务院以及上海市政府关于节能减排工作的一系列部署，上海市经济团体联合会(简称“工经联”)为发挥社会团体、行业协会和民间组织的作用，动员职工开展群众性节能减排工作，在调查研究的基础上，向市政府上报了《关于开展上海市节能减排小组活动的建议》，建议在全市开展节能减排小组活动(以下简称“JJ小组活动”，其中“JJ”是由“节”“减”两个字的汉语拼音的第一个字母组成)。8月14日，时任上海市市长韩正作出重要批示，支持在全市大力开展节能减排小组活动。上海市发改委、市经信委、市建交委、市环保局、市国资委、市总工会以及市经团联等七个部门联合发文《关于在本市有关重点领域试点开展节能减排改进小组活动的通知》，从此，全市群众性节能减排JJ小组活动拉开了序幕。

5.2 JJ小组的概述

JJ小组活动是全民参与节能减排活动的一项创举，能够充分发挥企业广大员工的主观能动性和聪明才智，解决企业生产、服务和运营过程中存在的能耗和污染问题。JJ小组活动是广大员工积极参与节能减排的有效形式。JJ小组作为群众自愿组织起来的团队，其生命力在于持续开展节能减排改进活动。开展JJ小组活动是一项长期任务，需要全社会的支持，必须建立长效推进机制。

5.3 JJ小组的定义

JJ小组是由企业员工组成的，围绕节能减排目标和任务，针对生产、服务和运营

过程中的能耗与污染问题，运用管理和技术手段，开展改进活动的群众性组织。

5.4 JJ小组的特点

JJ小组作为员工参与节能减排工作的一种团队组织形式，与行政班组、QC小组、项目小组等相比较，具有以下特点。

5.4.1 社会性

JJ小组活动以履行社会责任，为全社会创造价值为宗旨。JJ小组活动依靠政府和社会各界的大力支持，需要社会各行业、社会组织、企事业单位的各级人员积极参与，营造良好的社会环境。

5.4.2 持久性

节能减排是持久战，JJ小组活动是长期行为，需要长期规划，建立长效机制，注重长远，坚持不懈。

5.4.3 战略性

JJ小组始终围绕企业战略目标开展活动，不仅是企业实现节能减排目标的有效途径，而且JJ小组确定的课题和项目、改进活动的过程和方法、取得的成果和效益，对企业发展具有战略影响。

5.4.4 指向性

JJ小组成立的目的非常明确，就是要解决企业生产、服务和运营过程中的能耗与污染问题，其选择的课题一定是节能减排方面的内容，而非其他课题。其成果的评价以节约的能源、污染物排放的减少量为标准。

5.4.5 专业性

JJ小组活动过程中除运用管理技术外，还要结合节能减排方面的专业理论、方法以及专业的评价技术，开展活动和评价。JJ小组活动课题的内容往往具有较强的专业性，为确保小组活动的顺利进行，一般情况下，小组活动过程需要有关专业人员的参与和指导。

5.4.6 系统性

JJ小组在活动过程中采用的QUEST模式是一种系统方法，并与企业环境管理体系、清洁生产、能源审计等管理融合，形成企业节能减排的系统方法。同时，通过员工亲身实践，改变观念，从节约一滴水、一张纸、一千瓦时电做起，从我做起、从现在做起、从身边做起，自觉养成健康、文明、节约、环保的良好习惯，并在其工作生活中带动和影响周边人员，共同促进全社会节能减排意识的提高。

5.5 JJ小组与质量管理小组的关系

1978年9月，北京内燃机总厂邀请日本小松制作所的质量管理专家讲学，在学习日本企业质量管理的基础上，首先开展群众性质量管理，诞生了我国第一批质量管理小组（quality control circle，CC，也称为QC小组）。QC小组是一项群众性的质量管理活动，是实施全面质量管理的一个很好的抓手，全面、深入地开展QC小组能体现企业全面发动、全员参与、全过程控制的思想，发动群众、群策群力，以全体员工为基础，开展群众性的改进和攻关小组活动。30多年来我国群众性质量管理小组活动的成功实践证明，广大QCC工作者围绕企业方针目标和中心工作，以提高产品、工作和服务质量，降废减损、节能降耗、安全环保等为课题开展改进和创新活动，取得了显著成效。JJ小组主要是由企业员工组成的，围绕节能减排目标和任务，针对生产、服务和运营过程中的能耗与污染问题，运用管理和技术手段，开展改进活动的群众性组织。JJ小组活动具有专业性、灵活性、群众性和广泛性的特点，它以节能减排技术成果为科学依托，以小组、车间、部门等为组织形式，以企业的具体项目为活动载体，借鉴群众性质量管理小组活动的经验做法，创新模式（QUEST模式）在企业开展节能减排改进活动，从而促进企业降低成本、节能增效，推动全社会提高能源利用效率和改善环境。JJ小组的生命力来自活动本身，组织开展广大员工参加的节能减排小组活动能够充分发挥广大员工的聪明才智和主力军作用，必将在企业实现节能减排工作目标的过程中做出积极贡献。

第6章 节能减排JJ小组活动的实践

JJ小组的组建与注册是开展JJ小组活动的第一步，在何处组建，由何人参加，需要一个调查研究的过程。

6.1 JJ小组的组建

企业必须在节能减排工作最关键、最重要、最需要的地方组建JJ小组并开展活动。企业开展JJ小组活动，首先要组织调查研究，在识别企业节能减排的重点领域、关键环节、主要难点的基础上，组建一批致力于企业节能减排工作的团队（即JJ小组），确定好团队成员的各种角色及其职责，形成JJ小组活动的基本组织。

6.1.1 组建JJ小组的原则

一般来说，组建JJ小组应该遵循以下原则：

一是在企业耗能/排污的重点领域优先组建。JJ小组必须在企业能耗和排污的重点领域组建并开展活动。在日常生产和管理中利用相关管理方法和手段（如能源审计、合同能源管理、环境绩效评价、环境管理体系等）识别出能耗和（或）排污的重点单位、重点过程、重点设施。比如，企业的动力部门、热处理部门、重点的耗能设备等，在其中组建JJ小组并开展活动。

二是围绕企业节能减排目标展开关键点组建。企业的经营管理通常是通过方针目标管理（MBO）来实现的。企业每年的工作目标有很多种，在组建和开展JJ小组活动时，必须紧紧围绕企业节能减排方面的管理目标，重点关注企业节能减排目标展开的关键点，针对关键点开展JJ小组活动。

6.1.2 JJ小组的组织机构

JJ小组的成员包括JJ小组活动的倡导者、JJ小组组长和组员。

倡导者在JJ小组活动中有着非常重要的作用，是JJ小组活动的关键角色。倡导者应由企业负责节能减排工作的高层领导担任，其主要职责主要包括：

（1）在企业领导的支持下确定JJ小组活动的工作重点；

（2）构建JJ小组活动的管理基础，如部署小组成员的培训、制定JJ小组活动的选择标准并批准JJ小组活动项目。

（3）合理分配资源，为JJ小组活动提供必要支持。

（4）建立JJ小组活动的日常管理制度，随时掌握JJ小组活动的进展情况，并向企业领导报告JJ小组活动的进展情况。

（5）在JJ小组活动过程中负责与相关部门和小组的沟通与协调。

（6）帮助选择小组组长和（或）小组成员。

JJ小组组长是JJ小组的核心人物，JJ小组是否能够有效地开展活动，组长的作用不可替代。JJ小组的组长可以是民主推荐的，也可以由上级部门指定。但不管怎样，JJ小组的组长应该是热心节能减排、具有丰富的业务知识、具有一定组织能力的骨干力量，JJ小组组长必须得到企业JJ小组活动领导委员会的任命方可开展工作。

JJ小组组长是JJ小组的领导者，其基本职责就是组织和领导JJ小组有效地开展活动，具体职责主要包括：

（1）做好JJ小组的组建工作，包括小组成员的选择、制订小组的活动计划等。

（2）做好小组成员有关JJ小组活动知识的培训工作，通过教育培训，提高小组成员的节能减排意识和开展活动的能力。

（3）组织小组成员共同完成JJ小组活动任务。

（4）组织做好JJ小组活动的日常管理工作，如召开活动会议、对小组成员活动过程中遇到的困难给予帮助和指导等。

（5）与JJ小组活动的倡导者保持联系，取得倡导者的支持。

（6）组织完成JJ小组活动报告的编写、成果的发表等工作。

JJ小组成员是JJ小组的基本组成，是部门/岗位的一线员工，不受职务限制，应该满足以下要求、承担相应职责：

（1）积极参加JJ小组各项活动，充分发挥特长和才智。

（2）按小组的计划和要求完成小组分配的任务，认真分析问题原因，提出改进措施并实施。

（3）与小组其他成员交流合作。

6.2 JJ小组的注册

组建后的JJ小组必须认真做好注册登记工作。企业JJ小组活动的主管部门负责企业JJ小组活动的登记、注册和统一管理工作。JJ小组的登记工作每年一次，而JJ小组活动的课题应在每一个课题选定、活动开展之前进行注册和登记。停止活动持续时间半年以上，且未说明原因的JJ小组应予以注销，并登记备案。

这样做可以有效地对JJ小组进行管理，便于对活动过程进行跟踪，便于将JJ活

动成果转化为企业的“知识资产”。企业可以通过约束制度保证注册工作的履行，例如没有注册登记的JJ小组将不具备在企业内参与各级优秀JJ小组的评比资格。

6.3 JJ小组活动的成果总结

在JJ小组活动过程中，广大员工充分发挥聪明才智，产生了许多好的做法，形成一批优秀的活动成果。这些做法经过仔细总结和认真提炼，最终都会转化为企业的无形财富，即知识。比如，宝钢将群众性的改进创新成果通过专利、技术秘密等知识产权方式予以保护，作为公司的知识资产进行管理。所以，企业应重视JJ小组活动成果的总结、评审，并组织交流与分享。

小组成员通过对JJ小组活动成果总结，充分整理分析出活动中的经验和不足。这些总结对于提高今后JJ小组活动的有效性有着十分重要的意义。

总结首先是要检查活动效果，把活动的结果与课题目标值进行对比，对实际完成情况作出结论，这是判断JJ小组的活动是否出成果的重要依据。其次是总结活动的收获与成功之处，以利于知识的共享和激励。同时还应总结活动中存在差距与不足。总结应形成成果报告。

6.3.1 活动成果报告的要求

成果报告是对JJ小组活动全过程的整体描述，因此要按照活动阶段、步骤的先后次序，叙述性地把活动的全过程展开进行描述。JJ小组活动的成果报告应满足以下要求：

一是逻辑性强，要抓住描述重点。成果报告的描述，逻辑连贯是关键，既要避免报“流水账”，又要能突出重点，抓住每一个活动步骤的关键作用以及步骤之间的冈果联系，交代清楚。

二是依据充分，要用数据说话。数据说话，是科学管理的特征。在描述成果的过程中，坚持用数据说明事实，并明确说明数据的来源与数据收集的时间是非常重要的。

三是文字精练，尽量采用图表。成果报告既要把小组成员在活动中所做的努力以及下功夫克服困难的情况描述出米，又要使小组成员运用统计技术进行科学判断的过程和结论在报告中得到反映，最有效果的表述是采用图表形式。

四是专业简述，尽量使用通俗语言。虽然大部分JJ小组活动课题涉及较强的专业性，但是，总结时尽量避免使用专业术语则更有利于外行人士对成果的感知，也有助于成果的交流和共享。

6.3.2 成果报告形成的步骤

成果报告应由组长召集小组全体成员进行总结，经过小组成员共同参与，充分讨论、总结整理而成，主要步骤有：

一是成果总结的策划。确定整理成果报告的分工。包括执笔、资料收集、整理和汇总、时间、地点、人员分工及进度要求以及对总结工作的其他安排和注意事项等。

二是数据收集与资料整理。收集和整理原始记录和资料。包括：小组活动的会议记录，课题的调查记录和调查数据，措施实施过程的试验、检测、分析的数据和记录以及课题目标与国内外同行业的对比资料，与企业历史最好水平的对比资料，活动前后的对比资料等。

三是形成报告初稿。成果报告执笔人在将分工收集的资料集中整理后，在总结会上大家所谈意见的基础上，按照JJ小组活动的基本程序，形成成果报告的初稿。

四是讨论、修改完善。将报告初稿提交小组成员全体会议讨论，在全体成员认真讨论、充分提出修改意见的基础上，补充、修改，最后完成成果报告。

6.3.3 总结成果的注意事项

JJ小组在总结、整理成果的过程中要注意以下问题。

一是严格按照JJ小组活动程序的步骤进行总结。JJ小组开展活动、解决课题是按活动程序进行的。在课题解决之后，再按活动程序一个步骤、一个步骤地进行总结回顾，看看各步骤之间是不是做到了紧密衔接，每一步骤所下的结论是否有充分的依据和说服力，所用的方法有没有错误的地方。只有通过认真整理、全面总结，才能对管理和技术的运用有更深的认识，才能真正提高解决问题的能力。有时通过全面的总结、整理，会发现尚有欠缺之处，在可能的情况下，还可以进一步补充、完善。这样总结、整理出的成果或报告，就有很强的逻辑性，体现出一环扣一环，处处都有交待，使别的小组也能从中得到启发。

二是把活动中所下的功夫、努力克服困难，进行科学判断的情况总结到成果报告中去。例如，小组是如何对现状一层、一层地进行调查分析，从而找到问题的症结的；是如何寻找证据来确定关键影响因素的；在可采取的对策中如何进行方案选择，并决定所采取的措施的；实施中又是如何千方百计地按计划实现对策的，等等。这样就能把成果内容总结、整理得生动、活泼、充实。这不但使小组成员本身得到启发，也使别的小组得到更好的借鉴。

三是在成果报告内容的前面，可简要介绍JJ小组的组成情况。必要时还要对与小组活动课题有关的企业背景，甚至对生产过程(或流程)要作简单介绍，用以说明课题是为了解决哪一部分发生的问题。总之,要把成果总结整理好是要花一定功夫的,对此不要嫌麻烦,而要把它看成是锻炼提高的机会。这和运动员要提高水平一样,不通过刻苦训练就出不了成绩。JJ组就是要通过实践进行总结,再实践,再总结,逐步提高分析问题和解决问题的能力。

6.4 JJ小组活动成果的评审

JJ小组活动取得成果后,为肯定成绩、总结不足,不断提高JJ小组的活动水平,需要对JJ小组活动的成果进行客观的评价。

成果评审一般可分为资料评审、现场评审和发表评审三种。

6.4.1 资料评审

资料评审是按照评审标准的项目逐条对JJ小组活动成果资料进行评审。课题主要内容涵盖了JJ小组活动程序的所有步骤。通过评审验证成果所描述的步骤是否符合QUEST活动程序,是否适当地使用统计技术,数据收集的来源及其时间段是否明确、合理,分析的方法是否妥当,每一个步骤之间的逻辑关系是否紧密、交代得是否清楚,活动过程中小组成员的努力程度、活动的效果是否明显,对成果如何采取巩固措施,经济效益计算的合理性及其财务认可情况。

6.4.2 发表评审

发表评审是对JJ小组活动成果发表过程进行评审,包括发表形式、发表效果等方面。发表评审一般不能作为评审的重点。如果在完成资料评审的情况下进行发表评审,发表评审的分值比例可适当增加。在发表评审时,评审员要积极引导听众对发表成果进行提问。条件许可的话,评审员可在每个成果或部分成果发表后,对这些成果的优缺点进行点评,这样对于发表小组和现场的其他小组都具有极大的指导意义和很好的借鉴作用。

6.4.3 现场评审

现场评审是对JJ小组活动现场所反映的活动开展的事实进行评审。它应将小组活动的经常性、持久性、全员性和科学性作为主要依据。项目内容一般包括:JJ小组的活动情况与记录、活动的过程及成果的巩固,以及通过与小组全体成员的直接沟通,了解小组成员对有关知识与方法的掌握情况等。现场评审一般安排在成果评审的最后阶段进行。

JJ 小组活动成果的评审报告，通常包括总体评价和分阶段评价两个部分。表 6-1 是 JJ 小组评审报告的表式，供参考。

表 6-1　JJ 小组活动成果评审报告

企业名称		评审材料编号	
JJ 小组名称			
课题名称			
总体评价			
分阶段评价			

6.5　JJ 小组活动成果的发布与分享

JJ 小组是全员参与节能减排活动的一种组织形式。为了鼓励一些还没有参加 JJ 小组活动的员工也积极投入到这项活动中，除了利用教育、培训和宣传等方式积极引导外，开展各种形式的成果交流发表活动，对进一步推动 JJ 小组活动的广泛、深入开展，分享 JJ 小组成果，全面实现企业的节能减排目标具有非常重要和深远的意义。

成果交流可以根据不同的需要、不同的条件、不同的场合、不同的范围采取不同的形式进行。比如，通过召开成果发表会(或“擂台赛”)的形式进行大范围的公开交流，也可以通过举办“研讨会”、制作展板等形式展开交流和学习；在更小范围内则可以使用黑板报、电子邮件等形式开展学习和交流活动，如宝钢在车间、工段内使用“一张纸”的形式进行交流，同样能够达到其交流学习的预期目的。无论采用哪一活动方式，都应当通过成果发表进行交流。组织成果发表，其主要作用有以下四方面：

6.5.1　交流经验，相互启发，共同提高

在成果发表和交流过程中，由不同课题内容的小组发表成果，介绍活动过程，交流活动经验体会，这就为每个 JJ 小组学习别人的经验、寻找自身的差距提供了条件。让听众在边听边看的过程中，也知道应该怎样一步一步去活动，怎样收集、整理数据，

怎样分析问题与解决问题，可以用些什么方法，怎样用这些方法等。对 JJ 小组活动的感受更加具体化、形象化。同时，通过成果发表的提问答辩，可以起到相互交流、相互启发、共同探讨、取长补短、集思广益、共同提高的作用。

6.5.2 鼓舞士气，体现小组成员的自我价值

JJ 小组成员发表自己的活动所取得的成果，并得到领导、专家和广大员工的认可，尤其对长期工作在生产、服务一线的员工来说，能够登上讲台，在大庭广众下发言是实现自我价值的难得机会，对于增强 JJ 小组成员的荣誉感和自信心，将会起到激励和鼓舞的作用，给小组成员今后的活动带来巨大动力。

6.5.3 现身说法，吸引更多的职工参加 JJ 小组活动

通过 JJ 小组成员讲述自己活动的过程和取得的成果，可以起到现身说法的作用。JJ 小组成员的现身说法，让大家具体地看到开展 JJ 小组活动并不难，体会到开展活动取得成果的乐趣，使未开展活动的员工产生跃跃欲试的愿望。从而吸引更多的职工参加到 JJ 小组活动中来，进一步带动 JJ 小组活动更广泛、更深入地开展。

6.5.4 提高 JJ 小组成员科学总结成果的能力

JJ 小组为了更好地向大家介绍自己的活动成果，全体成员就要认真回顾活动的整个过程，总结经验教训，整理好成果报告。这对于小组成员来说，也是一次在实践中再学习和培养能力的过程。这个过程可使 JJ 小组成员不断提高科学总结成果的能力。

6.6 JJ 小组活动的管理

开展 JJ 小组活动这个"系统工程"，企业领导要重视，必须意识到 JJ 小组活动是实现企业节能减排目标的有效抓手，是节能减排全员参与的有效形式。通过组织保障、制度规范、激励机制、宣传教育、培训等管理手段，将节能减排任务转化为具体的行动，实现节能减排目标。

6.6.1 JJ 小组活动的组织保障

开展 JJ 小组活动，企业首先要根据自身节能减排的方针目标，策划建立本企业节能减排小组活动的推进组织。

一般来说，JJ 小组活动的组织可分为两个层次：一是整体策划、组织和协调企业 JJ 小组活动的管理层，即企业 JJ 小组活动推进委员会。企业领导要亲自担任推进委

员会的第一把手，成员应包括企业负责能源、环境工作的副总、各职能部门的负责人等。二是由有关专家、专业人员组成的，为 JJ 小组活动提供技术指导的技术指导团队。

企业 JJ 小组活动的推进组织机构如图 6-1 所示。

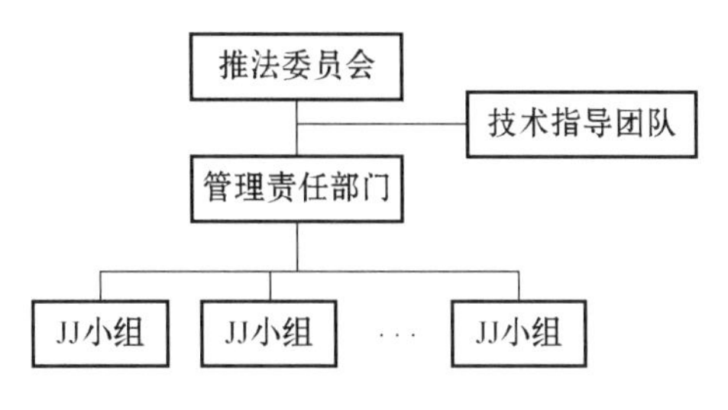

图 6-1　企业 JJ 小组活动推进组织机构图

6.6.1.1　推进委员会

企业高层领导的支持和参与是 JJ 小组活动能够取得成果的关键因素。企业 JJ 小组活动推进委员会(或其他类似机构)的主要工作是推动、协调整个企业的 JJ 小组活动，并使其制度化、常规化。企业 JJ 小组活动推进委员会由企业的高层管理者组成，其主要职责包括：

第一，制定企业关于 JJ 小组活动的发展规划和管理制度，努力营造全企业注重节能减排的工作氛围，提高员工参与 JJ 小组活动的积极性。

第二，结合企业节能减排工作目标，指导和参与 JJ 小组活动的课题选择及其他活动。

第三，为 JJ 小组活动提供必要的支持，包括人、财、物等。

第四，解决 JJ 小组活动开展过程中所遇到的各种困难和障碍。

第五，对于优秀 JJ 小组活动给予表彰和奖励等。

6.6.1.2　技术指导团队

JJ 小组活动技术指导团队主要是为企业 JJ 小组活动提供技术支持，并在小组活动过程中(如课题选择、原因分析等)为小组的工作提供具体的指导意见。技术指导团队应包括节能减排工作方面的管理者、技术人员以及企业日常生产管理(如质量管理)方面的专业人员等。技术指导团队的主要工作包括：

第一，帮助推进委员会制定企业 JJ 小组活动的工作规划。

第二，对企业 JJ 小组选择的活动课题给予评价和指导。

第三，在 JJ 小组活动的主要阶段，从活动所需要的技术和方法方面给予指导，保证 JJ 小组活动的顺利进行并取得良好的工作成果。

第四，对 JJ 小组活动中所遇到技术难题给予必要的指导和帮助。

6.6.1.3 管理责任部门

推行JJ小组活动还必须有一个具体的管理责任部门，对企业内的JJ小组活动的具体事宜进行管理，落实各项职能。管理责任部门负责JJ小组活动的注册登记，并负责JJ小组活动的检查、培训指导及优秀成果的发表交流、评审和推广组织工作，以及负责推荐申报国家级、行业级相关奖励项目。

6.6.2 JJ小组活动的制度规范

美国著名管理专家詹姆斯·柯林斯在《基业长青》中提出，企业家专心致志构建一种科学、持久的制度，为企业奠定了长盛不衰的基础。完备的管理制度是保证JJ小组活动持续有效开展的重要基础。制度对企业组织效率提升的意义不言而喻。

企业领导要制定完善的JJ小组活动的管理制度，从制度上保证JJ小组活动的活力和持续性。JJ小组活动的管理制度一般包括从JJ小组的组建，活动的开展一直到小组活动成果的评审，优秀成果的表彰、奖励等一系列的管理办法。

6.6.2.1 JJ小组活动管理办法

管理办法是企业JJ小组活动管理的纲领性文件，从总体上确定了企业JJ小组活动的原则，规定了JJ小组组建、注册等管理事项，明确了JJ小组活动的开展过程、活动成果的评审要求以及对优秀JJ小组活动成果的表彰和奖励等内容。

6.6.2.2 JJ小组活动成果评审办法

JJ小组活动的成果评审必须遵循严格的评审程序。同时，对于JJ小组活动成果的评价不仅要看活动的财务结果，更要注重其在活动过程中所遵循的科学思路以及活动的社会效果(节能减排方面的实际效果)。因此，企业需要根据上海市节能减排小组活动的评审程序要求和评审标准，结合自身实际，制订科学、合理的评审办法。

6.6.2.3 JJ小组活动奖励办法

为了表彰先进，提高员工参与JJ小组活动的积极性，企业应制定本企业优秀JJ小组活动成果的表彰和奖励办法并实施。

6.6.2.4 JJ小组活动优秀成果推广办法

因JJ小组活动而产生的新技术、新流程应有一套具体的推广办法。企业将节能减排活动纳入企业知识管理的系统，活动成果可根据情况申请专利等；还可将JJ小

组活动产生的优秀成果汇编成册，形成企业的知识积累，并根据成果特性在一定范围内进行巡回演讲等推广活动，最终形成企业新的操作于册，实现标准化。

此外，企业还可以根据本企业实际，制定其他与 JJ 小组活动有关的管理办法、JJ 小组活动成果发表管理办法等。

6.6.3　JJ 小组活动的激励机制

管理就是激励。激励可以分为两个阶段：第一阶段是“激”，即激发人的热情、动力和创造性；第二阶段是“励”，即及时奖励，鼓励人的正确行为。激励包括精神激励（如荣誉激励、行为激励、组织激励等）和物质激励两类。美国通用电气（GE）公司的前 CEO 杰克·韦尔奇对“管理者”重新作了定义：“管理者”应该是解放者、协助者、激励者和教导者。JJ 小组活动必须有一套有效的激励机制。

激励，首先要有测量和评价。企业在经营管理中，一般通过战略、计划的展开，将目标和任务落实到具体的工作中，并建立相应的“测量系统”，对各项工作进行评价和考核（见图 6-2）。企业在推进开展 JJ 小组活动时，也应遵循该方法，建立 JJ 小组活动绩效测量、评价、考核和激励的标准和方法，综合运用多种激励手段提高企业各个层次的所有员工的主动性、积极性和创造性，从而实现企业的使命、愿景和战略目标。

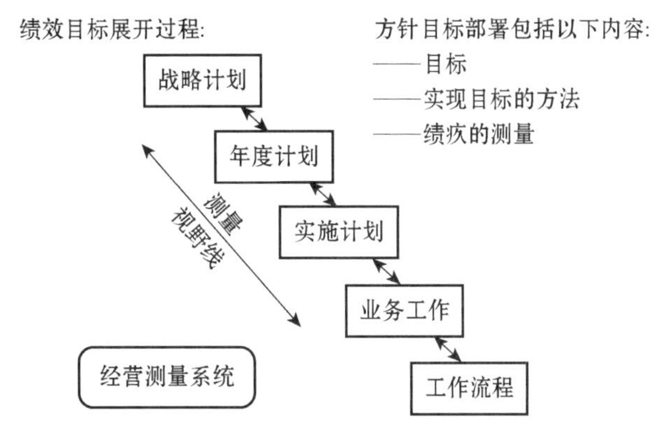

图 6-2　测量链接全过程

6.6.3.1　荣誉激励

荣誉是对人的自尊的最大满足。对于成绩突出的优秀 JJ 小组及个人，领导可通过授予荣誉称号、颁发荣誉证书等形式对小组成果或个人的贡献予以公开认可，这可以满足人的自尊的需求，从而达到激励的目的。JJ 小组活动相关的荣誉一般设有：企业优秀 JJ 小组、行业优秀 JJ 小组和上海市优秀 JJ 小组。企业应大张旗鼓地宣传 JJ 小组活动先进集体、先进个人的先进事迹，总结经验和做法，推广先进技术、先进操作

法和优秀技术成果。

6.6.3.2 发展激励

发展激励是指关心员工个人职业生涯，创造机会让员工发展自己的能力以及运用组织的责任和权力对员工进行激励。一般来说，大多数人都愿意自己的职业生涯发展得更顺利、能够提升自己的能力、得到提拔和承担更大的责任。当JJ小组中的某些员工具有较坚强的工作能力、组织能力时，领导就可以考虑将其提拔或委以更重要的任务，或提供机会让其得到更多的发展，从而调动这些员工的积极性，即企业应将JJ小组活动同企业的人力资源培养机制结合起来。

6.6.3.3 物质激励

物质激励是最基本的激励方式，包括工资、奖金以及各种福利。物质激励能够满足人的最基本需求，同时也对人的文化甚至精神方面的需要产生重要影响，因此物质激励是保证JJ小组活动持续有效开展的重要途径之一。

6.6.3.4 其他激励

除上述几种激励方式外，企业还应仔细分析本企业员工的生产、生活的真正需求，关心和满足员工需求，从而保证JJ小组活动的顺利开展。比如，领导亲自参与JJ小组活动，亲自参加JJ小组活动成果的发布，亲自为优秀JJ小组颁奖；关心JJ小组成员的工作、生活；支持小组成员的培训需求，提供与其他企业或小组交流、学习的机会等都能对小组活动产生积极影响。

6.6.4 JJ小组活动的教育培训

开展JJ小组活动离不开教育，教育可以打通愿景和执行之间的通道，提高员工的执行能力，转变员工的意识，而通过教育最终改变的是人的素质。

6.6.4.1 加强培训，建设队伍

企业领导首先要加强自身对节能减排的学习，加深对节能减排及JJ小组活动内涵、意义等的认识，并使整个领导层对企业节能减排的理解和期望达成一致，对企业员工提出明确的培训要求。

企业应当根据自身生产经营的实际和特点，将节能减排意识教育和岗位节能减排技能培训制度化、常规化，加强JJ小组活动员工培训，在企业内部培育一批JJ小组活动的诊断师、组长和骨干。一支充满朝气、富有创新精神的JJ小组活动队伍是JJ

小组活动持续深入开展的基础。因此,企业要组建一支能够开展 JJ 小组活动的骨干队伍,并对其不断加强培训和教育,提高其工作能力和管理素养。企业在进行节能减排相关业务知识培训的同时,更要注重管理知识的培训,内容可涉及 JJ 小组活动的基本知识、班组建设、清洁生产、能源审计等。同时,企业应注重与同行业、国内先进企业之间的交流和学习活动,开阔视野、交流经验、共享 JJ 小组活动所取得的成果。

6.6.4.2 宣传教育,增强意识

企业应通过多种宣传教育形式,增强员工节能减排意识,企业可以利用自己的网站、公告栏、宣传画等不同媒介、不同方式宣传 JJ 小组活动的意义,倡导员工参与。

企业要充分肯定员工的节能减排行为,要在不同场合以不同方式肯定员工节能减排的行为,发挥先进典型示范教育作用。企业领导、各级管理者要带头积极参与 JJ 小组活动,支持 JJ 小组活动,以身作则,带动员工参与节能减排工作,投身 JJ 小组活动。

企业还可以通过组织或鼓励员工参加节能减排公益活动来增强员工的节能减排意识和责任感。

上海富士施乐有限公司号召员工和家人定期开展一次关于节能的共享“烛光家庭日”活动,通过这个活动,体验节能,体验家庭日的温馨,是一举数得的活动。员工自己节能,还带动家人节能,带动孩子节能,孩子可能再去影响同学。对这样的活动,企业的出发点不仅仅是自己的员工,而是站在全社会的高度,鼓励员工通过参与公益性的活动,加深对节能减排的认识。

我们很难从数据上说明这些公益活动的效果,但这是企业传递价值观、统一员工行为的一种方式,也是一种很好的宣传教育形式。企业管理层从社会责任的层面倡导员工参与公益活动,倡导节能减排的价值观,能够唤起员工内心对社会责任的共鸣,激发员工内心对真、善、美的向往,影响员工对节能减排的态度,从而将这种态度转化为节能减排的行动,形成文化,把企业与员工联系起来。

最终,多方位的教育达到的目的是提高员工的素质,转变员工的观念,使 JJ 小组活动成为员工自觉、内在、主动的要求。

6.7 节能减排 JJ 小组活动的 QUEST 方法和工具

JJ 小组的生命在于“活动”。在开展 JJ 小组活动的过程中,不仅需要遵循严谨、科学的工作思路,还需要使用恰当、有效的工具。在借鉴国内外企业近年来通过多种方式开展节能减排工作成功经验的基础上,遵循 PDCA 的管理原理,创造性地提出了开展 JJ 小组活动的整体思路和工作程序——QUEST 模型。以下简要介绍 JJ 小组

活动中常用程序的基本概念、主要用途、基本做法以及几种常用统计软件的主要功能。

6.7.1 JJ小组活动的QUEST方法

QUEST方法就是JJ小组活动的理论模型,它以节能减排的问题为课题目标,以测量数据为基础,通过剖析目标与影响因素之间的函数关系,找出关键因素,进行针对性的控制和持续改进,这是PDCA循环的维系和创新。开展JJ小组课题活动,解决企业现场节能减排工作的相关问题,必须坚持科学的工作程序和方法。近年来,上海各行业积极通过各种管理方法和工具(包括六西格玛管理、8D法、QC小组活动、合理化建议等)开展节能减排工作,取得了良好的成效。在借鉴上海各行业利用QC小组活动、六西格玛管理等开展节能减排的特点,遵循PDCA的管理原理,本节提出了JJ小组活动的工作程序,形成了JJ小组活动的方法——QUEST理论模型(见图6-3)。

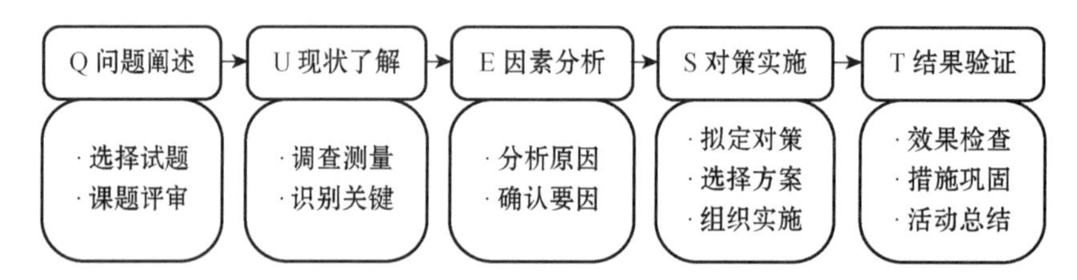

图6-3　QUSET理论模型

JJ小组开展课JJ题活动的程序主要包括:课题阐述(Question)、现状了解(Understand)、因素分析(Effect)、对策实施(Scheme)和结果验证(Test)等五个阶段(QUEST),共12个步骤。

1) 第一阶段:课题阐述

开展JJ小组活动的第一步就是选择合适的活动课题。因此,首先必须说明何时、何地、发生了什么事、其严重程度、目前的状态等,就好像是办案人员将证物、细节描述得越清楚,团队解决问题越快。

一是选择课题(第一个步骤)。JJ小组成员可结合日常工作实际,根据企业节能减排总体目标,利用环境管理体系审核、清洁生产审核、能源审计、标杆对比等的结果,选择企业节能减排工作中存在的问题和内容(可以是上级的指令性课题,也可以是小组成员自己结合生产过程实际提出的自选课题)作为JJ小组活动的课题。

课题的分类:根据课题的来源不同,JJ小组活动的课题可以分为:

(1) 指令课题。由企业节能减排工作主管部门直接下达的课题,这类课题往往是企业节能减排工作中急需解决的问题。

(2) 推荐课题。通常是由企业的相关部门根据企业节能减排需要,推荐一批可供JJ小组选择的课题,各JJ小组可以根据自身条件选择力所能及的课题开展活动。

(3) 自选课题。由 JJ 小组根据企业节能减排过程中存在的实际问题，自主选择要解决的课题内容。

课题选择的原则：JJ 小组活动的课题选择必须满足以下 SMART 原则，即 JJ 小组活动的课题必须是：

S——具体(Specific)，指 JJ 小组活动的课题必须是具体的，即可以用具体的语言清楚地说明 JJ 小组活动要达到的目标。

M——可度量(Measurable)，指 JJ 小组活动的效果是可量化的，验证这些绩效指标的数据或者信息是可以获得的。

A——可实现(Attainable)，指 JJ 小组活动的课题在经过努力的情况下是可以实现的，避免设立过高或过低的小组活动目标。

R——现实性(Realistic)，指 JJ 小组活动是实实在在的，可以证明和观察。

T——有时限(Timebound)，指 JJ 小组活动目标必须在特定的时间期限内完成，不能遥遥无期。

课题目标的设定：JJ 小组成员根据企业、部门节能减排的目标、指标要求，在收集、分析数据的基础上，结合企业实际，设定活动课题的主要目标，并制定小组活动的工作计划进度、活动费用预算、初步技术路线等，形成《JJ 小组活动课题申报书》，上报 JJ 小组活动的管理责任部门。

JJ 小组活动在课题选择中需注意的问题是：

第一，在课题选择之初应尽量搜集国内外先进企业与之相关的数据，寻找差距为小组活动确定目标奠定基础。

第二，所选择的课题应该是有意义的，在课题选择时应向倡导者及相关人员解释选择课题的依据。

第三，课题选择应基于企业节能减排的客观现状，即尽可能地结合历史数据分析以确定企业节能减排工作的重点和 JJ 小组活动的课题。

二是课题评审(第二个步骤)。JJ 小组的活动课题需经 JJ 小组活动主管部门和技术指导团队评审通过后方可正式开展活动。评审内容包括立项评审和预算评审。技术指导团队对课题立项的必要性、活动目标及技术路线的可行性、课题实施的人员、设备及组织管理等条件进行评审，形成评审报告以确定该课题是否可以立项；并对课题的初步预算从与目标的相关性、与企业管理制度的符合性和合理性等方面予以评审。通过立项评审和预算评审的 JJ 小组可以立即开展课题的改进和攻关活动。

2) 第二阶段：现状了解

JJ 小组在开展活动时，首先应通过现场的调查和分析，针对课题所涵盖的范围、现状进行测量和评价，为实现课题目标奠定坚实的基础。

一是调查测量(第三个步骤)。俗话说“知己知彼,百战不殆”。要开展JJ小组活动,首先应对所要开展活动的对象有一个明确的认识。因此,需要在收集相关数据的基础上,通过对现场的测量分析,深入了解生产中的能耗和污染的实际现状。调查测量是小组分析问题的基础工作,现状调查得越彻底、测量得越准确,分析出的原因才可能越接近实际。

在进行现状调查测量时,需要注意:

(1) 注重数据的收集。数据是对事物的客观描述。数据收集时要注意数据的客观性、可比性,与主要收集对象相关的其他信息也应尽可能地一并收集。

(2) 注意数据测量系统的可靠性。科学的决策是建立在客观、准确数据的基础上的,因此应尽可能地保证数据的收集和整理不因收集人员、设备等的变化而造成数据的失真。

(3) 现状调查一定要深入一线。现状调查的人员必须深入现场开展调查,不能“纸上谈兵”。在现场可以获得许多现有数据中没有包含的信息,这些信息对于寻找解决问题的突破口有着非常重要的作用。

二是识别关键(第四个步骤)。识别关键就是通过分析工具,识别出关键问题,然后针对关键问题逐一展开分析并加以解决。针对关键问题开展重点管理是现代管理的主要原则之一,针对节能减排工作的关键问题开展JJ小组活动能起到事半功倍的效果。

3) 第三阶段:因素分析

只有找到影响能源资源利用和环境保护的影响因素,才能真正地找到解决问题方法。在查找问题原因时,最好不要盲目地改变目前的生产状态,首先应进行理性分析,即要先观察、分析、比较,列出所知道的所有生产条件,逐一观察,看看是否有些条件不实,还是最近有些什么异常?然后再分析和确认造成问题的真正原因。

一是分析原因(第五个步骤)。分析问题原因在JJ小组活动中占有举足轻重的作用,原因分析得正确可以使问题的解决事半功倍,而原因分析的错误可能将问题的解决引入歧途。

分析原因实际上是一个“建立假设”和“验证假设”的过程。首先是结合现状调查时所获得的信息,通过种种分析、整理手段确定造成问题的可能原因,去除已经确认与问题无关的因素,即建立假设。然后,通过收集新的数据或证据来进一步证实这些因素确实是造成问题的主要影响因素。

在进行原因分析时,如果小组成员对问题有一定的认识,则可以根据自己的认识利用因果图等工具分析课题的所有可能原因。如果小组在原因分析时一时还找不到分析的思路,则可以从人员(Man)、机器(Machine)、材料(Material)、方法(Method)、环境(Environment)和测量系统(Measurement)等方面(简称为“5M1E”)进行分析,直到找出问题的所有末端因素。

二是确认要因(第六个步骤)。前面分析出来的原因可能有很多。根据帕累托原理我们知道,真正对问题有重要影响的关键原因只占所有原因的20%左右。因此需要对这些主要原因再次进行分析,确认其中的“关键少数”,即影响问题的关键原因。

确认关键原因的方法有很多种,比如通过现场试验进行验证、对现场数据的测量、重新调查分析等。

在确认关键原因时应注意:

(1) 关键原因是根据其对所分析问题影响的大小来确定的。

(2) 在进行原因分析时对所有原因逐一确认是否是主要原因,避免遗漏。

4) 第四阶段:对策实施

通过前面的分析验证已经明确了造成问题的主要原因,下面需要对影响节能减排问题的主要原因采取措施,实施改进。对策的制订可按拟定对策、选择方案、组织实施三步进行。

一是拟定对策(第七个步骤)。针对前阶段分析出的主要原因,小组成员共同讨论,提出对策。所拟定的对策可分为临时性对策(临时措施)和永久性对策(永久措施)。临时措施是一种应急措施,是在问题根本原因尚未找到或尚未制定永久措施时的一种应急方案,有时也称快速改善措施。临时措施不是解决问题的方案。针对每一条主要原因必须制定相应的永久措施。

二是选择方案(第八个步骤)。针对同样一条主要原因可能有多种对策方案。小组需要针对这些方案逐一进行分析和研究,选择最适合的对策,形成解决问题的最佳方案。在选择对策方案时要注意,不能因为实施这一对策而引起其他的问题。

三是组织实施(第九个步骤)。最后,根据选定的工作方案制定对策表(见表6-2)并实施。对策应落实到具体的执行人,并且每一条对策都应有具体的措施、明确的时间进度和目标等要求。执行对策时小组人员应通力合作。

表6-2 对策表(式样)

序号	主要原因	对 策	目 标	措 施	负责人	完成时间
1						
2						

5) 第五阶段:结果验证

当针对问题的所有对策都实施后,需要确认各种对策实施的具体效果。如果实施效果良好,则在以后的生产中要严格执行,保证活动取得的结果;如果实施效果不佳,需要再次查找问题、分析原因、实施改进,直至问题最终得以解决。

一是效果检查(第十个步骤)。JJ小组活动效果的检查是JJ小组活动中的重要环节。在效果检查时,应使用同样的图表对对策实施前后的效果进行分析比较,并与小组活动的目标(在《JJ小组活动课题申报书》中已明确)进行比较。如果达到了预期效果,则说明活动的目的已经达到,问题已经解决,接下来需要将活动的成果固化到企业的日常生产中;如果没有达到预期效果,说明问题尚未彻底解决,需要对活动的全过程进行分析,查找原因,再次实施改进,直至达到目标。对于确因技术、资金、管理等方面的原因而无法达到目标的,保存好活动的各种资料,并将课题记录在案,以便时机成熟时再开展活动。

二是措施巩固(第十一个步骤)。JJ小组活动取得效果后,必须采取巩固措施,保持活动成果。主要措施包括:将活动中的各种对策按照5W1H从六个方面实施标准化,制定新的工作标准;并对新的工作标准进行培训和宣贯,保证所有相关员工在开展此类活动时严格按照新标准执行;对过程的实施采用控制图等方法进行控制,使过程保持稳定。

三是活动总结(第十二个步骤)。活动取得预期目标和成果后,在小组活动所产生原始记录的基础上,组长应召集小组全体成员,对活动过程中的经验教训进行讨论、总结和整理,编写活动的总结报告。总结报告的主要内容包括:

(1) 活动总结。JJ小组活动的总结中要注重对活动过程的总结。通过对JJ小组活动过程的总结能够发现活动过程中的经验和不足,帮助小组成员进一步理清思路,为下次活动的开展奠定基础。

(2) 活动成果。JJ小组活动的成果主要包括社会效益和经济效益。

社会效益计算:社会效益一般包括活动所节约的能源、减少的排放等。计算时,节约的能源应换算成吨标准煤,而减少的排放一般折算成化学需氧量、二氧化碳、二氧化硫等。

标准煤的折算。标准煤(又称煤当量)是指按照标准煤的热当量值计算各种能源量时所用的综合换算指标。标准煤迄今尚无国际公认的统一标准,1千克标准煤的热当量值,联合国、中国、日本、西欧和独联体诸国按29.27兆焦(7 000卡)计算。按照低位发热量法折算:1吨原油约合1.43吨标准煤;1 000立方米天然气约合1.33吨标准煤;1吨原煤约合0.714吨标准煤;1 000千瓦时电约合0.37吨标准煤。

化学需氧量(COD)的计算。COD总量的计算公式是:COD总量=废水排放量×COD浓度。每个企业其污水排放中的COD浓度是由环保监测部门或企业的相关职能部门测定。例如,某化工厂排放的污水经当地环保部门实地测量,其COD浓度为100毫克/升,经某项技术改造后,每年可减少污水排放30 000吨,则此项技术改造每年可减少COD排放量为100毫克/升×30 000立方米=3 000千克。

经济效益计算：经济效益计算必须实事求是，并经本单位财务部门盖章确认，计算经济效益的时间一般在一年以内。经济效益计算时应减去活动中的各种费用，如设备购置费、小组活动经费等。

综上所述，QUEST 方法论的基本工作思路和程序如图 6-4 所示。

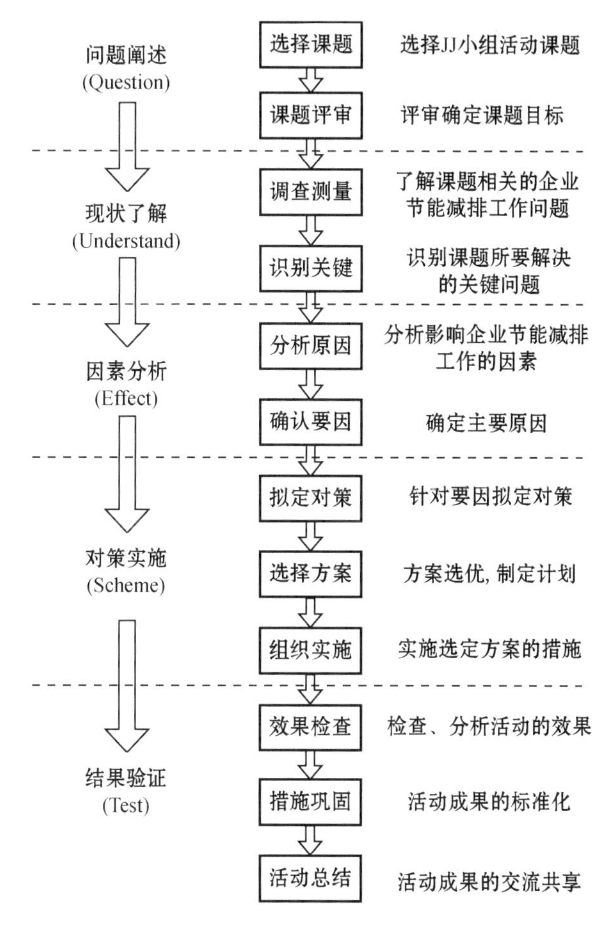

图 6-4　JJ 小组活动的工作思路和程序

6.7.2　JJ 工具箱

“工欲善其事，必先利其器”。统计方法和工具的广泛应用是现代企业管理的重要特点。JJ 小组活动中必须“用数据说话”，从调查测量入手，以事实为依据，通过对现象的观察和分析，了解问题的本质，把握客观规律，最终解决问题。这个过程就是充分运用统计技术和分析工具的过程。本节以九种常用工具和方法为例说明统计工具的具体应用。JJ 小组必须掌握必要的统计技术和分析工具。

在 JJ 小组活动的 QUEST 五个阶段中需要分别应用一些常用的统计技术和工

具(见表 6-3)。

6-3　JJ 小组活动常用工具一览表

活动阶段		常用技术和工具		
1	问题阐述(Q)	◇头脑风暴法 ◇树图	◇亲和图(JK 法)	◇流程图
2	现状了解(U)	◇排列图 ◇直方图	◇散布图 ◇测量系统分析	◇水平对比法 ◇失败模式分析
3	原因分析(E)	◇头脑风暴法 ◇关联图 ◇方差分析	◇因果图 ◇假设检验	◇系统图 ◇回归分析
4	对策实施(S)	◇PDPC 法	◇正交试验法	◇网络图
5	结果验证(T)	◇控制图	◇标准操作程序(SOP)	

6.7.2.1　头脑风暴法

1）概念

头脑风暴法(Brain Storming)又叫畅谈法、集思法，它是由美国广告策划人奥斯本(Alex Osborn)于 1941 年前后创造的一种采用会议形式，引导每位参会人员围绕主题，广开言路，自由奔放地思考及发表意见，通过相互启发，拓宽思路，激发灵感，在自己头脑中掀起思想风暴的集体创造性思维方法。

2）用途

头脑风暴法的用途很广，可以激发人们产生新灵感、新观念、新思路、新设想、新办法，突破旧的思维模式，识别问题，分析问题的原因，寻找解决问题的方法，收集新信息，挖掘人们潜在的思想财富等。

在 JJ 小组活动中，应用头脑风暴法可以识别企业在节能减排工作中存在的问题或不足，帮助寻找解决这些问题的办法，也可以用来研究企业日常生产中节能减排的改进机会。

3）应用步骤

头脑风暴法的应用一般可以分为三个阶段：

一是准备阶段。由头脑风暴会议的组织者准备会场、安排时间，明确会议的主题、目的，准备必要的用具(白纸、签字笔等，也可以使用微软 Office 软件中的 OneNote 软件)。

二是引发和产生创造性思维的阶段。会议组织者通过多种方式引发与会者的讨论，引导大家积极发表各自的意见和观点，尽可能做到“知无不言，言无不尽”，促使大家产生创造性思维。在这一阶段需要将每一个人的观点和意见都记录下来。

三是整理阶段。将每个人的观点重述一遍,去掉重复、无关的观点,对各种观点进行评价、论证,集思广益,并按照问题的特点对各种观点进行归纳,形成最终的分析结论。

4) 注意事项

应用头脑风暴法最关键的阶段是第二阶段,在这一阶段要注意以下几点:

一是与会者之间相互平等,无领导者和被领导者之分。

二是与会者依次发表意见,大家的意见可以相互补充,但不能批驳。

三是每一个人的意见都应该被记录下来。

四是欢迎不同角度、不同思维的各种意见和观点。

6.7.2.2 流程图

1) 概念

流程图是从事某种活动时所遵循的步骤(顺序)的一种图形化表示,如图 6-5 所示。诸如企业的产品制造、服务提供,组织的管理活动,个人的行为等,如果遵循着一定的顺序,都可以用流程图表示出来。

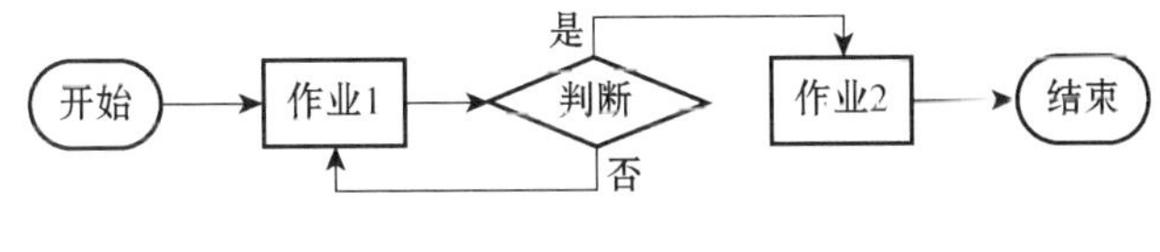

图 6-5 流程图示例

2) 应用步骤

一般来说,绘制流程图应遵循以下步骤:

一是识别、判定所要描述的过程的起点和终点;

二是观察所要描述过程的全部;

三是识别过程中的每一个步骤(包括主要的作业活动、判断等),以及各步骤或活动之间的流向和相互关系;

四是根据上述认识、识别,绘制流程图草图;

五是邀请该过程相关的人员对流程图草图进行评审,并与实际过程相比较,验证改进后的流程图;

六是形成正式的流程图,并注明流程图的绘制日期、人员等。

6.7.2.3 排列图

1) 概念

排列图又叫帕累托图。通过调查表收集到的质量数据往往是综合性的,哪些是需要我们首先进行关注的主要矛盾呢?我们必须对数据进行适当的归类和整理。

1879年,帕累托在研究社会财富的分配时,发现少数人的收入占全部人收入的大部分,而多数人的收入却只占一小部分,这就是著名的“帕累托原理”,也被称为“二八原理”。

美国质量管理专家朱兰博士在20世纪50年代将这理论发展成为一种普遍原理。朱兰博士认为:“在对一般结果发生作用的任何一组因素中,仅有几个相关的少数因素对结果的大部分发生作用。”排列图的主要作用是找到关键的少数大因素。

应用排列图可以将各种问题(如能源消耗、污染物排放等)按照不同类型,根据发生的频数从高到低进行排列,从而区分出影响能源消耗、污染物排放等的重点问题。使用排列图有助于JJ小组快速分析和确定项目改进的重点。

2) 用途

排列图的用途很广泛,凡是要在许多问题中找出主要问题的场合,均可以用排列图来解决。在JJ小组活动中,排列图有两个作用:

一是从排列图上可显示出每项能耗对整个能耗问题影响程度的大小或每一项影响污染物排放的因素对污染的影响程度。根据“二八原理”,针对图上“关键的少数”问题加以解决,就可以有效地解决相应的能耗和污染问题。

二是从图上找出节能减排改进的机会。

3) 绘图步骤

第一步:确定所要调查的问题以及如何收集数据。

第二步:设计一张数据记录表,将收集到的数据填入数据表。

第三步:制作排列图所要用的数据表,表中列有各项不合格(或问题)数、累计不合格(或问题)数、各项不合格(或问题)数所占百分比和累计百分比。

第四步:按数量从大到小排序,将数据填入排列图数据表中。

第五步:绘制排列图框架(两根等高的纵轴和一根横轴)。左边纵轴标上件数(频数),最大的刻度为总件数(总频数);右边纵轴标上比率(频率),最大为100%。横轴上按频数从大到小依次列出各项。

第六步:在横轴上按频数大小画出矩形,矩形的高度分别代表各不合格(或问题)频数的大小。

第七步:在每个矩形上方标上累计值(累计频数和累计百分比),描点,用实线连接,画累计频数折线(帕累托曲线)。

第八步:在图上标记有关事项(如排列图名称、数据、单位以及时间、问题等)。

4) 排列图使用注意事项

一是分类方法不同,得到的排列图也不同。

二是如果其他项所占的百分比很大,则分类不够理想。

三是排列图的目的在于有效解决问题，基本点在于抓住“关键的少数”。

四是排列图可以用来确定采取措施的顺序。

5) 排列图示例

某化工厂生产过程中发现燃气消耗量较大，经分析发现造成燃气消耗较大的主要原因包括：升温方式不合理、燃气和空气配比不合理、调试料质量过轻、调试料过早进炉等原因，具体数据见表 6-4。

表 6-4　某工厂燃气消耗数据表

序号	原　因	消耗量(立方米)	比例(%)	累积比例(%)
1	升温方式不合理	857	48	48
2	燃气和空气配比不合理	526	29.5	77.5
3	调试料质量过轻	138	7.7	85.2
4	调试料过早进炉	152	6.2	91.4
5	其他	111	8.6	100
合计		1784		

根据上述数据做排列图(见图 6-6)，由图可知，造成燃气消耗较大的主要原因是“升温方式不合理”和“燃气和空气配比不合理”两项原因。

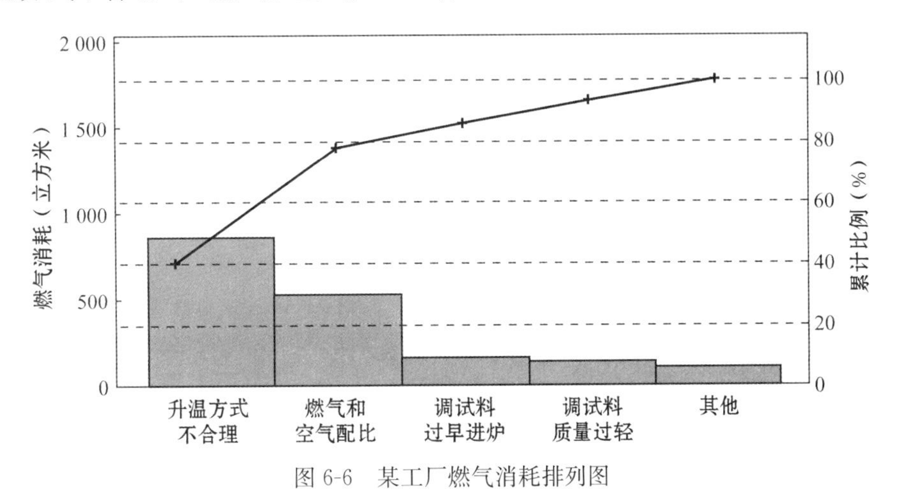

图 6-6　某工厂燃气消耗排列图

6.7.2.4　散布图

1) 概念

散布图是研究两个连续变量具有不同相关关系的一种图形，它可以显示两个因素之间的相关性。利用散布图我们可以研究分析两个连续对应变量之间的关系，如图 6-7 所示，中央空调耗电量与气温呈正相关关系，即气温越高，耗电量越大。

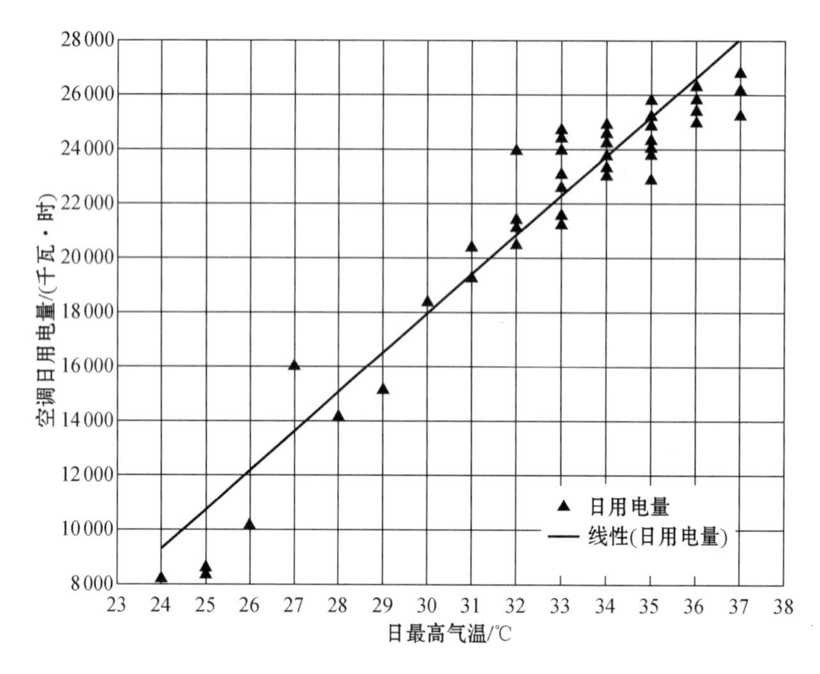

图 6-7　气温与用电量之间的正相关关系

2）用途

由两个变量组成的统计数据画出的点子云的形状是各种各样的，因此散布图的形状也是各种各样的。但是，经过整理归纳后可以形成下列六种典型散布图（见表 6-5），可以参照这些典型散布图图例来大致判断两个变量之间不同的相关关系。

表 6-5　典型散步图

序号	典型图例	相关关系	说　　明
1		强正相关	y 随着 x 的增大而明显增大，且点子分散程度小
2		弱正相关	y 随着 x 的增大而大致增大，且点子分散程度大
3		强负相关	y 随着 x 的增大而明显减小，且点子分散程度小

（续表）

序号	典型图例	相关关系	说　　明
4		弱负相关	y 随着 x 的增大而大致减小，且点子分散程度大
5		不相关	y 与 x 无明显的规律
6		非直线相关	y 与 x 呈曲线变化关系

3）制作步骤

散布图的制作可按以下步骤进行：

一是收集成对数据(x,y)：从将要研究的相关数据中，收集不少于 30 对的数据(x,y)。

二是画出直角坐标系，将所有数据描在直角坐标系中。

三是判断：分析所描点的形状分布，确定两个变量之间的相关关系。

6.7.2.5　直方图

1）概念

直方图是对数据分布情况进行描述的一种图形表示，由一系列矩形组成。它将一批数据按取值入小划分为若干组，在横坐标上以各组为底作矩形，以落入该组的数据的频数或频率为矩形的高。通过直方图可以观察并研究这批数据的取值范围以及集中或分散程度等情况。

2）用途

使用直方图可以：

一是显示过程特征的波动情况；

二是将直方图与过程要求相比较，就能够掌握过程的状况，从而确定在什么地方集中力量实施改进工作。

3）直方图的判断

常见的直方图有以下几种类型，如图 6-8 所示。根据直方图的形状不同，可以对直方图所表示的总体作出一个初步的判断。

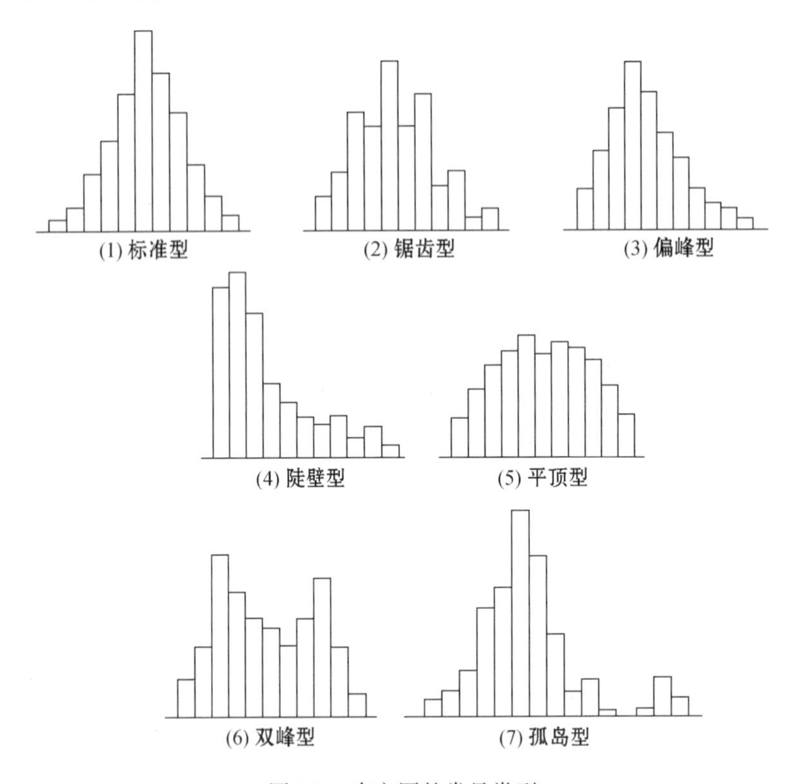

图 6-8　直方图的常见类型

一是标准型(又称对称型)。数据的平均值与最大值和最小值的中间值相同或接近,平均值附近的数据的频数最多且平均值位于全部数据的中间附近。在平均值两侧呈缓慢下降,以平均值为中心左右对称。这种形状也是最常见的。

二是锯齿型。做频数分布表时,如分组过多,会出现此种形状。另外,当测量方法有问题或读错测量数据时,也会出现这种形状。

三是偏峰型。数据的平均值位于中间值的左侧(或右侧),从左到右(或从右到左),数据分布的频数增加后突然减少,形状不对称。当下限(或上限)受到公差等因素限制时,由于心理因素,往往会出现这种形状。

四是陡壁型。平均值远左离(或右离)直方图的中间值,频数自左至右减少(或增加),直方图不对称。当工序能力不足,为找出符合要求的产品而进行全数检查,或过程中存在自动反馈调整时,常出现这种形状。

五是平顶型。当几种平均值不同的分布混在一起,或过程中某种要素缓慢恶化时,常出现这种形状。

六是双峰型。靠近直方图中间值的频数较少,两侧各有一个"峰"。当有两种不同的平均值相差大的分布混在一起时，常出现这种形状。

七是孤岛型。在标准型的直方图的一侧有一个“小岛”。出现这种情况是夹杂了其他分布的少量数据，比如工序异常、测量错误或混有另一分布的少量数据。

6.7.2.6 因果图

1）概念

“有因必有果，有果必有因”。因果关系是自然界和人类社会普遍存在的关系，用于表述这种关系的图示方法，称为因果图。这种图是由日本质量管理专家石川馨教授于1953年首先提出来的，所以又称为石川图。因其形状像鱼刺，所以又被称为“鱼刺图”“鱼骨图”。

2）用途

JJ小组在进行问题的影响因素分析时，广泛应用因果图进行分析。因果图用于找出问题的主要原因或影响因素。凡是找主要原因或影响因素的场合，均可应用因果图。特别是原因很多，原因之间错综复杂的情况下，用因果图分析不仅能找到主要原因，而且能把原因进行条理化、系统化，理清各原因之间的逻辑关系，把它们直观地表示出来，使人一目了然。

3）因果图示例

图6-9是某公司针对“厂区东侧夜间噪声超标”问题进行分析的因果图。

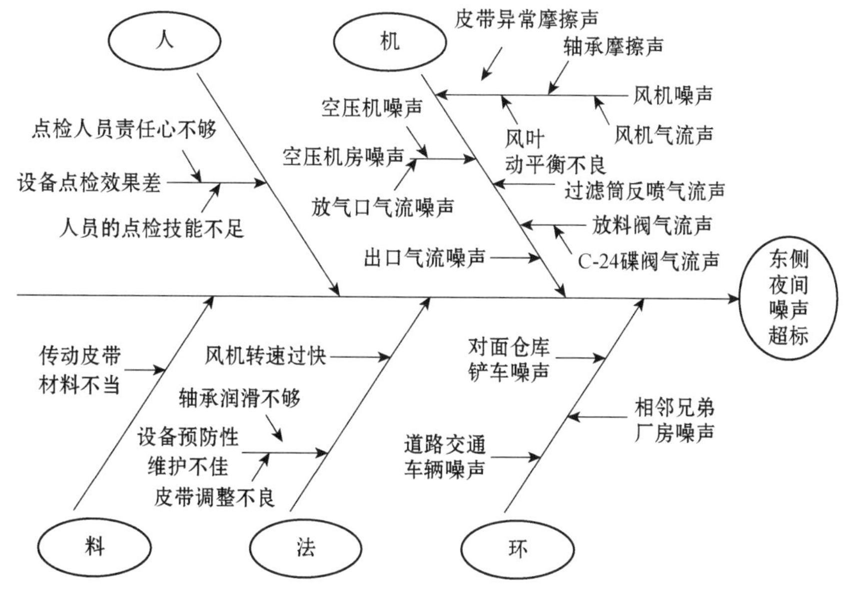

图6-9 因果图示例

6.7.2.7 潜在失效模式与影响分析

1）概念

潜在失效模式与影响分析（failure mode effect anal-ysis，FMEA）是常用的因素和风险分析方法。FMEA采用表格方式对过程活动或产品进行分析，以便在方案设计时发现潜在缺陷及其影响程度。当发现问题后，若能及早谋求解决之道，则可使过程（活动）或产品避免失效（故障）发生或降低其造成的影响，提高系统的可靠性。

该方法通过计算活动或过程的风险/顺序数RPN[RPN＝严重度（S）×发生频度（0）×可探测度（D）]，以及对RPN结果进行排序，RPN值大的，则表示存在的风险大，以此来识别并预防主要的潜在缺陷和风险。

2）应用方法

JJ小组在应用FMEA方法进行原因分析时往往需要完成以下工作：

一是识别所要分析的过程（活动）；

二是利用头脑风暴法分析该过程潜在（可能存在）的失效（或故障）模式（表现形式）及其后果；三是评定每一个后果的严重度等级（S）；

四是使用头脑风暴法分析失效的潜在原因；

五是评定每一个原因发生的频度等级（0）；

六是识别当前过程的控制方法；

七是评定在现行控制方法下发现问题的难易程度，即可探测度（D）；

八是针对FMEA表中的每一行计算其RPN；

九是具有高风险的项目即为JJ小组活动和改进的重点。

6.7.2.8 过程决策程序图法

1）概念

过程决策程序图法（process decision pro-gram chart，PDPC）的特点是运用预测科学和系统沦的思想方法，寻求实现理想口标的最优方案。在动态实施过程中，随着事态发展所产生的各种结果或出现的问题及时调整方案，运用预先安排好的程序来保证达到预期结果。通俗地讲该法就是“多做几手准备”，事先想到实现方案过程中的困难并安排应急措施的一种计划方法，图6-10是PDPC法模型。

在JJ小组活动中，我们需要把在实现某一理想目标过程中可能发生的各种问题都列出来，事先推想出可能得到的各种结果，制订出解决的方案，并随着事态的发展调整方案，最终保证目标的实现。

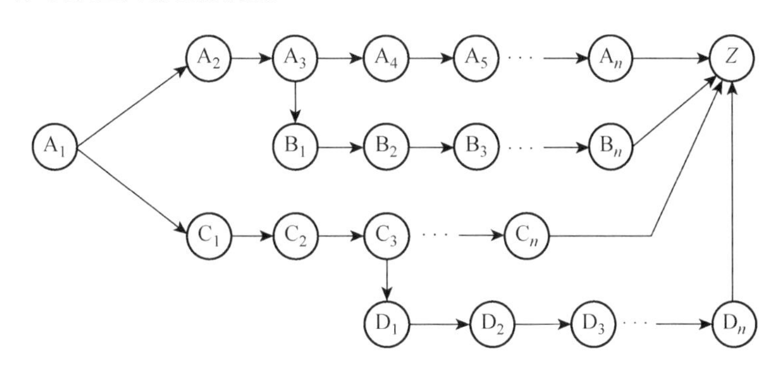

图 6-10 PDPC 法模型

2）步骤

PDPC 法应用的基本步骤如下：

一是召集有关人员讨论所要解决的课题。

二是从自由讨论中提出达到理想状态的手段、措施。

三是对提出的手段和措施，要列举出预测的结果以及提出的措施方案行不通或难以实施时应采取的措施和方案。

四是将各项措施按紧迫程度、所需工时、实施的可能性及难易程度予以分类，特别是对当前要着手进行的措施，应根据预测结果，明确首先做什么，并用箭头与理想状态相连。

五是决定各项措施实施的先后顺序，从一条线路得到反馈，要及时研究其对其他线路是否有影响。

六是落实实施负责人及实施期限。

七是不断修订 PDPC 图。按绘制的 PDPC 图实施，在实施过程中可能会出现新的情况和问题，需要及时召集有关人员进行讨论，检查 PDPC 的执行情况，并按照新的情况和问题，重新修改 PDPC 图。

6.7.2.9 控制图

1）概念

控制图是美国管理专家休哈特（Waiter Shewhart）博士于 1924 年首先提出的。控制图是对过程质量特性值进行测定、记录、评估，从而监察过程是否处于控制状态的一种用统计方法设计的图。图上有中心线（central line，CL）、上控制线（upper control line，UCL）和下控制线（lower control line，LCL），并有按时间顺序抽取的样本统计量数值的描点序列（见图 6-11）。

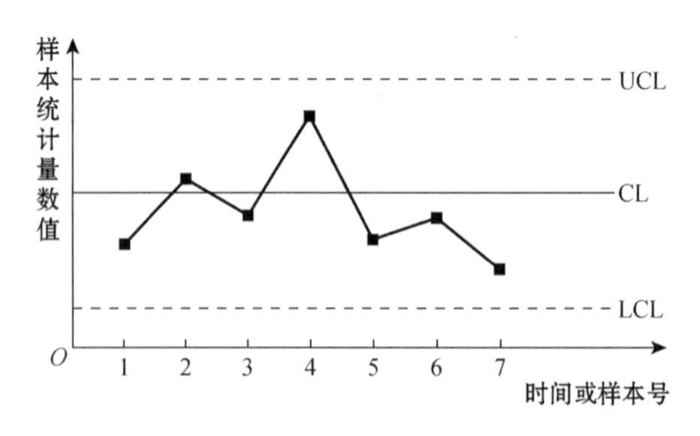

图 6-11　控制图示例

UCL 与 LCL 统称为控制线。若控制图中的描点落在 UCL 和 LCL 之外或描点在 UCL 和 LCL 之间排列不随机，则表明生产过程存在异常。控制图最大的优点在于它可以对过程中出现的异常波动给出报警信息，使我们能够及时据此进行分析，找出异常因素（也称为可查明原因），从而采取措施加以控制。

2）用途

控制图可以用于：

一是过程控制。控制图可用来查明生产或管理过程中某些特征的变化，并采取纠正措施，以保持或恢复过程稳定性；

二是过程能力分析。如果过程处于稳定状态，从控制图获得的数据可随后用于估计过程能力；

三是测量系统分析。通过综合反映测量系统固有变异的控制限，控制图能显示测量系统是否有能力查明所关心的过程或产品的变异；

四是因果分析。过程事件和控制图形态之间的相关性有助于判断可查明原因并策划有效措施，实行改进；

五是持续改进。控制图可用于监控并识别过程变差（波动）的原因以及有助于减少变差。

常规控制图是动态管理工具之一，用控制图的数量和质量情况，一般能够反映一个企业现代化管理水平。

6.7.3　JJ 小组活动中常用的统计软件

在 JJ 小组活动开展过程中经常会使用到一些统计方法，这些方法有时需要进行大量的数据计算（如方差分析、假设检验等）。在 JJ 小组活动中具体可以利用一些统计软件（如 Minitab 软件、SPSS 软件、SAS 软件等）帮助小组成员完成复杂的计算，提高工作效率。统计软件的广泛应用将推动 JJ 小组活动的深入开展。

6.7.3.1 Minitab 软件

Minitab 软件是 1972 年美国宾夕法尼亚州立大学为进行统计分析和教学而开发,目前已推出 Vesion15.1,且已汉化。Minitab 软件已在工学、社会学等领域得到广泛使用。

Minitab 软件的工作界面主要包括:菜单栏、会话区域、工作表和项目管理器等(见图 6-12)。

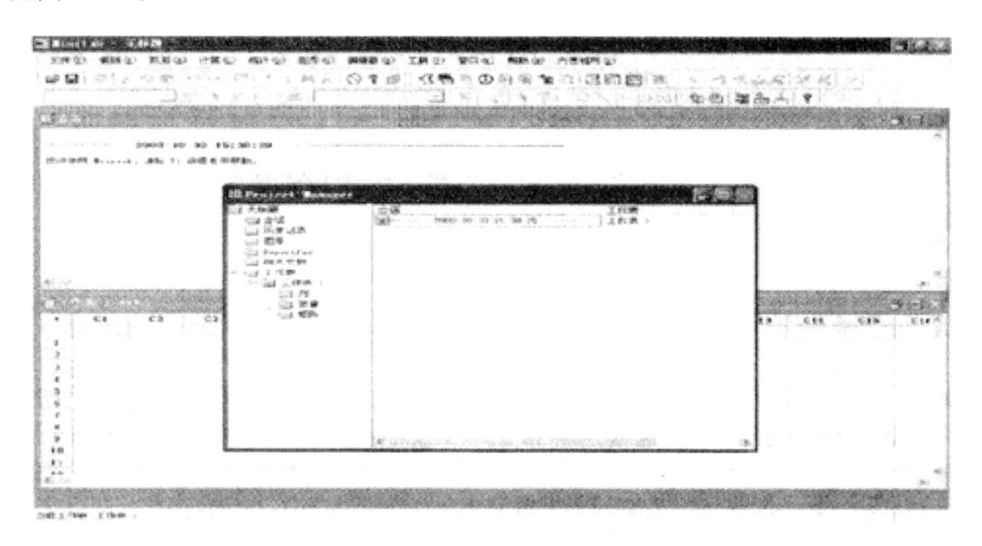

图 6-12 Minitab 软件的工作界面

Minitab 软件作为一款得到各界充分认可的统计软件,其功能十分强大,主要功能包括:统计技术、图形制作和六西格玛管理等方面。

1) 统计技术

作为一款统计软件,统计技术应用是必不可少的。Minitab 软件在统计技术方面功能十分丰富,包括基本统计检验、常用回归分析、方差分析、试验设计(DOE)、质量工具、常用控制图制作等。其中"质量工具"中包括了所有企业日常生产中常用的质量管理工具,如排列图、因果图、过程能力分析、测量系统分析等,如图 6-13 所示。

2) 图形制作

Minitab 软件有很强的图形制作功能,在图形菜单中几乎提供了企业日常管理中所需的各种统计图表的制作,包括直方图、散点图、饼分图、柱形图、箱线图、概率图等如图 6-14 所示。

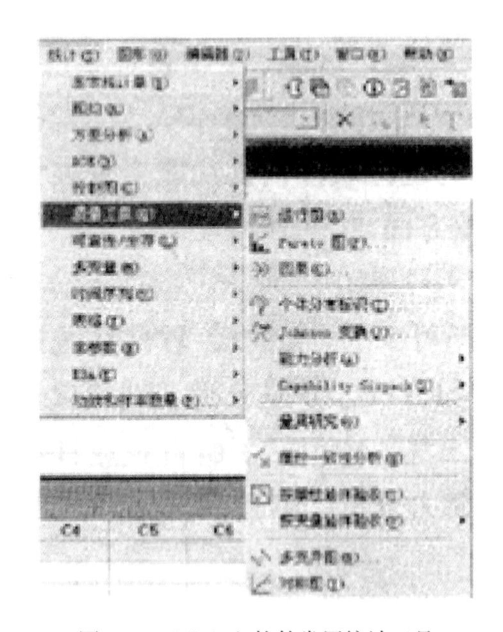

图 6-13　Minitab 软件常用统计工具

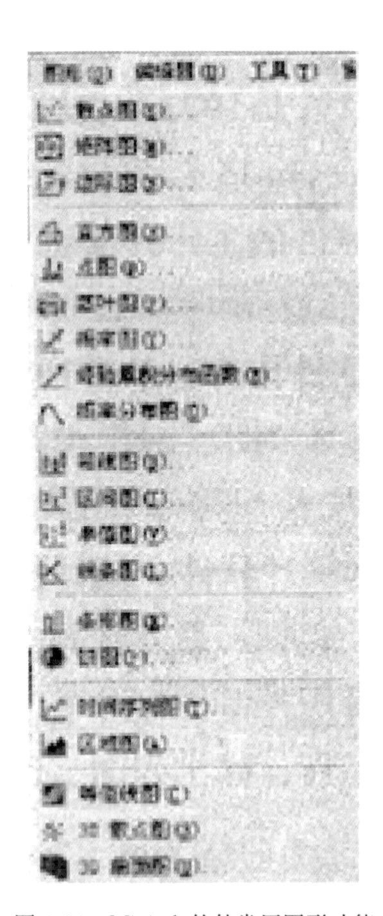

图 6-14　Minitab 软件常用图形功能

6.7.3.2　SPSS 软件

社会科学统计软件包(statistical package for the social science,SPSS)是世界上最早的统计分析软件,由美国斯坦福大学的三位研究生于 20 世纪 60 年代末研制,同时成立了 SPSS 公司,并于 1975 年在芝加哥组建了 SPSS 总部,SPSS 软件广泛应用于自然科学、技术科学、社会科学的各个领域。随着业务的发展,SPSS 公司已于 2000 年正式将英文全称更改为 Statistical Product and Service Solutions,意为“统计产品与服务解决方案”。

图 6-15 是 SPSS 软件的工作界面。菜单栏是由 10 个菜单项组成,分别是文件(File)、编辑(Edit)、视图(View)、数据(Data)、转换(Transform)、分析(Analyze)、图表(Graphs)、适用程序(Utilities)、窗口(Windows)、帮助(Help)。

SPSS 软件有非常强大的统计功能,可分为三大类:

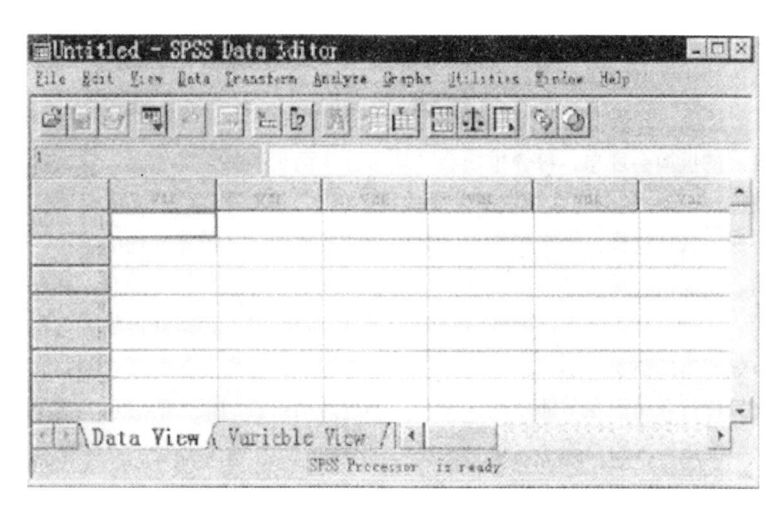

图 6-15　GPSS 软件工作界面

一是基础统计。

主要包括描述性统计、推断性统计、列联表分析、线性组合测量、t 检验、单因素方差分析、多重响应分析、线性回归分析、相关分析、非参数检验等。

二是专业统计。

主要包括判别分析、因子分析、聚类分析、可靠性分析。

三是高级统计。

主要包括 Logistic 回归分析、多变量方差分析、重复测量方差分析，多协变量方差分析、非线性回归、Probit 回归分析、Cox 回归分析、曲线回归等。

除上述专业统计软件外，还可以使用 Excel 软件。Excel 软件是微软 Office 软件中的重要组成部分，其中包含有许多常用的统计函数（计算均值、方差、标准差等）和图表（如柱状图、折线图、饼分图等）。这些函数和图表也能在 JJ 小组活动中发挥重要的作用。

附　　录

附录一：

我国建材业的相关政策

一、近年来针对建材行业国家政策制定

近些年来，为引导并促进包括水泥、平板玻璃等产业在内的建材工业的健康发展，国务院及中央政府有关部门已先后制定出台了一系列政策、标准等规范文件。

在规划方面：国家先后颁布制定了国民经济和社会发展《“十一五”规划》《“十二五”规划》《“十二五”科技发展规划》。

在综合性产业政策方面：《国务院关于加快推进产能过剩行业结构调整的通知》（国发[2006]11号）；《国务院关于发布实施〈促进产业结构调整暂行规定〉的决定》（国发[2005]40号）；国家发改委会同国务院42个部委配套出台了《产业结构调整指导目录（2011年本）》（国家发改委令第9号）；《国务院批转发展改革委等部门关于抑制部分行业产能过剩和重复建设引导产业健康发展若干意见的通知》（国发[2009]38号）；《国务院关于促进企业兼并重组的意见》（国发[2010]27号）；《国务院关于印发“十二五”国家战略性新兴产业发展规划的通知》（国发[2012]28号）；《国务院办公厅关于金融支持经济结构调整和转型升级的指导意见》（国办发[2013]67号）；国家发改委、工信部经国务院同意出台的《关于坚决遏制产能严重过剩行业盲目扩张的通知》（发改产业[2013]892号）。

建材行业专题性政策重点文件有：《水泥工业产业发展政策》《水泥工业发展专项规划》（发改委令，2006年第40号）；国家发展改革委等三部委《关于公布国家重点支持水泥工业结构调整大型企业（集团）名单的通知》（发改运行[2006]3001号）；国家发展改革委等八部委《关于加快水泥工业结构调整的若干意见》（发改运行[2006]609号）；国家发展改革委等六部委联合印发的《关于促进平板玻璃工业结构调整的若干意见》（发改运行[2006]2691号）；《水泥行业准入条件》（2011年）；《平板玻璃行业准入条件》（2007年）；《玻璃纤维行业准入条件》（2012年修订）；《建筑防水卷材行业准入条件》《石墨行业准入条件》《岩棉行业准入条件》等。

在节能减排方面先后出台：《国务院关于印发节能减排综合性工作方案的通知》（国发[2007]15号）；《节能中长期规划》《节能减排“十二五”规划》《国家重点节能技术推广目录》（前后有五批）；《工业节能“十二五”规划》等；水泥、平板玻璃、建筑卫生陶瓷等产业的《单位产品能源消耗限额国家标准》。

二、国家对玻璃行业的要求

大力发展屏显基板玻璃、光伏光热玻璃及镀膜玻璃、防火基板玻璃、高强基板玻璃、太阳能与建筑一体化玻璃制品、低辐射及多功能复合镀膜节能玻璃与制品、飞机与高速列车风挡玻璃、纳米及微晶基板玻璃等高性能新型玻璃产品,发展玻璃精深加工制品,提高高端产品自主保障能力。限制普通平板玻璃产能扩张,淘汰综合能耗高和污染物排放不达标的落后产能,加快高端产品发展。打造具有影响力的品牌。

1) 高端产品发展工程

工程目标:推动玻璃新材料和新产业发展,占领行业发展制高点,为战略性新兴产业、绿色建筑发展和既有建筑物节能改造提供材料支撑。

主要内容:依照新材料产业发展规划和政策,依托重大工程,组织技术储备雄厚、创新能力强、发展基础好的企业开展高端产品专项研制生产,推进光伏玻璃、导电膜玻璃、屏显基板玻璃等成套技术装备产业化,增强飞机与高速列车风挡玻璃、建筑用结构功能一体化玻璃制品等高端产品的保障能力。

2) 精深加工工程

工程目标:推动玻璃精深加工业发展,延伸产业链,提高玻璃行业工业增加值率。

主要内容:发展玻璃精深加工,鼓励生产加工一体化。在消费集中地,或平板玻璃生产集中地,有序发展特色鲜明、产业链配套完善的玻璃精深加工产业基地。针对绿色建筑需求,发展节能窗与幕墙等产品。

3) 节能减排工程

工程目标:到2015年,浮法玻璃比重提高到90%以上,主要污染物实现达标排放,淘汰综合能耗高和污染物排放不达标的落后产能。

主要内容:严格执行行业准入条件、污染物排放标准和淘汰落后产能计划。建立能源计量管理制度,开展能源管理体系认证和能效对标,对不达标企业实施节能改造。推广全氧燃烧、烟气脱硫脱硝、余热发电、变频调速等先进节能减排技术,提高节能减排综合水平。实施技术改造,推广清洁生产,建设二氧化硫、氮氧化物减排示范工程。提高玻璃原料尾矿综合利用及矿山合理开发。

三、国家对水泥行业的要求

大力实施节能减排技术改造,建立健全能源计量管理体系,推行清洁生产,降低综合能耗,减少污染物排放。着力减少二氧化碳及氮氧化物、二氧化硫等主要污染物排放。新建生产线必须配套建设效率不低于60%的烟气脱硝装置。严格控制粉尘排放,推广减排降噪新技术、新设备。积极开展清洁生产审核,完善清洁生产评价体系。进一步提高散装水泥使用比例。

节能减排工作重点：继续推广余热发电、布袋收尘器、高效篦冷机、立磨、辊压机、低阻高效预热器及分解炉系统、实时质量调控系统、变频调速等技术。开发推广高效氮氧化物、二氧化硫减排装置。

重点研发水泥窑炉高效节能工艺技术及装备，余热梯度利用技术及装备，新型节能粉磨技术与装备，粉尘、氮氧化物、低成本综合减排工艺及装备，二氧化碳的分离、捕获及转化利用技术。

四、国家对资源综合利用产业要求

1）矿产资源综合利用

重点开发加压浸出、生物冶金、矿浆电解技术，提高从复杂难处理金属共生矿和有色金属尾矿中提取铜、镍等国家紧缺矿产资源的综合利用水平；加强中低品位铁矿、高磷铁矿、硼镁铁矿、锡铁矿等复杂共伴生黑色矿产资源开发利用和高效采选；推进煤系油母页岩等资源开发利用，提高页岩气和煤层气综合开发利用水平，发展油母页岩、油砂综合利用及高岭土、铝矾土等共伴生非金属矿产资源的综合利用和深加工。

2）固体废物综合利用

加强煤矸石、粉煤灰、脱硫石膏、磷石膏、化工废渣、冶炼废渣等大宗工业固体废物的综合利用，研究完善高铝粉煤灰提取氧化铝技术，推广大掺量工业固体废物生产建材产品。研发和推广废旧沥青混合料、建筑废物混杂料再生利用技术装备。推广建筑废物分类设备及生产道路结构层材料、人行道透水材料、市政设施复合材料等技术。

3）工业再制造

重点推进汽车零部件、工程机械、机床、电机等再制造，鼓励开展打印机耗材、通信终端设备、办公用品等产品的回收和再制造。研究开发废旧机电产品剩余寿命评估、再制造设计、资源化预处理等关键技术。

4）大宗固体废弃物综合利用

重点开展工业固废脱硫石膏、粉煤灰、冶炼渣的深度利用和领域拓展与开发，推广脱硫石膏的资源化技术，开展脱硝粉煤灰应用研究，推广钢渣矿渣微粉深度利用生产低碳型配置水泥。600吨/天及以上生活垃圾焚烧及其烟气处理系统成套设备、城市污水厂污泥半干法处理或炭化成套设备、生活垃圾热解处理设备。研发和推广建筑废弃物分类设备和混杂料再生利用技术装备。

五、国家对建筑节能行业的要求

在新型节能建材方面，重点发展满足建筑节能要求的新型自保温墙体材料、矿岩棉保温板、复合保温砌块、轻质复合保温板材、光伏一体化建筑用玻璃幕墙、建筑围护结构隔热保温材料、透水混凝土。大力推广节能建筑门窗、节能贴膜、屋面防水保温系统、节能低辐射玻璃，积极发展低能耗绿色建筑。

推广先进、高效的除尘、脱硫、脱硝等环保技术与装备；加强原燃料运输过程中粉尘排放控制；加强能源管理，建立能源计量管理制度，提高全行业能效水平；积极开展清洁生产审核。

建议开展以下工作：

1）开展建筑围护结构设计工作

建筑围护结构组成部件（屋顶、墙、地基、隔热材料、密封材料、门和窗、遮阳设施）的设计对建筑能耗、环境性能、室内空气质量与用户所处的视觉和热舒适环境有根本的影响。一般增大围护结构的费用仅为总投资的3%～6%，而节能却可达20%～40%。改善建筑物围护结构的热工性能，在夏季可减少室外热量传入室内，在冬季可减少室内热量的流失，使建筑热环境得以改善，从而减少建筑冷、热消耗。首先，提高围护结构各组成部件的热工性能，一般通过改变其组成材料的热工性能实行，如欧盟新研制的热二极管墙体（低费用的薄片热二极管只允许单方向的传热，可以产生隔热效果）和热工性能随季节动态变化的玻璃。然后，根据当地的气候、建筑的地理位置和朝向，以建筑能耗软件DOE-2.0的计算结果为指导，选择围护结构组合优化设计方法。最后，评估围护结构各部件与组合的技术经济可行性，以确定技术可行、经济合理的围护结构。

2）提高终端用户用能效率

只有高能效的采暖、空调系统与上述削减室内冷热负荷的措施并行，才能真正地减少采暖、空调能耗。首先，根据建筑的特点和功能，设计高能效的暖通空调设备系统，例如热泵系统、蓄能系统和区域供热、供冷系统等。然后，在使用中采用能源管理和监控系统，监督和调控室内的舒适度、室内空气品质和能耗情况。如欧洲国家通过传感器测量周边环境的温、湿度和日照强度，然后基于建筑动态模型预测采暖和空调负荷，控制暖通空调系统的运行。另外，在其他的家电产品和办公设备方面，应尽量使用经节能认证的产品。如美国一般鼓励采用“能源之星”的产品，而澳大利亚对耗能大的家电产品实施最低能效标准（MEPS）。

3）提高总的能源利用效率

在一次能源转换到建筑设备系统使用的终端能源的过程中，能源损失很大。因

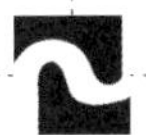

此，应从全过程（包括开采、处理、输送、储存、分配和终端利用）进行评价，以全面反映能源利用效率和能源对环境的影响。建筑中的能耗设备，如空调、热水器、洗衣机等应选用能源效率高的能源进行供应。例如，作为燃料，天然气比电能的总能源效率更高。另外，采用第二代能源系统，可充分利用不同品位热能，最大限度地提高能源利用效率，如热电联产（CHP）、冷热电联产（CCHP）。

六、相关奖励政策

工业和信息化部　住房城乡建设部关于印发《促进绿色建材生产和应用行动方案》的通知　工信部联原〔2015〕309号

各省、自治区、直辖市及计划单列市、新疆生产建设兵团工业和信息化主管部门、住房城乡建设主管部门：

为贯彻落实《中国制造2025》《国务院关于化解产能严重过剩矛盾的指导意见》和《绿色建筑行动方案》，促进绿色建材生产和应用，推动建材工业稳增长、调结构、转方式、惠民生，更好地服务于新型城镇化和绿色建筑发展，我们制定了《促进绿色建材生产和应用行动方案》。现印发你们，请结合实际，认真贯彻落实。

工业和信息化部　住房城乡建设部

2015年8月31日

促进绿色建材生产和应用行动方案

绿色建材是指在全生命期内减少对自然资源消耗和生态环境影响，具有“节能、减排、安全、便利和可循环”特征的建材产品。我国建材工业资源能源消耗高、污染物排放总量大、产能严重过剩、经济效益下滑，绿色建材发展滞后、生产占比低、应用范围小。促进绿色建材生产和应用，是拉动绿色消费、引导绿色发展、促进结构优化、加快转型升级的必由之路，是绿色建材和绿色建筑产业融合发展的迫切需要，是改善人居环境、建设生态文明、全面建成小康社会的重要内容。为加快绿色建材生产和应用，制定本行动方案。

总体要求：以党的十八大和十八届三中、四中全会精神为指导，贯彻落实《中国制造2025》《国务院关于化解产能严重过剩矛盾的指导意见》和《绿色建筑行动方案》等要求，以新型工业化、城镇化等需求为牵引，以促进绿色生产和绿色消费为主要目的，以绿色建材生产和应用突出问题为导向，明确重点任务，开展专项行动，实现建材工业和建筑业稳增长、调结构、转方式和可持续发展，大力推动绿色建筑发展、绿色城市建设。

行动目标：到2018年，绿色建材生产比重明显提升，发展质量明显改善。绿色建材在行业主营业务收入中占比提高到20%，品种质量较好满足绿色建筑需要，与2015年相比，建材工业单位增加值能耗下降8%，氮氧化物和粉尘排放总量削减8%；绿色建材应用占比稳步提高。新建建筑中绿色建材应用比例达到30%，绿色建筑应用比例达到50%，试点示范工程应用比例达到70%，既有建筑改造应用比例提高到80%。

一、建材工业绿色制造行动

（一）全面推行清洁生产。支持现有企业实施技术改造，提高绿色制造水平。推广应用建材窑炉烟气脱硫脱硝除尘、煤洁净气化以及建材智能制造、资源综合利用等共性技术，优先支持建筑卫生陶瓷行业清洁生产技术改造。平板玻璃行业限制高硫石油焦燃料。引导北方采暖区水泥企业在冬季供暖期开展错峰生产，节能减排，减少雾霾。

推广新型耐火材料。全面推广无铬耐火材料，从源头消减重金属污染。开发推广结构功能一体化、长寿命及施工便利的新型耐火材料和微孔结构高效隔热材料。

（二）强化综合利用，发展循环经济。支持利用城市周边现有水泥窑协同处置生活垃圾、污泥、危险废物等。支持利用尾矿、产业固体废弃物，生产新型墙体材料、机制砂石等。以建筑垃圾处理和再利用为重点，加强再生建材生产技术和工艺研发，提高固体废弃物消纳量和产品质量。

（三）推进两化融合，发展智能制造。引导建材生产企业提高信息化、自动化水平，重点在水泥、建筑卫生陶瓷等行业推进智能制造并提升水平。深化电子商务应用，利用二维码、云计算等技术建立绿色建材可追溯信息系统，提高绿色建材物流信息化和供应链协同水平。开发推广工业机器人，在建筑陶瓷、玻璃、玻纤等行业开展“机器代人”试点。

二、绿色建材评价标识行动

（四）开展绿色建材评价。按照《绿色建材评价标识管理办法》，建立绿色建材评价标识制度。抓紧出台实施细则和各类建材产品的绿色评价技术要求。开展绿色建材星级评价，发布绿色建材产品目录。指导建筑业和消费者选材，促进建设全国统一、开放有序的绿色建材市场。

（五）构建绿色建材信息系统。建立绿色建材数据库和信息采集、共享制度。利用“互联网＋”等信息技术构建绿色建材公共服务系统，发布绿色建材评价标识、试点示范等信息，普及绿色建材知识。构建绿色建材选用机制，疏通建筑工程绿色建材选用通道，实现产品质量可追溯。研究建立绿色建材第三方信息发布平台。

（六）扩大绿色建材的应用范围。围绕绿色建筑需求和建材工业发展方向，重点开展通用建筑材料、节能节地节水节材与建筑室内外环境保护等方面材料和产品的绿色评价工作。在推进绿色建筑发展和开展绿色建筑评价工作中强化对绿色建材应用的相关要求。在工业和信息化部、住房城乡建设部各类试点示范工程和推广项目中，进一步明确对绿色建材使用的规定。

三、水泥与制品性能提升行动

（七）发展高品质和专用水泥。制修订水泥产品标准，完善产品质量标准体系，鼓励生产和使用高标号水泥、纯熟料水泥。优先发展并规范使用海工、核电、道路等工程专用水泥。支持延伸产业链，完善混凝土掺合料标准，加快机制砂石工业化、标准化和绿色化。

（八）推广应用高性能混凝土。鼓励使用C35及以上强度等级预拌混凝土，推广大掺量掺和料及再生骨料应用技术，提升高性能混凝土应用技术水平。研究开发高性能混凝土耐久性设计和评价技术，延长工程寿命。

（九）大力发展装配式混凝土建筑及构配件。积极推广成熟的预制装配式混凝土结构体系，优化完善现有预制框架、剪力墙、框架-剪力墙结构等装配式混凝土结构体系。完善混凝土预制构配件的通用体系，推进叠合楼板、内外墙板、楼梯、阳台、厨卫装饰等工厂化生产，引导构配件产业系列化开发、规模化生产、配套化供应。

四、钢结构和木结构建筑推广行动

（十）发展钢结构建筑和金属建材。在文化体育、教育医疗、交通枢纽、商业仓储等公共建筑中积极采用钢结构，发展钢结构住宅。工业建筑和基础设施大量采用钢结构。在大跨度工业厂房中全面采用钢结构。推进轻钢结构农房建设。鼓励生产和使用轻型铝合金模板和彩铝板。

（十一）发展木结构建筑。促进城镇木结构建筑应用，推动木结构建筑在政府投资的学校、幼托、敬老院、园林景观等低层新建公共建筑，以及城镇平改坡中使用。推进多层木-钢、木-混凝土混合结构建筑，在以木结构建筑为特色的地区、旅游度假区重点推广木结构建筑。在经济发达地区的农村自建住宅、新农村居民点建设中重点推进木结构农房建设。

（十二）大力发展生物质建材。促进木材加工和保护产业发展，支持利用农作物秸秆、竹纤维、木屑等发展生物质建材，优先发展和使用生物质纤维增强的木塑、新型镁质建材等围护用和装饰装修用产品。鼓励在竹资源丰富地区，发展竹制建材和竹结构建筑。

五、平板玻璃和节能门窗推广行动

（十三）大力推广节能门窗。实施建筑能效提升工程，建设高星级绿色建筑，发展超低能耗、近零能耗建筑。新建公共建筑、绿色建筑和既有建筑节能改造应使用低辐射镀膜玻璃、真（中）空玻璃、断桥铝合金等节能门窗，带动平板玻璃和铝型材生产线升级改造。

（十四）严格使用安全玻璃。加强安全玻璃生产和使用监督检查，适时修订《建筑安全玻璃管理规定》，切实规范建筑安全玻璃生产、流通、设计、使用和安装管理，防止以次充好，消除玻璃门窗和幕墙安全隐患。

（十五）发展新型和深加工玻璃产品。鼓励太阳能光热、光伏与建筑装配一体化，带动光热光伏玻璃产业发展。支持发展电子信息用屏显玻璃基板、防火玻璃、汽车和高铁等用风挡玻璃基板等新产品，提高深加工水平和产品附加值。

六、新型墙体和节能保温材料革新行动

（十六）新型墙体材料革新。重点发展本质安全和节能环保、轻质高强的墙体和屋面材料，引导利用可再生资源制备新型墙体材料。推广预拌砂浆，研发推广钢结构等装配式建筑应用的配套墙体材料。

（十七）发展高效节能保温材料。鼓励发展保温、隔热及防火性能良好、施工便利、使用寿命长的外墙保温材料，开发推广结构与保温装饰一体化外墙板。

七、陶瓷和化学建材消费升级行动

（十八）推广陶瓷薄砖和节水洁具。推广使用大型化、薄型化的陶瓷砖，节水、轻量的坐便器（小便器）。开发新型水龙头、马桶盖等智能卫浴用品，促进卫生陶瓷人性化、智能化生产，更好满足个性化消费。发展透水砖等城镇道路建设材料及集水系统，支撑海绵城市建设。

（十九）提升管材和型材品质。大力推广应用耐腐蚀、密封性好、保温节能的新型管材和型材，提高使用寿命和耐久性。支持生产和推广使用大口径、耐腐蚀、长寿命、低渗漏、免维护的高分子材料或复合材料管材、管件，支撑地下管廊建设。

（二十）推广环境友好型涂料、防水和密封材料。支持发展低挥发性有机化合物（VOCs）的水性建筑涂料、建筑胶黏剂，推广应用耐腐蚀、耐老化、使用寿命长、施工方便快捷的高分子防水材料、密封材料和热反射膜。

八、绿色建材下乡行动

（二十一）支持绿色农房建设。结合新农村建设、绿色农房建设需要，落实《关于开展绿色农房建设的通知》，引导各地因地制宜生产和使用绿色建材，编制绿色农房用绿色建材产品目录，重点推广应用节能门窗、轻型保温砌块、预制部品部件等绿色建材产品，提高绿色农房防灾减灾能力。

（二十二）支持现代设施农业发展。围绕现代设施农业，积极发展和推广安全性好、性价比高、使用便利的玻璃、岩棉等产品。

九、试点示范引领行动

（二十三）工程应用示范。制定绿色建材应用试点示范申报、评审和验收等办法。结合绿色建筑、保障房建设、绿色生态城区、既有建筑节能改造、绿色农房、建筑产业现代化等工作，明确绿色建材应用的相关要求。选择典型城市和工程项目，开展钢结构、木结构、装配式混凝土结构等建筑应用绿色建材试点示范。

（二十四）产业园区示范。在绿色建材发展基础好的地区，依托优势企业，整合要素资源，完善研发设计、检测验证、现代物流、电子商务等公共服务体系，支持建设以绿色建材为特色的产业园区。

（二十五）协同处置示范。按照《关于促进生产过程协同资源化处理城市和产业废弃物工作的意见》，持续开展好水泥窑协同处置城市生活垃圾等废弃物的试点示范。开展固体废弃物再生建材综合利用示范，建立再生建材工程应用长期监测机制，积累再生建材应用安全性技术资料。

十、强化组织实施行动

（二十六）加强组织领导。建立由工业和信息化部、住房城乡建设部牵头，相关部门参加的绿色建材生产和应用协调机制。加强绿色建材生产应用与绿色建筑发展、绿色城市建设的内在联系，统筹绿色建材生产、使用、标准、评价等环节，加强政策衔接，强化部门联动，组织实施相关行动，督促落实重点任务，协调完善推进措施。

（二十七）研究制定配套政策。利用现有渠道，引导社会资本，加大对共性关键技术研发投入，支持企业开展绿色建材生产和应用技术改造。研究制定财税、价格等相关政策，激励水泥窑协同处置、节能玻璃门窗、节水洁具、陶瓷薄砖、新型墙材等绿色建材生产和消费。支持有条件的地区设立绿色建材发展专项资金，对绿色建材生产和应用企业给予贷款贴息。将绿色建材评价标识信息纳入政府采购、招投标、融资授信等环节的采信系统。研究制定建材下乡专项财政补贴和钢结构部品生产企业增值税优惠政策。

（二十八）完善标准规范。进一步修改完善行业规范和准入标准，公告符合规范条件的企业和生产线名单。强化环保、能耗、质量和安全标准约束，构建强制性标准和自愿采用性标准相结合的标准体系。加强建筑工程设计规范与绿色建材产品标准的联动。取消复合水泥 32.5 等级标准，大力推进特种和专用水泥应用。

（二十九）搭建创新平台。依托大型企业集团、科研院所、大专院校等单位，构建完善产学研用相结合的产业发展创新体系。创建一批以绿色建材为特色的技术中心、工程中心或重点实验室，完善产业发展所需公共研发、技术转化、检验认证等平台。加强建材生产与建筑设计、工程建造等上下游企业互动，组建绿色建材产业发展联盟。依托尾矿、建筑废弃物等资源建设新型墙体材料、机制砂石生产基地。

（三十）开展宣传教育和检查。加大培训力度，开展绿色建材生产和应用的培

训。开展形式多样的绿色建材宣传活动，强化公众绿色生产和消费理念，提高对绿色建材政策的理解与参与，使绿色建材的生产与应用成为全行业和社会各界的自觉行动。开展绿色建材行动检查，对不执行绿色建材生产和使用有关规定的，要加强舆论监督和通报批评。

各地要结合本地建材工业和建筑业发展实际，尽快制订本地区绿色建材发展实施方案，明确主体责任，扎实推进本地区绿色建材生产和应用各项工作。

住房城乡建设部 工业和信息化部关于印发《绿色建材评价标识管理办法》的通知

各省、自治区、直辖市住房城乡建设厅(委)、工业和信息化主管部门，新疆生产建设兵团建设局、工业和信息化委员会，计划单列市住房城乡建设委、工业和信息化主管部门，有关单位：

为落实《国务院关于化解产能严重过剩矛盾的指导意见》(国发[2013]41号)、《国务院关于印发大气污染防治行动计划的通知》(国发[2013]37号)和《国务院办公厅关于转发发展改革委住房城乡建设部绿色建筑行动方案的通知》(国办发[2013]1号)要求，大力发展绿色建材，支撑建筑节能、绿色建筑和新型城镇化建设需求，落实节约资源、保护环境的基本国策，加快转变城乡建设模式和建筑业发展方式，改善需求结构，培育新兴产业，促进建材工业转型升级，推动工业化和城镇化良性互动，住房城乡建设部、工业和信息化部制定了《绿色建材评价标识管理办法》。现将《绿色建材评价标识管理办法》印发给你们，请结合本地情况，依照本办法开展绿色建材评价标识工作。

中华人民共和国住房和城乡建设部
中华人民共和国工业和信息化部
2014年5月21日

绿色建材评价标识管理办法

第一章　总　则

第一条　为加快绿色建材推广应用，规范绿色建材评价标识管理，更好地支撑绿色建筑发展，制定本办法。

第二条　本办法所称绿色建材是指在全生命周期内可减少对天然资源消耗和减轻对生态环境影响，具有“节能、减排、安全、便利和可循环”特征的建材产品。

第三条　本办法所称绿色建材评价标识(以下简称“评价标识”)，是指依据绿色建材评价技术要求，按照本办法确定的程序和要求，对申请开展评价的建材产品进行

评价,确认其等级并进行信息性标识的活动。

标识包括证书和标志,具有可追溯性。标识的式样与格式由住房城乡建设部和工业和信息化部共同制定。

证书包括以下内容:

(一)申请企业名称、地址;

(二)产品名称、产品系列、规格/型号;

(三)评价依据;

(四)绿色建材等级;

(五)发证日期和有效期限;

(六)发证机构;

(七)绿色建材评价机构;

(八)证书编号;

(九)其他需要标注的内容。

第四条　每类建材产品按照绿色建材内涵和生产使用特性,分别制定绿色建材评价技术要求。

标识等级依据技术要求和评价结果,由低至高分为一星级、二星级和三星级三个等级。

第五条　评价标识工作遵循企业自愿原则,坚持科学、公开、公平和公正。

第六条　鼓励企业研发、生产、推广应用绿色建材。鼓励新建、改建、扩建的建设项目优先使用获得评价标识的绿色建材。绿色建筑、绿色生态城区、政府投资和使用财政资金的建设项目,应使用获得评价标识的绿色建材。

第二章　组织管理

第七条　住房城乡建设部、工业和信息化部负责全国绿色建材评价标识监督管理工作,指导各地开展绿色建材评价标识工作。负责制定实施细则和绿色建材评价机构管理办法,制定绿色建材评价技术要求,建立全国统一的绿色建材标识产品信息发布平台,动态发布管理所有星级产品的评价结果与标识产品目录。

第八条　住房城乡建设部、工业和信息化部负责三星级绿色建材的评价标识管理工作。省级住房城乡建设、工业和信息化主管部门负责本地区一星级、二星级绿色建材评价标识管理工作,负责在全国统一的信息发布平台上发布本地区一星级、二星级产品的评价结果与标识产品目录,省级主管部门可依据本办法制定本地区管理办法或实施细则。

第九条　绿色建材评价机构依据本办法和相应的技术要求,负责绿色建材的评价标识工作,包括受理生产企业申请,评价、公示、确认等级,颁发证书和标志。

第三章　申请和评价

第十条　绿色建材评价标识申请由生产企业向相应的绿色建材评价机构提出。

第十一条　企业可根据产品特性、评价技术要求申请相应星级的标识。

第十二条　绿色建材评价标识申请企业应当具备以下条件：

（一）具备独立法人资格；

（二）具有与申请相符的生产能力和知识产权；

（三）符合行业准入条件；

（四）具有完备的质量管理、环境管理和职业安全卫生管理体系；

（五）申请的建材产品符合绿色建材的技术要求，并在绿色建筑中有实际工程应用；

（六）其他应具备的条件。

第十三条　申请企业应当提供真实、完整的申报材料，提交评价申报书，提供相关证书、检测报告、使用报告、影像记录等资料。

第十四条　绿色建材评价机构依据本办法及每类绿色建材评价技术要求进行独立评价，必要时可进行生产现场核查和产品抽检。

第十五条　评审结果由绿色建材评价机构进行公示，依据公示结果确定标识等级，颁发证书和标志，同时报主管部门备案，由主管部门在信息平台上予以公开。

标识有效期为3年。有效期届满6个月前可申请延期复评。

第十六条　取得标识的企业，可将标识用于相应绿色建材产品的包装和宣传。

第四章　监督检查

第十七条　标识持有企业应建立标识使用管理制度，规范使用证书和标志，保证出厂产品与标识的一致性。

第十八条　标识不得转让、伪造或假冒。

第十九条　对绿色建材评价过程或评价结果有异议的，可向主管部门申诉，主管部门应及时进行调查处理。

第二十条　出现下列重大问题之一的，由绿色建材评价机构撤销或者由主管部门责令绿色建材评价机构撤销已授予标识，并通过信息发布平台向社会公布。

（一）出现影响环境的恶性事件和重大质量事故的；

（二）标识产品经国家或省市质量监督抽查或工商流通领域抽查不合格的；

（三）标识产品与申请企业提供的样品不一致的；

（四）超范围使用标识的；

（五）以欺骗等不正当手段获得标识的；

（六）其他依法应当撤销的情形。

被撤销标识的企业,自撤销之日起2年内不得再次申请标识。

第五章　附　则

第二十一条　每类建材产品的评价技术要求、绿色建材评价机构管理办法等配套文件由住房城乡建设部、工业和信息化部另行发布。

第二十二条　本办法自印发之日起实施。

关于印发《上海市可再生能源和新能源发展专项资金扶持办法》的通知沪发改能源〔2014〕87号

各有关单位:

为进一步支持本市可再生能源和新能源发展,推进节能减排和能源结构优化调整,带动和促进战略性新兴产业发展,市发展改革委、市财政局会同相关单位修订了《上海市可再生能源和新能源发展专项资金扶持办法》,并报请市政府审定同意。现印发给你们,请按照执行。

附件:上海市可再生能源和新能源发展专项资金扶持办法

上海市发展和改革委员会

上海市财政局

二〇一四年四月二十一日

上海市城乡建设和交通委员会关于批准《岩棉板(带)薄抹灰外墙外保温系统应用技术规程》为上海市工程建设规范的通知

沪建交〔2013〕589号

上海市城乡建设和交通委员会

关于批准《岩棉板(带)薄抹灰外墙外保温系统

应用技术规程》为上海市工程建设规范的通知

各有关单位:

由同济大学等单位主编的《岩棉板(带)薄抹灰外墙外保温系统应用技术规程》,经市建设交通委科技委技术审查和我委审核,现批准为上海市工程建设规范,统一编号为DG/TJ08—2126—2013,自2013年8月1日起实施。

本规范由上海市城乡建设和交通委负责管理、同济大学负责解释。

享受增值税优惠政策的新型墙体材料目录

一、砖类

(一)非粘土烧结多孔砖(符合GB13544—2000技术要求)和非粘土烧结空心砖

(符合 GB13545—2003 技术要求)。

(二) 混凝土多孔砖(符合 JC943—2004 技术要求)。

(三) 蒸压粉煤灰砖(符合 JC239—2001 技术要求)和蒸压灰砂空心砖(符合 JC/T637—1996 技术要求)。

(四) 烧结多孔砖(仅限西部地区,符合 GB13544—2000 技术要求)和烧结空心砖(仅限西部地区,符合 GB13545—2003 技术要求)。

二、砌块类

(一) 普通混凝土小型空心砌块(符合 GB8239—1997 技术要求)。

(二) 轻集料混凝土小型空心砌块(符合 GB15229—2002 技术要求)。

(三) 烧结空心砌块(以煤矸石、江河湖淤泥、建筑垃圾、页岩为原料,符合 GB13545—2003 技术要求)。

(四) 蒸压加气混凝土砌块(符合 GB/T11968—2006 技术要求)。

(五) 石膏砌块(符合 JC/T698—1998 技术要求)。

(六) 粉煤灰小型空心砌块(符合 JC862—2000 技术要求)。

三、板材类

(一) 蒸压加气混凝土板(符合 GB15762—1995 技术要求)。

(二) 建筑隔墙用轻质条板(符合 JG/T169—2005 技术要求)。

(三) 钢丝网架聚苯乙烯夹芯板(符合 JC623—1996 技术要求)。

(四) 石膏空心条板(符合 JC/T829—1998 技术要求)。

(五) 玻璃纤维增强水泥轻质多孔隔墙条板(简称 GRC 板,符合 GB/T19631—2005 技术要求)。

(六) 金属面夹芯板。其中:金属面聚苯乙烯夹芯板(符合 JC689—1998 技术要求);金属面硬质聚氨酯夹芯板(符合 JC/T868—2000 技术要求);金属面岩棉、矿渣棉夹芯板(符合 JC/T869—2000 技术要求)。

(七) 建筑平板。其中:纸面石膏板(符合 GB/T9775—1999 技术要求);纤维增强硅酸钙板(符合 JC/T564—2000 技术要求);纤维增强低碱度水泥建筑平板(符合 JC/T626—1996 技术要求);维纶纤维增强水泥平板(符合 JC/T671—1997 技术要求);建筑用石棉水泥平板(符合 JC/T412 技术要求)。

四、符合国家标准、行业标准和地方标准的混凝土砖、烧结保温砖(砌块)、中空钢网内模隔墙、复合保温砖(砌块)、预制复合墙板(体),聚氨酯硬泡复合板及以专用聚氨酯为材料的建筑墙体。

上海市可再生能源和新能源发展专项资金扶持办法

第一条（目的和依据）

为进一步支持本市可再生能源和新能源（以下简称“新能源”）发展，推进节能减排和能源结构优化调整，带动和促进战略性新兴产业发展，根据《中华人民共和国可再生能源法》、《国务院关于促进光伏产业健康发展的若干意见》、《上海市节能减排专项资金管理办法》等有关规定，制定本办法。

第二条（实施年限）

本办法适用于本市2013—2015年投产发电的新能源项目。2013年之前投产项目和往年结转项目继续执行原扶持政策。

第三条（资金来源）

用于新能源发展专项扶持的资金，在市节能减排专项资金中安排。

第四条（支持范围）

（一）风电

1. 陆上风电项目

2. 海上风电项目

（二）光伏

1. 光伏电站（全额上网）。

2. 分布式光伏项目（自发自用、余电上网，包含个人光伏发电）。

3. 光伏项目须纳入国家年度规模计划，对已享受国家金太阳、光电建筑补贴的项目不再进行扶持。

（三）市政府确定的其他新能源工程及示范项目。

第五条（支持方式）

（一）对于风电、光伏项目，根据实际产生的电量（风电按上网电量，光伏按发电量）对项目投资主体给予奖励，奖励时间为连续5年。单个项目的年度奖励金额不超过5000万元。具体标准如下：

陆上风电：0.1元/千瓦时

海上风电：0.2元/千瓦时

光伏电站：0.3元/千瓦时

分布式光伏：按照电量消纳用户的类别区分，工、商业用户为0.25元/千瓦时，个人、学校等享受优惠电价用户为0.4元/千瓦时。

（二）如市场成本和国家补贴政策变化较大，市发展改革委、市财政局可对年度新申请项目度电奖励标准进行适当调整。

（三）其他项目的扶持方式和标准视具体情况另行制订。已享受其他市节能减排专项资金的项目不再重复支持。

第六条（年度计划编制）

（一）各区县发展改革委梳理并于每年8月底编制下一年度专项资金申请计划报市发展改革委。扶持资金年度使用计划应包括：计划申请项目类别、数量、基本情况和扶持金额等内容。

（二）市发展改革委对各区县发展改革委申报的计划进行统筹平衡，结合上海新能源发展规划和年度开发规模计划，编制提出下一年度扶持资金使用计划，于每年10月底前报市节能减排工作领导小组办公室。

第七条（申报程序）

（一）市发展改革委根据专项资金年度计划，每半年将组织开展一次奖励项目申报工作。

（二）项目投资主体应在项目投产发电后，向其所在区县发展改革委提出申请。个人光伏项目采取打捆的方式，由各供电公司向项目所在区县发展改革委代为申报。

（三）区县发展改革委按规定对申报项目进行初审并提出审查意见后，于每年4月、10月底前上报市发展改革委。

（四）已列入往年专项资金支持目录的项目不需重复申报。

第八条（申报材料）

享受奖励的项目应填写申请表，提供项目批复文件、电网企业出具的电量证明文件。

第九条（项目审核）

市发展改革委按照公平、公正、公开原则，组织专家对已申报项目进行评审。根据专家评审意见，市发展改革委会同市财政局等部门对项目进行综合平衡后形成审核意见。项目评审的主要事项包括：

（一）项目是否符合本市新能源发展规划、年度开发计划和产业政策等；

（二）项目是否对推动本市新能源发展具有积极作用；

（三）项目是否对促进本市新能源技术研发和产业化生产具有良好的带动示范效应；

（四）项目是否具有良好的节能减排效果；

（五）按有关规定需要评估和审查的其他事项。

第十条（结果发布）

市发展改革委每年5月、11月底前对年度新增奖励项目目录予以公布，并抄送各区县发展改革委和市电力公司。

列入目录的项目从下一个季度开始享受奖励。

第十一条(资金拨付)

市电力公司每季度第一个月将奖励项目的上季度实际电量和应奖励金额报市发展改革委，市发展改革委进行审核汇总，向市财政局提出拨款申请。市财政局将资金统一拨付给市电力公司，市电力公司应在收到财政资金后，10个工作日内转付给各项目投资主体。

第十二条(监督和管理)

(一) 各区县发展改革委负责对本地区奖励项目进行监督和管理。

(二) 市发展改革委可会同市财政局等部门对奖励项目进行抽查和后评价(具体操作办法将另行制定)，对未通过检查评价的项目，将视情况停止对项目的资金扶持。

(三) 市财政局、市审计局负责对专项资金的使用进行监督和审计。

(四) 扶持资金必须专款专用，任何单位不得截留、挪用。对弄虚作假，冒领或者截留、挪用、滞留扶持资金的，一经查实，将收回扶持资金，并按有关规定进行处理。

第十三条(附则)

(一) 本办法由市发展改革委会同市财政局负责解释。

(二) 本办法自发布之日起实施。2008年9月发布的《上海市可再生能源和新能源发展专项资金扶持办法》同时废止。

附录二[①]：
建材行业节能减排主要标准选编

水泥单位产品能源消耗限额

前　　言

本标准按照 GB/T 1.1-2009 给出的规则起草。

本标准 4.1 和 4.2 为强制性条款。

本标准由上海市建材专业标准化技术委员会和上海市建材行业能源利用监测站提出。

本标准由上海市建材专业标准化技术委员会归口。

本标准负责起草单位：上海市建筑科学研究院(集团)有限公司、上海市建材行业能源利用监测站、上海建科检验有限公司。

本标准参加起草单位：上海市水泥行业协会、同济大学、上海市节能监察中心、上海建筑材料集团水泥有限公司、上海崛荣实业有限公司。

本标准主要起草人：沈丽华、王力、诸葛培智、王培铭、陈秀芬、戴民华、马勇、张峙琪、朱洪波、姚建波、李生扬、张建新、吴刚、王诚、单丛利、郑东林、张媛、於林峰、王美华。

本标准为首次发布。

水泥单位产品能源消耗限额

1　范围

本标准规定了上海市通用硅酸盐水泥单位产品能源消耗(以下简称能耗)限额的技术要求、统计范围和计算方法、节能管理与措施。

本标准适用于通用硅酸盐水泥生产企业能耗的计算、考核以及对新建项目的能耗控制。

2　规范性引用文件

下列文件对于本文件的应用是必不可少的。凡是注日期的引用文件，仅所注日

---

① 附录二中引用的标准仅供参考，内容以正式发布的为准。

期的版本适用于本文件。凡是不注日期的引用文件,其最新版本(包括所有的修改单)适用于本文件。

GB 175—2007　通用硅酸盐水泥

GB/T 213　煤的发热量测定方法

GB/T 384　石油产品热值测定方法

GB/T 2589　综合能耗计算通则

GB/T 12497　三相异步电动机经济运行

GB/T 13462　电力变压器经济运行

GB/T 13469　离心泵、混流泵、轴流泵与旋涡泵系统经济运行

GB/T 13470　通风机系统经济运行

GB 17167　用能单位能源计量器具配备和管理通则

GB/T 17671—1999　水泥胶砂强度检验方法(ISO 法)

GB/T 17954　工业锅炉经济运行

GB 18613　中小型三相异步电动机能效限定值及能效等级

GB/T 19065　电加热锅炉系统经济运行

GB 19153　容积式空气压缩机能效限定值及能效等级

GB 19761　通风机能效限定值及能效等级

GB 19762　清水离心泵能效限定值及节能评价值

GB 20052　三相配电变压器能效限定值及节能评价值

GB/T 24851　建筑材料行业能源计量器具配备和管理要求

HJ 467　清洁生产标准　水泥工业

JC/T 733　水泥回转窑热平衡测定方法

3　术语和定义

下列术语和定义适用于本文件。

3.1　熟料综合煤耗　comprehensive standard coal consumption of clinker

在统计期内生产每吨熟料的燃料消耗,包括烘干原燃材料和烧成熟料消耗的燃料,以 e_{cl} 表示,单位为千克标准煤每吨(kgce/t)。

3.2　可比熟料综合煤耗　comparable comprehensive standard coal consumption of clinker

熟料综合煤耗统一修正后所得的综合煤耗,以 e_{kcl} 表示,单位为千克标准煤每吨(kgce/t)。

按熟料 28d 抗压强度等级修正到 52.5 等级及海拔高度统一修正。

3.3 熟料综合电耗 comprehensive electricity consumption of clinker

在统计期内生产每吨熟料的综合电力消耗，包括熟料生产各过程的电耗和生产熟料辅助过程的电耗，以 Q_{CL} 表示，单位为千瓦时每吨(kWh/t)。

3.4 可比熟料综合电耗 comparable comprehensive electricity consumption of clinker

熟料综合电耗统一修正后所得的综合电耗，以 Q_{KCL}。表示，单位为千瓦时每吨(kWh/t)。

按熟料 28d 抗压强度等级修正到 52.5 等级及海拔高度统一修正。

3.5 可比熟料综合能耗 comparable comprehensive energy consumption of clinker

在统计期内生产每吨熟料消耗的各种能源统一修正后并折算成标准煤所得的综合能耗，以 ECL 表示，单位为千克标准煤每吨(kgce/t)。

按熟料 28d 抗压强度等级修正到 52.5 等级及海拔高度统一修正。

3.6 水泥综合电耗 comprehensive electricity consumption of cement

在统计期内生产每吨水泥的综合电力消耗，包括水泥生产各过程的电耗和生产水泥的辅助过程电耗(包括厂内线路损失以及车间办公室、仓库的照明等消耗)，以 Q_S 表示，单位为千瓦时每吨(kWh/t)。

3.7 可比水泥综合电耗 comparable comprehensive electricity consumption of cement

水泥综合电耗统一修正后所得的综合电耗，以 Q_{KS} 表示，单位为千瓦时每吨(kWh/t)。

按水泥 28d 抗压强度等级修正到出厂为 42.5 等级及混合材掺量统一修正。

3.8 可比水泥综合能耗 comparable comprehensive energy consumption of cement

在统计期内生产每吨水泥消耗的各种能源统一修正后并折算成标准煤所得的综合能耗，以 EKS 表示，单位为千克标准煤每吨(kgce/t)。

按熟料 28d 抗压强度等级修正到 52.5 等级、海拔高度、水泥 28d 抗压强度等级修正到出厂为 42.5 等级及混合材掺量统一修正。

3.9 水泥配制 cement blending

硅酸盐类水泥中加入适量的磨细混合材，均匀混合生产水泥的方式。

4 技术要求

4.1 现有水泥企业水泥单位产品能耗限额

现有水泥熟料和水泥生产企业的单位产品能耗限额指标包括综合能耗、综合电耗等 5 项,其值应符合表 1 的规定。

表 1　现有水泥企业水泥单位产品能耗限额

分　类	可比熟料综合煤耗限额(kgce/t)	可比熟料综合电耗[a] 限额(kWh/t)	可比水泥综合电耗[b] 限额(kWh/t)	可比熟料综合能耗限额(kgce/t)	可比水泥综合能耗限额(kgce/t)
<2 000 t/d	≤128	≤74	≤110	≤137	≤112
水泥粉磨企业	—	—	≤40	—	—
水泥配制企业	—	—	≤4.5	—	—

a. 对只生产水泥熟料的企业。
b. 对生产水泥的企业(包括水泥粉磨企业和水泥配制企业)。

4.2　新建水泥企业水泥单位产品能耗限额准入值

新建水泥生产企业的单位产品能耗限额准入值指标包括综合能耗和综合电耗等 5 项,其值应符合表 2 的规定。

表 2　新建水泥企业[a] 水泥单位产品能耗限额准入值

分　类	可比熟料综合煤耗限额(kgce/t)	可比熟料综合电耗[b] 限额(kWh/t)	可比水泥综合电耗[c] 限额(kWh/t)	可比熟料综合能耗限额(kgce/t)	可比水泥综合能耗限额(kgce/t)
4 000 t/d 以上(含 4 000 t/d)	≤110	≤62	≤88	≤118	≤95
水泥粉磨企业	—	—	≤36	—	—
水泥配制企业	—	—	≤4.0	—	—

a. 对新建(包括投产后的)企业。
b. 对只生产水泥熟料的企业。
c. 对生产水泥的企业(包括水泥粉磨企业和水泥配制企业)。

4.3　水泥企业水泥单位产品能耗限额先进值

水泥生产企业应通过节能技术改造和加强节能管理来达到表 3 中的能耗限额先进值。

表 3　水泥企业水泥单位产品能耗限额先进值

分　类	可比熟料综合煤耗限额(kgce/t)	可比熟料综合电耗[a] 限额(kWh/t)	可比水泥综合电耗[b] 限额(kWh/t)	可比熟料综合能耗限额(kgce/t)	可比水泥综合能耗限额(kgce/t)
4 000 t/d 以上(含 4 000 t/d)	≤107	≤60	≤85	≤114	≤93
水泥粉磨企业	—	—	≤33	—	—
水泥配制企业	—	—	≤3.5	—	—

a. 对只生产水泥熟料的企业。
b. 对生产水泥的企业(包括水泥粉磨企业和水泥配制企业)。

5 统计范围和计算方法

5.1 统计范围

5.1.1 燃料的统计范围

5.1.1.1 熟料综合煤耗统计范围

从原燃材料进入生产厂区开始,到水泥熟料出厂的整个熟料生产过程消耗的燃料量,包括烘干原燃材料和烧成熟料消耗的燃料。采用废弃物作为替代原料时,处理废弃物消耗的燃料不计入燃料消耗。

窑头冷却机废气和窑尾废气用于余热电站发电时,应单独统计余热电站发电量及余热电站自用电量。采用窑头冷却机废气和窑尾废气进行其他余热利用时,应统计余热利用总量。

废弃物种类见财税[2008]156号财政部、国家税务总局《关于资源综合利用及其他产品增值税政策的通知》中附件2的规定和财税[2009]163号《关于资源综合利用及其他产品增值税政策的补充的通知》中的规定。

5.1.1.2 可比水泥综合能耗中标准煤耗统计范围

从原燃材料进入生产厂区开始,到水泥出厂的整个水泥生产过程消耗的燃料量,包括烘干原燃材料和水泥混合材以及烧成熟料消耗的燃料。采用废弃物作为替代原料时,处理废弃物消耗的燃料不计入燃料消耗。采用废弃物作为水泥混合材时,烘干废弃物消耗的燃料不计入燃料消耗。

窑头冷却机废气和窑尾废气用于余热电站发电时,应单独统计余热电站发电量及余热电站自用电量。采用窑头冷却机废气和窑尾废气进行其他余热利用时,应统计余热利用总量。

5.1.2 电耗的统计范围

5.1.2.1 熟料综合电耗统计范围

从原燃材料进入生产厂区开始,到水泥熟料出厂的整个熟料生产过程消耗的电量,不包括用于基建、技改等项目建设消耗的电量。采用废弃物作为替代原料时,处理废弃物消耗的电量不计入综合电耗。

5.1.2.2 水泥综合电耗统计范围

从原燃材料进入生产厂区开始,到水泥出厂的整个水泥生产过程消耗的电量,不包括用于基建、技改等项目建设消耗的电量。采用废弃物作为替代原料或水泥混合材时,处理废弃物消耗的电量不计入综合电耗。

对有部分熟料外购的水泥生产企业,其可比水泥综合电耗和可比水泥综合能耗计算中熟料综合电耗按购入熟料生产企业的可比熟料综合电耗计算。

5.1.2.3　水泥粉磨企业综合电耗统计范围

从水泥熟料、石膏和混合材等进入生产厂区到水泥出厂的整个水泥生产过程消耗的电量。

5.1.2.4　水泥配制企业综合电耗统计范围

从水泥、混合材等进入生产厂区到水泥出厂的整个水泥生产过程消耗的电量。

5.2　统计方法

5.2.1　燃料统计方法

在统计期内水泥企业定期统计用于烘干原燃材料、水泥混合材和烧成熟料的原煤用量，以及点火用油或用气量。采用废弃物作为替代原料时，烘干废弃物消耗的燃料用量单独统计，采用废弃物作为水泥混合材时，其烘干所消耗的燃料量也应单独统计，同时统计所消耗燃料对应的收到基低位发热量。

窑头冷却机废气和窑尾废气用于余热电站发电时，应统计余热电站发电量及余热电站自用电量。采用窑头冷却机废气和窑尾废气进行其他余热利用时，应对余热利用进口和出口热量及余热利用系统的散热损失进行定期检测。检测方法按 JC/T 733 的规定进行。

5.2.2　电耗统计方法

水泥生产企业定期根据生料制备、燃料制备、熟料烧成和水泥粉磨等过程各电表记录的电量进行统计。采用废弃物作为替代原料或水泥混合材时，处理废弃物消耗的电量单独统计。

5.3　计算方法

5.3.1　可比熟料综合煤耗

熟料综合煤耗按公式(1)计算：

$$e_{cl}=\frac{P_C Q_{net,ar}}{Q_{BM} P_{CL}}-e_{he}-e_{hu} \tag{1}$$

式中：

e_{cl}——熟料综合煤耗，单位为千克标准煤每吨(kgce/t)；

P_C——统计期内用于烘干原燃材料和烧成熟料的入窑与入分解炉的实物煤总量，单位为千克(kg)；

$Q_{net,ar}$——统计期内实物煤的加权平均低位发热量，单位为千焦每千克(kJ/kg)；

Q_{BM}——每千克标准煤发热量，见 GB/T 2589，单位为千焦每千克(kJ/kg)；

P_{CL}——统计期内的熟料总产量，单位为吨(t)；

e_{he}——统计期内余热发电折算的单位熟料标准煤量，单位为千克标准煤每吨(kgce/t)；

e_{hu}——统计期内余热利用的热量折算的单位熟料标准煤量，单位为千克标准煤每吨(kgce/t)。

余热发电折算标准煤量按公式(2)计算：

$$e_{he}=\frac{0.404\times(q_{he}-q_0)}{P_{CL}} \tag{2}$$

式中：

0.404——每千瓦时电力折合的标准煤量，单位为千克标准煤每千瓦时(kgce/kWh)；

q_{he}——统计期内余热电站总发电量，单位为千瓦时(kWh)；

q_0——统计期内余热电站自用电量，单位为千瓦时(kWh)。

余热利用热量折算标准煤量按公式(3)计算：

$$e_{hu}=\frac{H_{HI}-(H_{HE}+H_{HD})}{Q_{BM}P_{CL}} \tag{3}$$

式中：

H_{HI}——统计期内余热利用进口总热量，单位为千焦(kJ)；

H_{HE}——统计期内余热利用出口热量，单位为千焦(kJ)；

H_{HD}——统计期内余热利用系统的散热损失总量，单位为千焦(kJ)。

燃料发热量：固体燃料发热量按 GB/T 213 的规定测定，液体燃料发热量按 GB/T 384 的规定测定；企业无法直接测定燃料发热量时，按 JC/T 733 的规定计算。

熟料强度等级修正系数按公式(4)计算：

$$\alpha=\sqrt[4]{\frac{52.5}{A}} \tag{4}$$

式中：

α——熟料强度等级修正系数；

A——统计期内熟料平均 28d 抗压强度(遵照附录 A 的规定)，单位为兆帕(MPa)；

52.5——统计期内熟料平均抗压强度修正到 52.5 MPa。

可比熟料综合煤耗按公式(5)计算：

$$e_{kcl}=\alpha K e_{cl} \tag{5}$$

式中：

K——海拔修正系数，上海地区 K 值取 1。

e_{kcl}——可比熟料综合煤耗，单位为千克标准煤每吨(kgce/t)。

5.3.2 可比熟料综合电耗

可比熟料综合电耗按公式(6)计算：

$$Q_{KCL}=\alpha K Q_{CL} \tag{6}$$

式中：

Q_{KCL}——可比熟料综合电耗，单位为千瓦时每吨(kWh/t)；

Q_{CL}——统计期内熟料综合电耗，单位为千瓦时每吨(kWh/t)。

5.3.3 可比熟料综合能耗

可比熟料综合能耗按公式(7)计算：

$$E_{CL} = e_{kcl} + 0.1229 \times Q_{KCL} \tag{7}$$

式中：

E_{CL}——可比熟料综合能耗，单位为千克标准煤每吨(kgce/t)；

0.1229——每千瓦时电力折合的标准煤量，参见附录B，单位为千克标准煤每千瓦时(kgce/kWh)。

5.3.4 可比水泥综合电耗

水泥综合电耗按公式(8)计算：

$$Q_S = \frac{q_{fin} + Q_{CL} p_{cl} + q_m p_m + q_g p_g + q_{fx}}{P_C} \tag{8}$$

式中：

Q_S——水泥综合电耗，单位为千瓦时每吨(kWh/t)；

q_{fm}——统计期内水泥粉磨及包装过程耗电量，单位为千瓦时(kWh)；

p_{cl}——统计期内熟料总消耗量，单位为吨(t)；

q_m——统计期内每吨混合材预处理平均耗电量，单位为千瓦时每吨(kWh/t)；

p_m——统计期内混合材消耗量，单位为吨(t)；

q_g——统计期内每吨石膏平均耗电量，单位为千瓦时每吨(kWh/t)；

p_g——统计期内石膏消耗量，单位为吨(t)；

q_{fx}——统计期内应分摊的辅助用电量，单位为千瓦时(kWh)；

P_C——统计期内水泥总产量，单位为吨(t)。

注：对水泥粉磨企业，计算水泥综合电耗时按 Q_{CL} 为零计算。

水泥强度等级修正系数按公式(9)计算：

$$d = \sqrt[4]{\frac{42.5}{B}} \tag{9}$$

式中：

d——水泥强度等级修正系数；

B——统计期内水泥加权平均强度，单位为兆帕(MPa)；

42.5——统计期内水泥平均强度修正到42.5 MPa。

混合材掺量修正系数按公式(10)计算：

$$f = 0.3\% \times (F_H - 20) \tag{10}$$

式中：

f——混合材掺量修正系数；

F_H——统计期内混合材掺量(质量分数)，数值以%表示；

0.3%——混合材掺量每改变1.0%，影响水泥综合电耗百分比的统计平均值；

20——普通硅酸盐水泥中混合材允许的最大掺量(质量分数)，数值以%表示。

可比水泥综合电耗按公式(11)计算：

$$Q_{KS} = d(1+f)Q_S \tag{11}$$

式中：

Q_{KS}——可比水泥综合电耗，单位为千瓦时每吨(kWh/t)。

注：对水泥粉磨企业按 f 为零计算。

5.3.5 可比水泥综合能耗

可比水泥综合能耗按公式(12)计算：

$$E_{KS} = e_{kcl} \times g + e_h + 0.1229 \times Q_{KS} \tag{12}$$

式中：

E_{KS}——可比水泥综合能耗，单位为千克标准煤每吨(kgce/t)；

g——统计期内水泥企业水泥中熟料平均配比(质量分数，%)；

e_h——统计期内烘干水泥混合材所消耗燃料折算的单位水泥标准煤量，单位为千克标准煤每吨(kgce/t)。

注：本文件表1、表2和表3中可比水泥综合能耗限额指标确定时，其水泥中熟料的配比按75%考虑；当水泥中实际熟料平均配比大于75%时，则按75%计算；当不足75%时，可按实际熟料平均配比计算。

5.3.6 多种强度水泥能耗计算

统计期内企业生产两种以上不同强度等级的水泥时，应根据不同强度等级的可比水泥综合电耗和水泥产量采用加权平均的方法计算可比水泥综合电耗和可比水泥综合能耗。

5.3.7 多条生产线能耗计算

企业有多条生产线时，按生产线分别计算能耗。

6 节能管理与措施

6.1 节能基础管理

企业应定期对生产中单位产品消耗的燃料量和用电量进行考核，并把考核指标分解落实到各基层部门，建立用能责任制度。

企业应按要求建立能耗统计体系,建立能耗测试数据、能耗计算和考核结果的文件档案,并对文件进行受控管理。

企业应按照 GB 17167、GB/T 24851 的要求配备能源计量器具并建立能源计量管理制度。

企业应按照 HJ 467 的要求,实施清洁生产。

6.2 节能技术管理

6.2.1 耗能设备管理

企业使用的电动机系统、泵系统、通风机系统、电力变压器、工业锅炉、电加热锅炉等通用耗能设备,应分别符合 GB/T 12497、GB/T 13469、GB/T 13470、GB/T 13462、GB/T 17954 和 GB/T 19065 等相关用能产品经济运行标准要求。

新建及改扩建企业选用的中小型三相异步电动机、容积式空气压缩机、通风机、清水离心泵、三相配电变压器等通用耗能设备,应分别达到 GB 18613、GB 19153、GB 19761、GB 19762、GB 20052 等能效标准的要求。

6.2.2 生产过程管理

水泥企业在水泥熟料、水泥粉磨和水泥配制等水泥各生产过程中,应采取有效措施,保证生产系统正常、连续和稳定运行,提高系统运转率,实现优质、低耗和清洁生产。

水泥企业在生产过程中,应加强设备的日常维护保养,防止设备意外停机或经常开停设备。

6.2.3 节能降耗导向

水泥生产企业应采用纯低温余热发电技术、高效新型的水泥粉磨和水泥配制技术。

水泥生产企业宜利用水泥生产线协同处置废弃物,使水泥制造业向资源综合利用转型。

水泥企业宜设置能耗监测系统,通过安装分类和分项能耗计量装置,采用远程传输等手段实时采集能耗数据,实施能耗在线监测与动态分析,为用能限额控制提供数据支持。

水泥企业在生产过程中,宜采用对标管理模式,提高生产绩效。

水泥生产企业宜采用合同能源管理模式,实施节能技术改造和节能管理,实现节能降耗。

附录 A
(规范性附录)
熟料平均 28d(天)抗压强度计算方法

A.1 范围

本附录适用于水泥熟料平均 28d 抗压强度的计算。

A.2　方法原理

根据GB/T 17671—1999所得的熟料28d抗压强度数值和对应的熟料产量计算，按GB 175—2007中表3规定的硅酸盐水泥28d抗压强度指标作为对应强度等级的水泥熟料28d抗压强度。

A.3　日、旬、月、季、年度熟料平均28d抗压强度计算

A.3.1　日熟料平均28d强度的计算

熟料日平均28d强度可采用加权平均方法计算，即将熟料的28d抗压强度分别乘以日产量，分别相加后除以窑的总产量，即得日熟料平均28d抗压强度。

A.3.2　旬熟料实际平均强度等级

将旬中每日熟料28d抗压强度分别乘以日产量，分别相加后除以该旬窑的总产量，即得旬熟料平均28d抗压强度。

A.3.3　月熟料实际平均强度等级

将月中每日熟料28d抗压强度分别乘以日产量，分别相加后除以该月窑的总产量，即得月熟料平均28d抗压强度。

A.3.4　季度熟料实际平均相当等级

将季度中分月的熟料平均28d强度等级分别乘以每月熟料产量，并相加后除以该季度熟料总产量，即得季度熟料实际平均强度等级。

A.3.5　年度熟料实际平均强度等级

将年度中分月的熟料平均强度等级分别乘以每月熟料产量，并相加后除以当年的熟料总产量，即得年度熟料实际平均强度等级。

附录B
(资料性附录)
各种能源折标准煤参考系数和耗能工质平均折算热量

A.4　各种能源折标准煤参考系数

各种能源折标准煤参考系数见B.1。

表B.1　各种能源折标准煤参考系数

能源名称	平均低位发热量	折标准煤系数
原油	41 816 kJ/kg	1.428 6 kgce/kg
燃料油	41 816 kJ/kg	1.428 6 kgce/kg
汽油	43 070 kJ/kg	1.471 4 kgce/kg
煤油	43 070 kJ/kg	1.471 4 kgce/kg

（续表）

能源名称		平均低位发热量	折标准煤系数
柴油		42 652 kJ/kg	1. 457 1 kgce/kg
煤焦油		33 453 kJ/kg	1. 142 9 kgce/kg
液化石油气		50 179 kJ/kg	1. 714 3 kgce/kg
炼厂干气		46 055 kJ/kg	1. 571 4 kgce/kg
油田天然气		38 931 kJ/m^3	1. 330 0 kgce/m^3
气田天然气		35 544 kJ/m^3	1. 214 3 kgce/m^3
煤矿瓦斯气		14 636 kJ/m^3～16 726 kJ/m^3	0 kgce/m^3～0. 571 4 kgce/m^3
焦炉煤气		16 726 kJ/m^3～17 981 kJ/m^3	0. 571 4 kgce/m^3～0. 614 3 kgce/m^3
其他煤气	a. 发生炉煤气	5 227 kJ/m^3	0. 178 6 kgce/m^3
	b. 重油催化裂解煤气	19 235 kJ/m^3	0. 657 1 kgce/m^3
	c. 重油热裂解煤气	35 544 kJ/m^3	1. 214 3 kgce/m^3
	d. 焦炭制气	16 308 kJ/m^3	0. 557 1 kgce/m^3
	e. 压力汽化煤气	15 054 kJ/m^3	0. 514 3 kgce/m^3
	f. 水煤气	10 454 kJ/m^3	0. 357 1 kgce/m^3
氢气（标况）		10 802 kJ/m^3	0. 368 6 kgce/m^3
蒸汽（低压）		3 763 kJ/kg	0. 128 6 kgce/kg
热力（当量值）		—	0. 034 12 kgce/MJ
电力（当量值）		3 600 kJ/(kW·h)	0. 122 9 kgce/(kW·h)

A.5　耗能工质平均折算热量及折标准煤参考系数

耗能工质平均折算热量及折标准煤参考系数见 B. 2。

表 B. 2　耗能工质平均折算热量及折标准煤参考系数

耗能工质名称	平均折算热量	折标准煤系数
外购水	2. 51 MJ/t	0. 085 7 kgce/t
软水	14. 23 MJ/t	0. 485 7 kgce/t
除氧水	28. 45 MJ/t	0. 971 4 kgce/t
压缩空气（标况）	1. 17 MJ/m^3	0. 040 0 kgce/m^3
鼓风（标况）	0. 88 MJ/m^3	0. 030 0 kgce/m^3
氧气（标况）	11. 72 MJ/m^3	0. 400 0 kgce/m^3
氮气（标况）	19. 66 MJ/m^3	0. 671 4 kgce/m^3
二氧化碳气（标况）	6. 28 MJ/m^3	0. 214 3 kgce/m^3

玻璃钢制品单位产品能源消耗限额

前　言

本标准按照GB/T 1.1-2009标准化工作导则给出的规则起草。

本标准的4.1和4.2是强制性条款,其余是推荐性条款。

本标准由上海市发展和改革委员会、上海市经济和信息化委员会提出。

本标准由上海市能源标准化技术委员会归口。

本标准主要起草单位:上海玻璃玻璃纤维玻璃钢行业协会、上海玻璃钢研究院有限公司、上海耀华大中新材料有限公司、上海众材工程检测有限公司。

本标准参加起草单位:上海耀华玻璃钢有限公司、上海多凯复合材料有限公司、上海耀华电力玻璃钢有限公司。

本标准主要起草人:陶国琴、王强华、甘玮、潘红。

本标准参加起草人:唐敏、李节萌、沙垣、赵鸿汉。

本标准于2011年12月首次制定。

玻璃钢制品单位产品能源消耗限额

1　范围

本标准规定了玻璃钢制品单位产品能源消耗(以下简称能耗)限额的术语和定义、技术要求、计算原则、计算范围、计算方法、节能管理与措施。

本标准适用于玻璃钢板材连续成型、片状模塑料(SMC)模压成型、长纤维热塑性塑料在线(LFT-D)模压成型、管罐缠绕成型等生产企业单位产品能耗的计算、考核,以及对新建项目的能耗控制。

2　规范性引用文件

下列文件对于本文件的应用是必不可少的。凡是注日期的引用文件,仅所注日期的版本适用于本文件。凡是不注日期的引用文件,其最新版本(包括所有的修改单)适用于本文件。

GB/T 2589　综合能耗计算通则

GB/T 12497　三相异步电动机经济运行

GB 12723　单位产品能源消耗限额编制通则

GB/T 13462　电力变压器经济运行

GB/T 13469　离心泵、混流泵、轴流泵与旋涡泵系统经济运行

GB/T 13470　通风机系统经济运行
GB/T 14206　玻璃纤维增强聚酯波纹板
GB 17167　用能单位能源计量器具配备和管理通则
GB/T 17954　工业锅炉经济运行
GB/T 17981　空气调节系统经济运行
GB/T 18292　生活锅炉经济运行
GB 18613　中小型三相异步电动机能效限定值及能效等级
GB/T 19065　电加热锅炉系统经济运行
GB 19153　容积式空气压缩机能效限定值及能效等级
GB 19761　通风机能效限定值及能效等级
GB 19762　清水离心泵能效限定值及节能评价值
GB 20052　三相配电变压器能效限定值及节能评价值
GB/T 21238　玻璃纤维增强塑料夹砂管
GB/T 21492　玻璃纤维增强塑料顶管

3　术语和定义

下列术语和定义适用于本标准。

3.1　玻璃钢　fiberglass reinforced plastics(FRP)

是指以玻璃纤维及其制品(玻璃纤维布、带、毡、纱等)作为增强材料，以合成树脂作基体材料的一种复合材料。

3.2　玻璃钢制品　FRP products

是指以玻璃纤维、合成树脂、功能填料、助剂等，通过板材连续成型工艺、SMC模压成型工艺、LFT-D模压成型工艺、管罐缠绕成型工艺制成的玻璃钢制品。

3.3　玻璃钢板材连续成型生产系统　FRP plate continuous moulding production system

是指备料、制毡、树脂浸渍、固化、切割等生产工序、装置、设备和设施组成的完整体系。

3.4　玻璃钢SMC模压成型生产系统　FRP SMC moulding production system

是指材料裁剪和铺放、模压、固化、后处理等生产工序、装置、设备和设施组成的完整体系。

3.5　玻璃钢LFT-D模压成型生产系统　FRP LFT-D moulding production system

是指熔融、捏合、送料、模压、后处理等生产工序、装置、设备和设施组成的完整体系。

3.6 玻璃钢管、罐缠绕成型生产系统 FRP pipe and tank winding moulding production system

是指定长缠绕、连续缠绕等生产过程中的备料、缠绕、铺层、固化、切割等生产工序、装置、设备和设施组成的完整体系。

3.7 辅助生产系统 auxiliary production system

是指为生产系统服务的过程、设施和设备，其中包括仓储、检测、安全、环保、供配电、机修等。

3.8 玻璃钢制品综合能耗 the comprehensive energy consumption of FRP product

是指玻璃钢制品生产企业在统计期间内生产合格产品实际所消耗的各种能源，折算成标准煤，以 E 表示，单位为千克标准煤。包括生产系统、辅助生产系统的各种能源消耗量和损失量，不包括基建、技改等项目建设消耗的、生产界区内回收利用的和向外输出的能源量。

3.9 玻璃钢制品单位产品综合能耗 the comprehensive energy consumption per unit product of FRP

是指玻璃钢制品生产企业在统计期间内每生产 1kg 合格产品实际所消耗的各种能源，折算成标准煤，即用合格产品总产量除总综合能耗量，以 e 表示，单位为千克标准煤每千克。

4 技术要求

4.1 现有玻璃钢制品生产企业单位产品能耗限额限定值

采用不同成型工艺生产的玻璃钢制品耗能不同。现有玻璃钢制品生产企业的单位产品综合能耗限额限定值应符合表 1 的规定。

表 1 现有玻璃钢制品生产企业单位产品能耗限额限定值

按成型工艺分类	单位产品综合能耗限额限定值(kgce/kg)
板材连续成型	≤0.085
SMC 模压成型	≤0.150
LFT-D 模压成型	≤0.300
定长缠绕成型	≤0.055
连续缠绕成型	≤0.053

4.2　新建玻璃钢制品生产企业单位产品能耗限额准入值

新建玻璃钢制品生产企业的单位产品综合能耗限额准入值应符合表 2 的规定。

表 2　新建玻璃钢制品生产企业单位产品能耗限额准入值

按成型工艺分类	单位产品综合能耗限额准入值(kgce/kg)
板材连续成型	≤0.075
SMC 模压成型	≤0.120
LFT-D 模压成型	≤0.230
定长缠绕成型	≤0.050
连续缠绕成型	≤0.045

4.3　玻璃钢制品生产企业单位产品能耗限额先进值

现有玻璃钢制品生产企业应通过节能技术改造和加强节能技术管理达到表 3 单位产品综合能耗限额先进值。

表 3　现有玻璃钢制品生产企业单位产品能耗限额先进值

按成型工艺分类	单位产品综合能耗限额先进值(kgce/kg)
板材连续成型	≤0.065
SMC 模压成型	≤0.110
LFT-D 模压成型	≤0.200
定长缠绕成型	≤0.040
连续缠绕成型	≤0.038

5　计算原则、计算范围和计算方法

5.1　计算原则

玻璃钢制品生产企业实际消耗的各种能源，包括生产全过程中消耗的一次能源、二次能源和耗能工质所消耗的能源。不包括批准的基建项目用能。

玻璃钢制品生产企业能源的计量应符合 GB 17167 的要求。

玻璃钢制品生产企业各种能源及耗能工质消耗量按国家统计部门折算系数折算成标准煤计算。

5.2　计算范围

玻璃钢制品生产企业能源消耗量的计算应包括玻璃钢制品成型过程中各个生产环节和系统，既不重复，又不应漏计。

玻璃钢制品辅助生产系统能源消耗量，能直接计入产品的，应直接计入产品，不能直接计入产品的，以及能源损失量，应按实际消耗比例进行分摊。

5.3 计算方法

5.3.1 产品综合能耗的计算应符合 GB/T 2589 的规定

5.3.2 玻璃钢制品生产综合能耗按公式(1)计算

$$E = E_b + E_y + \sum E \tag{1}$$

式中：

E——统计报告期内综合能耗量，即统计期内用于玻璃钢制品生产所消耗的各种能源，折算为标准煤，单位为千克标准煤；

E_b——统计报告期内用于玻璃钢制品生产的耗电总量，单位为千克标准煤；

E_y——统计报告期内用于玻璃钢制品生产的耗油（重油、柴油等）总量，单位为千克标准煤；

$\sum$ E——统计报告期内用于玻璃钢制品生产的其他能耗（氧气、压缩空气等）总量，单位为千克标准煤。

5.3.3 玻璃钢制品单位产品综合能耗按公式(2)计算

$$e = E/W \tag{2}$$

式中：

e——玻璃钢制品单位产品能耗，单位为千克标准煤每千克；

W——统计期间内玻璃钢制品合格产品总产量，单位为千克。

6 节能管理与措施

6.1 节能基础管理

玻璃钢制品生产企业应定期对生产中单位产品消耗燃料量和用电量进行考核，并把考核指标分解落实到各基层部门，建立用能责任制度。

玻璃钢制品生产企业应按要求建立能耗统计体系，建立能耗测试数据、能耗计算和考核结果的文件档案，并对文件进行受控管理。

玻璃钢制品生产企业应根据 GB 17167 的要求配备能源计量器具并建立能源计量管理制度。

6.2 节能技术措施

6.2.1 耗能设备

玻璃钢制品生产企业应对耗能的主体热工设备（模具加热、烘房、通风系统等）进行整体结构的优化设计，加强保温，选用高效节能的加热和控制系统；并使电动机系统、泵系统、通风机系统、电力变压器、锅炉、空气调节系统等通用耗能设备符合 GB/T 12497、GB/T 13469、GB/T 13470、GB/T 13462、GB/T 17954、GB/T 18292、GB/T 17981 和 GB/T 19065 相关的用能产品经济运行标准要求,从而达到最佳运行的状态。

新建及改扩建的玻璃钢制品生产企业所用的中小型三相异步电动机、容积式空气压缩机、通风机、清水离心泵、三相配电变压器等通用耗能设备应达到 GB 18613、GB 19153、GB 19761、GB 19762、GB 20052 等相应耗能设备能效标准中节能评价值的要求。

6.2.2　生产过程

玻璃钢制品生产企业在生产过程中,应采取有效措施,保证生产系统正常、连续和稳定运行,提高系统运转率,实现优质、低耗和清洁生产。

玻璃钢制品生产企业在生产过程中,应加强设备的日常维护工作.防止出现设备意外停机,经常开停设备的情况。

建筑钢化玻璃单位产品能源消耗限额

前　言

本标准4.1和4.2为强制性条款，其余为推荐性条款。

本标准按照GB/T 1.1-2009给出的规则起草。

本标准由上海市发展和改革委员会、上海市经济和信息化委员会提出。

本标准由上海市能源标准化技术委员会归口。

本标准主要起草单位：上海玻璃玻璃纤维玻璃钢行业协会、上海耀皮玻璃集团股份有限公司、上海北玻玻璃技术工业有限公司、上海众材工程检测有限公司。

本标准参加起草单位：上海耀华建筑玻璃公司、上海皓晶玻璃制品有限公司、上海双玲玻璃实业有限公司、上海钰立机械有限公司、洛阳兰迪玻璃机器股份有限公司、上海艾世建材科技有限公司。

本标准主要起草人：陶国琴、周才富、汪培志、孔戈。

本标准参加起草人：王茂良、岑祖培、沈玲玲、唐子立、赵雁、施彦琦。

本标准于2012年7月首次发布。

建筑钢化玻璃单位产品能源消耗限额

1　范围

本标准规定了建筑钢化玻璃单位产品能源消耗(以下简称能耗)限额的技术要求、计算原则、计算范围及计算方法、节能管理与措施。

本标准适用于建筑钢化玻璃企业单位产品能耗的计算、考核，以及对新建项目的能耗控制。

2　规范性引用文件

下列文件对于本文件的应用是必不可少的。凡是注日期的引用文件，仅所注日期的版本适用于本文件。凡是不注日期的引用文件，其最新版本(包括所有的修改单)适用于本文件。

GB/T 12497　三相异步电动机经济运行

GB/T 13462　电力变压器经济运行

GB/T 13469　离心泵、混流泵、轴流泵与旋涡泵系统经济运行

GB/T 13470　通风机系统经济运行

GB 18613　中小型三相异步电动机能效限定值及能效等级
GB 19153　容积式空气压缩机能效限定值及能效等级
GB 19761　通风机能效限定值及能效等级
GB 19762　清水离心泵能效限定值及节能评价值
GB 20052　三相配电变压器能效限定值及节能评价值
GB/T 24851　建筑材料行业能源计量器具配备和管理要求

3　术语和定义

下列术语和定义适用于本标准。

3.1　低辐射镀膜玻璃　low emissivity coated glass

低辐射镀膜玻璃又称低辐射玻璃，简称“Low-E”玻璃，是一种对波长范围 4.5 μm～25 μm 的远红外线有较高反射比的镀膜玻璃。低辐射镀膜玻璃还可以复合阳光控制功能，称为阳光控制低辐射玻璃。

3.2　建筑钢化玻璃单位产品能耗　energy consumption of toughened glass unit products

在统计期内生产每吨建筑钢化玻璃的能源消耗，以消耗的电能计算，即合格产品总产量除以钢化炉用电消耗量，以 E 表示，单位为千瓦时每吨(kWh/t)。

4　技术要求

4.1　现有建筑钢化玻璃生产企业建筑钢化玻璃单位产品能耗限额限定值

现有建筑钢化玻璃生产企业的建筑钢化玻璃单位产品能耗限额限定值，其值应符合表 1 的规定。

表 1　现有建筑钢化玻璃生产企业建筑钢化玻璃单位产品能耗限额限定值

分　类	建筑钢化玻璃单位产品能耗限额限定值(kWh/t)								
	3 mm	4 mm	5 mm	6 mm	8 mm	10 mm	12 mm	15 mm	19 mm
平面透明建筑钢化玻璃	456	399	380	372	365	357	350	357	357
平面 low-E 建筑钢化玻璃	—	479	456	447	438	429	420	—	—
曲面透明建筑钢化玻璃	—	439	418	409	402	393	385	393	393
曲面 Low-E 建筑钢化玻璃	—	527	502	492	482	472	462	—	—

4.2　新建建筑钢化玻璃生产企业建筑钢化玻璃单位产品能耗限额准入值

新建建筑钢化玻璃生产企业的单位产品能耗限额准入值指标，其值应符合表 2

的规定。

表2 新建建筑钢化玻璃生产企业建筑钢化玻璃单位产品能耗限额准入值

分类	建筑钢化玻璃单位产品能耗限额准入值(kWh/t)								
	3 mm	4 mm	5 mm	6 mm	8 mm	10 mm	12 mm	15 mm	19 mm
平面透明建筑钢化玻璃	384	336	320	314	307	301	294	301	301
平面 low-E 建筑钢化玻璃	—	403	384	376	367	361	353	—	—
曲面透明建筑钢化玻璃	—	370	352	345	338	331	323	331	331
曲面 Low-E 建筑钢化玻璃	—	443	422	414	405	397	388	—	—

4.3 建筑钢化玻璃生产企业建筑钢化玻璃单位产品能耗限额先进值

建筑钢化玻璃生产企业应通过节能技术改造和加强节能管理来达到表3中的能耗限额先进值。

表3 建筑钢化玻璃生产企业建筑钢化玻璃单位产品能耗限额先进值

分类	建筑钢化玻璃单位产品能耗限额先进值(kWh/t)								
	3 mm	4 mm	5 mm	6 mm	8 mm	10 mm	12 mm	15 mm	19 mm
平面透明建筑钢化玻璃	336	294	280	274	269	263	258	263	263
平面 low-e 建筑钢化玻璃	—	353	336	329	323	316	309	—	—
曲面透明建筑钢化玻璃	—	323	308	301	295	289	283	289	289
曲面 Low-e 建筑钢化玻璃	—	388	369	362	355	348	340	—	—

5 计算原则、计算范围及计算方法

5.1 计算原则

5.1.1 多条生产线能耗计算

企业有多条生产线时，按生产线分别计算能耗，并进行加权均化。

企业有平面建筑钢化玻璃和曲面建筑钢化玻璃两种不同的生产工艺，按不同的生产工艺分别计算能耗。

5.2 计算范围

5.2.1 建筑钢化玻璃能耗统计范围

从待钢化玻璃进入钢化炉上片台放置区域开始，到钢化玻璃完成钢化过程放置到钢化炉下片台放置区域的整个钢化玻璃生产过程消耗的电量,不包括生产建筑钢化玻璃的其他加工工序(如切割、磨边等工序)的电能消耗、用于运输铲运、包装项目等的能耗和各个辅助过程(现场照明、办公用电等)的电能消耗。

本标准所指的建筑钢化玻璃能耗计算范围,同样适用于使用钢化炉生产的建筑半钢化玻璃的能耗。

5.3 计算方法

5.3.1 电耗计算方法

本标准所指的建筑钢化玻璃能耗,即指建筑钢化玻璃的电耗。

建筑钢化玻璃生产企业定期根据建筑钢化玻璃生产过程中电表记录的电量进行统计。

5.3.2 建筑钢化玻璃单位产品电耗计算

建筑钢化玻璃单位产品电耗按以下公式计算

$$E = \frac{q}{P}$$

式中:

q——统计期内建筑钢化玻璃生产过程总耗电量,单位为千瓦时(kWh);

P——统计期内建筑钢化玻璃合格产品的总产量,单位为吨(t)。

6 节能管理与措施

6.1 节能基础管理

建筑钢化玻璃生产企业应定期对生产过程中消耗的用电量进行考核,并把考核指标分解落实到各部门,建立用能责任制度。

建筑钢化玻璃生产企业应按要求健全能耗统计体系,建立能耗测试数据、能耗计算和考核结果的文件档案,并对文件进行受控管理。

建筑钢化玻璃生产企业生产过程应优化工艺流程设计和加强生产过程优化管理,实现生产过程全封闭,提升生产运行效率。

建筑钢化玻璃生产企业应按照 GB/T 24851 的要求配备能源计量器具并建立能源计量管理制度。

6.2 节能技术管理

6.2.1 耗能设备管理

建筑钢化玻璃生产企业应对使用的耗能设备(钢化炉等)加强维护和保养,电动机系统、电力变压器、泵系统、通风机系统等通用耗能设备,应分别符合 GB/T 12497、GB/T 13462、GB/T 13469、GB/T 13470 等相关用能产品经济运行标准要求。

新建及改扩建的建筑钢化玻璃生产企业应选用低耗能高效率的钢化炉设备，选用的中小型三相异步电动机、容积式空气压缩机、通风机、清水离心泵、三相配电变压器等通用耗能设备，应分别达到 GB 18613、GB 19153、GB 19761、GB 19762、GB 20052 等能效标准的要求。

建筑钢化玻璃生产企业应建立健全生产设备各项运行管理制度，并严格执行，确保生产设备长期、安全、高效运行。

6.2.2 生产过程管理

建筑钢化玻璃生产企业在生产过程中，应采取有效的节能管理措施，保证生产系统正常、连续和稳定运行，提高系统运转率，实现优质、低耗和清洁生产。

建筑钢化玻璃生产企业在生产过程中，应加强设备的日常维护保养，防止设备意外停机或经常开停设备。

6.2.3 节能降耗导向

建筑钢化玻璃生产企业应采用高效新型的建筑钢化玻璃生产工艺技术和钢化炉设备。

建筑钢化玻璃生产企业宜通过钢化炉设备技术的更新换代、照明节能技术等节能技术改造降低生产及辅助生产能耗。

建筑钢化玻璃企业宜设置能耗监测系统，通过安装分类和分项能耗计量装置，采用远程传输等手段实时采集能耗数据，实施能耗在线监测与动态分析，为用能限额控制提供数据支持。

建筑钢化玻璃企业在生产过程中，宜采用对标管理模式，提高生产绩效。

建筑钢化玻璃生产企业宜采用合同能源管理模式，实施节能技术改造和节能管理，实现节能降耗。

岩棉、矿渣棉及其制品单位产品能源消耗限额

前　　言

本标准按照 GB/T 1.1-2009 给出的规则起草。

本标准的 4.1 条和 4.2 条是强制性条款。

本标准的附录 A 和附录 B 为资料性附录。

本标准由上海市发展和改革委员会、上海市经济和信息化委员会、上海市质量技术监督局提出。

本标准由上海市能源标准化技术委员会归口。

本标准主要起草单位:上海市建材行业能源利用监测站、上海新型建材岩棉厂。

本标准参与起草单位:上海市能源标准化技术委员会、上海大学、上海凡凡新型建材有限公司。

本标准主要起草人:张华杰、周建敏、焦正、范勇龙、盛汉文、强明道、王慧。

本标准为首次发布。

岩棉、矿渣棉及其制品单位产品能源消耗限额

1　范围

本标准规定了岩棉、矿渣棉及其制品单位产品能源消耗(以下简称能耗)限额的技术要求、统计范围和计算方法、节能管理与措施。

本标准适用于以岩石、矿渣为主要原料,经高温熔融,用离心等方法生产的岩棉、矿渣棉及其板、毡、带、条、块等制品企业的能耗计算和考核,以及对新建项目的能耗控制。

本标准不适用于岩棉、矿渣棉绝热管壳,金属面岩棉、矿渣棉夹芯板等深加工产品的单位产品能耗计算和考核。

2　规范性引用文件

下列文件对于本文件的应用是必不可少的。凡是注日期的引用文件,仅所注日期的版本适用于本文件。凡是不注日期的引用文件,其最新版本(包括所有的修改单)适用于本文件。

GB/T 2589　综合能耗计算通则

GB/T 4132　绝热材料及相关术语
GB/T 5480　矿物棉及其制品试验方法
GB/T 11835　绝热用岩棉、矿渣棉及其制品
GB/T 12497　三相异步电动机经济运行
GB/T 12723　单位产品能源消耗限额编制通则
GB/T 13462　电力变压器经济运行导则
GB/T 13469　离心泵　混流泵　轴流泵与旋涡泵系统经济运行
GB/T 13470　通风机系统经济运行
GB 17167　用能单位能源计量器具配备和管理通则
GB/T 17954　工业锅炉经济运行
GB/T 17981　空气调节系统经济运行
GB 18613　中小型三相异步电动机能效限定值及能效等级
GB/T 18292　生活锅炉经济运行
GB/T 19065　电加热锅炉系统经济运行
GB 19153　容积式空气压缩机能效限定值及能效等级
GB/T 19686　建筑用岩棉　矿渣棉绝热制品
GB 19761　通风机能效限定值及能效等级
GB 19762　清水离心泵能效限定值及节能评价值
GB 20052　三相配电变压器能效限定值及节能评价值
GB/T 25975　建筑外墙外保温用岩棉制品

3　术语和定义

GB/T 5480、GB/T 11835 和 GB/T 12723 界定的以及下列术语和定义适用于本标准。为了便于使用，以下重复列出了 GB/T 4132、GB/T 5480、GB/T 11835 和 GB/T 12723 中的某些术语和定义。

3.1　岩棉条、矿渣棉条　Strip of rock wool and strip of slag wool

将岩棉板、矿渣棉板切割成一定宽度的条状制品，其宽度和厚度均不大于 150 mm。以下简称条。

3.2　岩棉块、矿渣棉块　Rock wool block and Slag block

将岩棉板、矿渣棉板切割成一定的长度和宽度的块状制品，其长度、宽度和厚度均不大于 250 mm。以下简称块。

3.3　岩棉带、矿渣棉带　rock wool lamella mat, slag wool lamella mat

将岩棉板、矿渣棉板切成一定的宽度，使其纤维层垂直排列并粘贴在适宜的贴面

上的制品。

[GB/T 11835-2007,术语和定义 3.1]

3.4　酸度系数　coefficient of acidity

矿物棉及其制品化学组成中二氧化硅、三氧化二铝质量分数之和与氧化钙、氧化镁质量分数之和的比值。

[GB/T 5480-2008,术语和定义 3.2]

3.5　岩棉、矿渣棉及其制品综合能耗　comprehensive energy consumption of rock wool, slag wool and its products

在统计报告期内用于岩棉、矿渣棉及其制品生产所消耗的各种能源和耗能工质,折算成标准煤,以 e_b 表示,单位为吨标准煤(tce)。

3.6　岩棉、矿渣棉及其制品单位产量可比综合能耗　Comparable comprehensive energy consumption per unit product of rock wool, slag wool and its products

在统计报告期内生产每吨岩棉、矿渣棉及其制品所消耗的各种能源和耗能工质,以产品种类和酸度系数值对能源消耗进行修正后,折算成标准煤,以 E_b 表示,单位为千克标准煤每吨产品(kgce/t)。以下简称单位产量可比综合能耗。

3.7　酸度系数折算系数 conversion factor of different coefficient of acidity

对各种岩棉、矿渣棉及其制品因产品酸度系数不同而产生的能源消耗量差异进行修正的折算系数。

3.8　产品种类折算系数　conversion factor of different types of products

对各种岩棉、矿渣棉及其制品因产品种类不同而产生的能源消耗量差异进行修正的折算系数。

3.9　生产系统　production system

生产产品所确定的生产工艺过程、装置、设施和设备组成的完整体系。

[GB/T 12723-2008,术语和定义 3.2]

3.10　辅助生产系统　production assist system

为生产系统服务的过程、设施和设备,其中包括供电、机修、供水、供气、供热、制冷、仪修、照明、库房和厂内原料场地以及安全、环保等装置及设施。

[GB/T 12723-2008,术语和定义 3.3]

3.11　附属生产系统　production subsidiary system

为生产系统专门配置的生产指挥系统(厂部)和厂区内为生产服务的部门和单位,其中包括办公室、操作室、职工休息室、更衣室、成品检验、化验室等设施。

4 技术要求

4.1 现有岩棉、矿渣棉及其制品生产企业单位产品能耗限额限定值

现有企业能耗限额限定值应不大于440.0 kgce/t。

4.2 新建岩棉、矿渣棉及其制品生产企业单位产品能耗限额准入值

新建企业能耗限额准入值应不大于410.0 kgce/t。

4.3 岩棉、矿渣棉及其制品生产企业单位产品能耗限额先进值

企业应通过节能技术改造和加强节能管理达到能耗限额先进值。能耗限额先进值应不大于380.0 kgce/t。

5 统计范围和计算方法

5.1 统计范围

5.1.1 岩棉、矿渣棉及其制品的综合能耗统计范围

包括生产系统、辅助生产系统和附属生产系统所消耗的各种一次能源量、二次能源量、耗能工质和损失量，不包括建设和改造过程能耗和生活能耗(如宿舍、食堂等)，以及生产界区内回收利用的能源量。

5.1.2 岩棉、矿渣棉及其制品产量

统计报告期内企业按GB/T 11835、GB/T 19686、GB/T 25975或其他相关产品标准生产的合格产品的总产量。企业生产多种不同酸度系数、不同产品种类的岩棉、矿渣棉产品时，应分别计算产量。

5.1.3 能源、耗能工质折标准煤系数及燃料热值选取

各种能源、耗能工质应按本标准附录A、附录B的折标准煤系数折算成标准煤。燃料的热值应取统计报告期内的实测加权平均值或根据燃料分析加权平均值进行计算。对没有实测条件的企业，可按照本标准附录A的折标准煤系数折算成标准煤。

5.1.4 统计报告期

依照自然年度，即统计年度的1月1日至12月31日为报告统计期。

5.2 折算系数

5.2.1 岩棉、矿渣棉及其制品的酸度系数折算系数

岩棉、矿渣棉及其制品的酸度系数按GB/T 5480规定的方法测定。

当产品标准中对酸度系数有规定的产品，如建筑外墙外保温用岩棉制品，可按照其标准规定的酸度系数进行折算。其他酸度系数大于1.4的产品，企业应依据最终产品的酸度系数检测报告进行折算。各种酸度系数不同的产品应分别统计其

产量。

岩棉、矿渣棉及其制品的酸度系数的折算系数值见表1。

表1 岩棉、矿渣棉及其制品的酸度系数的折算系数值

酸度系数	酸度系数折算系数
≤1.4	1.2
>1.4,≤1.6	1.0
>1.6,≤1.8	0.9
>1.8	0.75

5.2.2 岩棉、矿渣棉制品的产品种类折算系数

岩棉、矿渣棉制品的产品种类折算系数值见表2。

表2 岩棉、矿渣棉及其制品的产品种类折算系数值

产品种类	产品种类折算系数
岩棉、矿渣棉	0.9
板、毡、缝毡	1.0
条、块、带	1.1

5.3 计算方法

5.3.1 岩棉、矿渣棉及其制品综合能耗的计算应符合GB/T 2589的规定。企业如兼生产管壳,金属面岩棉、矿渣棉夹芯板等其他深加工产品时,不计算该类产品的深加工能耗。

5.3.2 岩棉、矿渣棉及其制品综合能耗计算公式

岩棉、矿渣棉及其制品综合能耗应按式(1)计算:

$$e_b = e_c + e_d \tag{1}$$

式中:

e_b——岩棉、矿渣棉及其制品综合能耗,单位为吨标准煤(tce);

e_c——总燃料及耗能工质消耗,即统计报告期内用于岩棉、矿渣棉及其制品生产所消耗的各种燃料量和耗能工质量折算为标准煤,单位为吨标准煤(tce);

e_d——总电量消耗,即统计报告期内用于岩棉、矿渣棉及其制品生产所消耗的电量按当量值折算为标准煤,单位为吨标准煤(tce)。

5.3.3 岩棉、矿渣棉及其制品单位产量可比综合能耗计算公式

统计并计算不同酸度系数的产品产量与总产量的百分数,分别记为p_1、p_2、p_3、p_4。

按不同产品种类统计其在统计报告期内的产量，分别记为 q_1、q_2、q_3。

岩棉、矿渣棉及其制品单位产量可比综合能耗应按式(2)计算：

$$E_b = e_b \times 10 \times \frac{p_1 \times c_1 + p_2 \times c_2 + p_3 \times_3 +_4 \times c_4}{q_1 \times d_1 + q_2 \times d_2 + q_3 \times d_3} \tag{2}$$

式中：

E_b——岩棉、矿渣棉及其制品单位产量可比综合能耗，单位为千克标准煤每吨产品(kgce/t)；

10——常数，由 e_b 值换算为千克值为 1 000 除以产量百分数 100%的商值为 10；

p_1——统计报告期内酸度系数≤1.4 的岩棉、矿渣棉及其制品占总产量的百分数(%)；

p_2——统计报告期内酸度系数>1.4，≤1.6 的岩棉、矿渣棉及其制品占总产量的百分数(%)；

p_3——统计报告期内酸度系数>1.6，≤1.8 的岩棉、矿渣棉及其制品占总产量的百分数(%)；

p_4——统计报告期内酸度系数>1.8 的岩棉、矿渣棉及其制品占总产量的百分数(%)；

c_1、c_2、c_3、c_4——分别为酸度系数的折算系数值，见本标准表 1；

q_1——统计报告期内岩棉、矿渣棉的产量，单位为吨(t)；

q_2——统计报告期内板、毡、缝毡的产量，单位为吨(t)；

q_3——统计报告期内条、块、带的产量，单位为吨(t)；

d_1、d_2、d_3——分别为产品种类的折算系数值，见本标准表 2。

5.3.4　单位产量可比综合能耗计算位数的选取

折算成标准煤，单位为千克标准煤每吨产品(kgce/t)，按数值修约规则，取小数点后一位。

6　节能管理与措施

6.1　节能基础管理

企业应定期对生产中单位产品消耗燃料量和用电量进行考核，并把考核指标分解落实到各基层部门，建立用能责任制度。

企业应按要求建立能耗统计体系，建立能耗测试数据、能耗计算和考核结果的文件档案并对文件进行受控管理。

企业应根据 GB 17167 的要求配备能源计量器具并建立能源计量管理制度。

6.2 节能技术管理

6.2.1 用能设备

企业应对原料熔化窑炉等耗能的主体热工设备进行整体结构的优化设计。应采用提高助燃空气温度、回收冲天炉尾气热量和尾气中的一氧化碳热量等技术，选用高效节能的燃烧和控制系统。鼓励企业采用富氧等技术，降低冲天炉能耗。

企业使用的电动机系统、泵系统、通风机系统、电力变压器、各种锅炉、空气调节系统等通用耗能设备应符合 GB/T 12497、GB/T 13469、GB/T 13470、GB/T 13462、GB/T 17954、GB/T 18292、GB/T 17981、GB 18613 和 GB/T 19065 等相关用能产品经济运行标准要求，从而达到最佳经济运行的状态。

新建及改扩建的企业采用的中小型异步电动机、容积式空气压缩机、通风机、清水离心泵、三相配电变压器等通用耗能设备应达到 GB 18613、GB 19153、GB 19761、GB 19762、GB 20052 等相应能耗设备能效标准中节能评价值的要求。工艺要求用阀门、风门及其他需要调节和调速的用能设备，宜采用变频等节能设备。

6.2.2 生产过程

企业在生产过程中，应采取有效措施，保证生产系统正常、连续和稳定运行，提高系统运转率，实现优质、低耗和清洁生产。

企业在生产过程中，应加强设备的日常维护工作，防止设备意外停机、经常开停设备等情况，减少浪费。

企业应根据生产工艺（工序）过程、装置、设施和设备的能耗状况，制定相应的节能改造规划和实施计划。

附录 A
（资料性附录）
各种能源折标准煤参考系数

能源名称	平均低位发热值	折标煤系数
原煤	20 934 kJ/kg	0.714 3 kgce/kg
燃料油	41 816 kJ/kg	1.428 6 kgce/kg
汽油	43 070 kJ/kg	1.471 4 kgce/kg
煤油	43 070 kJ/kg	1.471 4 kgce/kg
柴油	42 652 kJ/kg	1.451 1 kgce/kg
煤焦油	33 453 kJ/kg	1.142 9 kgce/kg
液化石油气	50 179 kJ/kg	1.714 3 kgce/kg

（续表）

能源名称		平均低位发热值	折标煤系数
焦炭		28 470 kJ/kg	0.971 4 kgce/kg
油田天然气		38 931 kJ/m³	1.330 0 kgce/m³
气田天然气		35 544 kJ/m³	1.214 3 kgce/m³
煤矿瓦斯气		35 544～ 14 726 kJ/m³	0.500～ 0.571 4 kgce/m³
焦炉煤气		16 726～ 17 981 kJ/m³	0.571～ 0.614 3 kgce/m³
其他煤气	a. 发生炉煤气	5 227 kJ/m³	0.178 6 kgce/m³
	b. 重油催化裂解气	19 235 kJ/m³	0.657 1 kgce/m³
	c. 重油裂解气	35 544 kJ/m³	1.214 3 kgce/m³
	d. 焦炭制气	16 308 kJ/m³	0.557 1 kgce/m³
	e. 压力气化煤气	15 054 kJ/m³	0.514 3 kgce/m³
	f. 水煤气	10 454 kJ/m³	0.357 1 kgce/m³
氢气（标况）		10 802 kJ/m³	0.368 6 kgce/m³
蒸汽（低压）		3 763 kJ/m³	0.128 6 kgce/kg
热力（当量值）		—	0.034 12 kgce/MJ
电力（当量值）		3 600 kJ/(kW·h)	0.122 9 kgce/(kW·h)
薪柴		16 726 kJ/kg	0.571 kgce/kg

附录B
（资料性附录）
耗能工质能源等价值

品　　种	单位耗能工质耗能量	折标煤系数
新水	2.51 MJ/t	0.085 7 kgce/t
软水	14.23 MJ/t	0.485 7 kgce/t
压缩空气	1.17 MJ/m³	0.040 0 kgce/m³
氧气	11.72 MJ/m³	0.400 0 kgce/m³
氮气（做副产品时）	11.72 MJ/m³	0.400 0 kgce/m³
氮气（做主产品时）	19.66 MJ/m³	0.671 4 kgce/m³
乙炔	243.67 MJ/m³	8.314 3 kgce/m³
电石	60.92 MJ/kg	2.078 6 kgce/kg

铝合金建筑型材单位产品能源消耗限额

前　言

本标准4.1是强制性的,其余为推荐性的。

本标准4.2是评价企业能耗先进水平的,旨在引导企业通过技术改造达到用能先进水平。

本标准按照GB/T 1.1-2009给出的规则起草。

本标准的附录A为资料性附录。

本标准由上海有色金属行业协会和上海市有色金属标准化技术委员会建议,由上海市发展和改革委员会、上海市经济和信息化委员会、上海市质量技术监督局共同提出。

本标准由上海市有色金属标准化技术委员会归口。

本标准起草单位:上海有色金属行业协会、上海市有色金属标准化技术委员会、上海浙东建材有限公司、上海振兴铝业有限公司、上海友升铝业有限公司、上海亚细亚铝制品有限公司。

本标准起草人:李杨、严荣庆、王晓华、吴汇、陈纪欢、周达卿、翟玉佳、杨红斌、唐宗平、乐嘉仿。

铝合金建筑型材单位产品能源消耗限额

1　范围

本标准规定了铝合金建筑型材单位产品能源消耗(以下简称能耗)限额的技术要求、计算原则、计算范围、计算方法和节能管理与措施。

本标准适用于铝合金建筑型材生产企业产品能耗的计算、考核[①],以及对新建项目的能耗控制。从事铝合金型材(基材)挤压与表面处理的生产企业,其生产的铝合金建筑型材产品适用本标准。

2　规范性引用文件

下列文件对于本文件的应用是必不可少的。凡是注日期的引用文件,仅注日期的版本适用于本文件。凡是不注日期的引用文件,其最新版本(包括所有的修改单)

---

① 企业产品能耗以报告期内企业生产的各类合格产品的产量与对应单位产品能耗限额的乘积之和为限额进行考核评定。

适用于本文件。

GB/T 2589　综合能耗计算通则

GB 17167　用能单位能源计量器具配备和管理通则

3　术语和定义

下列术语和定义适用于本文件。

3.1　工序能源单耗　unit energy consumption in working procedure

工序生产过程中生产单位合格产品消耗的能源量。

3.2　工艺能源单耗　unit energy consumption of technology

工艺生产过程中生产单位合格产品消耗的能源量。

3.3　辅助能耗　assistant energy consumption

企业的辅助生产系统和附属生产系统，在产品生产的报告期内实际消耗的各种能源，以及耗能工质在企业内部进行贮存、转换及计量供应（包括外销）中的损耗，分摊到产品的能耗量。

3.4　综合能源单耗　unit consumption of integrate energy

即单位产品综合能耗，指生产单位合格产品所消耗的全部能源量，为工序（工艺）能源单耗与辅助能耗分摊量之和。

3.5　企业综合能耗　enterprise integrate energy consumption

报告期内企业的主要生产系统、辅助生产系统和附属生产系统的综合能耗总和。

4　技术要求

4.1　现有生产企业单位产品能耗限额限定值和新建生产企业单位产品能耗限额准入值

铝合金建筑型材现有生产企业能耗限额限定值、新建生产企业能耗限额准入值应符合表1的要求。

表1　单位产品能耗限定值、准入值　　单位：千克标准煤/吨

产品分类	原　料	工艺流程	综合能耗限额	
			限定值	准入值
挤压基材	园铸锭	图1	≤135	≤105
成品型材	基材	图2	≤155	≤135
	园铸锭	图1+图2	≤290	≤240

表1、表2所指工艺流程如图1、图2所示，“图1+图2”为铝合金建筑型材生产完整的工艺流程。

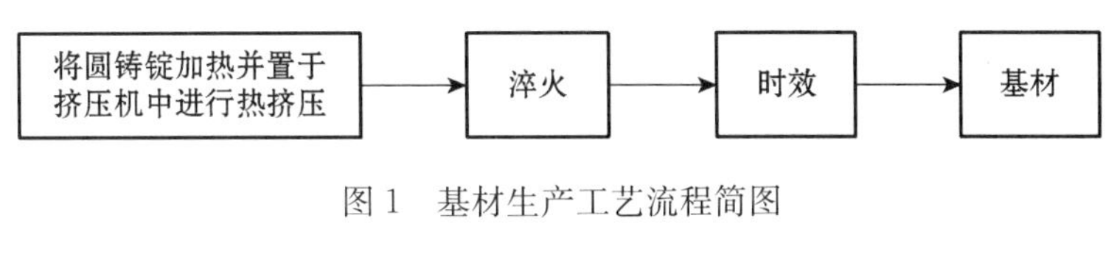

图 1 基材生产工艺流程简图

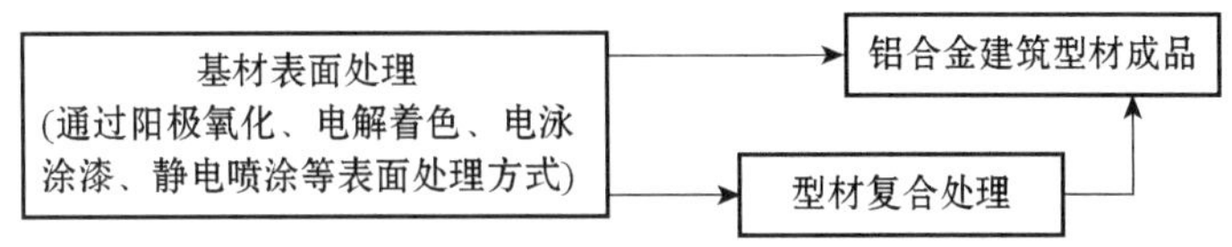

图 2 铝合金建筑型材成品生产工艺流程简图

4.2 企业单位产品能耗限额先进值

铝合金建筑型材生产企业能耗限额先进值应符合表 2 的要求。

表 2 单位产品能耗先进值 单位:千克标准煤/吨

产品分类	原 料	工艺流程	综合能耗先进值
挤压基材	园铸锭	图 1	≤90
成品型材	基材	图 2	≤125
	园铸锭	图 1+图 2	≤215

5 能耗计算原则、计算范围及计算方法

5.1 计算原则

企业应对所消耗的各种能源全部统计计算,不得重计或漏计。存在供需关系时,输入、输出双方在计算中量值上应保持一致。设备大修的能源消耗也应计算在内,且按大修后设备的运行周期逐月平均分摊。企业综合能耗的计算按 GB/T 2589 的规定进行。

5.1.1 企业实际消耗的各种能源

企业实际消耗的各种能源,系指用于生产活动的各种能源。它包括:一次能源(原煤、原油、天然气等)、二次能源(如电力、热力、石油制品、焦炭、煤气等)和生产使用的耗能工质(水、氧气、压缩空气等)所消耗的能源和余热资源。包括能源及耗能工质在企业内部进行储存、转换及计量供应(包括外销)中的损耗。其主要用于生产系统、辅助生产系统和附属生产系统,包括厂区用能和办公楼用能应分摊在各工序能耗中。不包括批准的基建项目用能。

5.1.2 企业报告期内的燃料实物消耗量

企业报告期内某种燃料实物消耗量按式(1)计算:

$$e = e_1 + e_2 - e_3 - e_4 - e_5 \tag{1}$$

式中：

e——燃料实物消耗量；

e_1——购入燃料实物量；

e_2——库存燃料实物增减量(库存减少为正，库存增加为负)；

e_3——外销燃料实物量；

e_4——生活用燃料实物量；

e_5——工程建设用燃料实物量。

5.1.3　企业报告期内的能源消耗量

企业报告期内的能源消耗量按式(2)计算：

$$E = E_1 + E_2 - E_3 - E_4 - E_5 \tag{2}$$

式中：

E——能源消耗量；

E_1——购入能源量；

E_2——库存能源增减量(库存减少为正，库存增加为负)；

E_3——外销能源量；

E_4——生活用能源量；

E_5——工程建设用能源量。

5.1.4　能源实物量的计量

能源实物量的计量必须符合 GB 17167 的规定。

5.1.5　能源的计量单位

企业生产能耗量、产品工艺能耗量(或称产品直接综合能耗)、产品综合能耗量的单位：千克标准煤(kgce)、吨标准煤(tce)、万吨标准煤(10^4 tce)。

企业消耗的各种主要能源实物计量单位如表 3 所示。

表 3　各种能源实物计量单位

能源实物种类	计量单位										
	kg	t	10^4 t	kW·h	10^4 kW·h	kJ	MJ	GJ	m^3	$10^3 m^3$	$10^4 m^3$
煤、焦炭、石油制品	○	○	○	—	—	—	—	—	—	—	—
电	—	—	—	○	○	—	—	—	—	—	—
蒸汽	○	○	○	—	—	○	○	○	—	—	—
各类燃气、氧气、氮气、压缩空气	—	—	—	—	—	—	—	—	○	○	○
水	○	○	○	—	—	—	—	—	○	○	○

5.1.6　能源折算原则

应用基低(位)发热量等于29.3076兆焦(MJ)的燃料,称为1千克标煤。

外购燃料能源、二次能源及耗能工质采用国家统计部门规定的折算系数(参见附录A)折算为标准煤(外购电力按当量值折算)。

企业能源转换自产时,按实际投入的能源实物量折算标准煤量。

企业内回收的余热,按热力的折算系数折算。

5.1.7　余热利用计算原则

企业余热回收装置的用能计入企业能耗。

回收的余热能源自用部分,计入自用工序;转供其他工序时,在所用工序以正常消耗计入。

回收的余热能源应在回收余热的工序、工艺中扣除。

5.1.8　单位产品产量计算原则

计算单位产品能耗,应采用同一报告期内产出的合格产品产量。

所有合格产品产量均以企业统计主管部门正式上报的数据为准。

5.1.9　其他

辅助、附属生产系统的能源及耗能工质的损耗(辅助能耗),应根据各产品工艺能耗占企业生产工艺能耗量的比例分摊给各个产品。

5.2　计算范围

本标准能耗计算范围如表4所示。

表4　能耗计算范围

能耗计算范围	工序代号	能源单耗代号		
		实物能源单耗	工艺能源单耗	综合能源单耗
从圆铸锭加热并置于挤压机中进行热挤压至产出基材的工序能源消耗(图1为其生产工艺流程简图)	J	e_{SJ}	E_{GJ}	E_{ZJ}
从基材表面处理至产出成品型材的工序能源消耗(图2为其生产工艺流程简图)	B	e_{SB}	E_{GB}	E_{ZB}
从圆铸锭加热并置于挤压机中进行热挤压至产出成品型材的工序能源消耗(图1+图2为其生产工艺流程简图)	JB	e_{SJB}	E_{GJB}	E_{ZJB}

5.3　计算方法

5.3.1　工序能源实物单耗

工序能源实物单耗按式(3)计算:

$$e_{si} = \frac{m_{si}}{p_{sz}} \tag{3}$$

式中：

i——工序代号(J、B、JB)；

e_{si}——i工序报告期内的实物单耗；

m_{si}——i工序报告期内直接消耗的某种能源实物总量；

p_{zi}——i工序报告期内产出的合格产品总量，单位为吨(t)。

5.3.2 工艺能源单耗

工艺能源单耗按式(4)计算：

$$E_{GI}=E_{HI}P_{ZI} \tag{4}$$

式中：

I——工序代号(J、B、JB)；

E_{GI}——I工序报告期内工艺能源单耗，单位为千克标准煤每吨(kgce/t)；

E_{HI}——I工序报告期内直接消耗的各种能源实物量折标准煤之和，单位为千克标准煤(kgce)，当含回收余热时，按5.1.7条规定执行；

P_{ZI}——I工序报告期内产出的合格产品总量，单位为吨(t)。

5.3.3 综合能源单耗

综合能源单耗按式(5)计算：

$$E_{ZI}=E_{GI}+E_{FI} \tag{5}$$

式中：

I——工序代号(J、B、JB)；

E_{ZI}——I工序报告期内的综合能源单耗，单位为千克标准煤每吨(kgce/t)；

E_{GI}——I工序报告期内的工艺能源单耗，单位为千克标准煤每吨(kgce/t)；

E_{FI}——I工序报告期内产出的合格产品辅助能耗分摊量，单位为千克标准煤每吨(kgce/t)。

6 节能管理与措施

6.1 节能基础管理

企业应建立产品能耗测试数据、能耗计算和能耗考核结果的文件档案，并对文件进行受控管理。

企业应建立能效考核制度，把考核指标分解落实到各基层部门，定期对主要生产工序的用能情况进行考核。

企业应根据GB 17167的要求配备能源计量器具，建立可操作的能源计量管理制度，确保计量器具的精度和能源计量的有效性。

企业应宣传、贯彻本标准，推动企业完善科学用能的管理机制，担负起不断提高节能水平的社会责任。

6.2 节能技术措施

大力推行节能燃烧技术和余热回收利用技术,加强炉窑保温、密封,减少热能损失,最大限度地提高热效率和热能利用。

优化改进生产工艺并加强工艺控制,做到使铝合金建筑型材既满足国家标准又不过度生产,减少浪费能源和资源的现象。

推广使用变频节能装置、节能型变压器和电机,采用绿色节能环保照明,做好无功功率补偿。

推广循环用水,努力减少新水取用量,提高水资源再利用率,实现环保、节能双赢。

加强能源转换管理,提高能源转换效率,通过减少转换损失实现系统节能。

附录 A
(资料性附录)
常用能源品种现行参考折标准煤系数

常用能源品种的现行折标准煤系数如表 A.1 所示,折标准煤系数如遇国家统计部门规定发生变化,能耗等级指标则按国家规定。

表 A.1 常用能源品种现行折标准煤系数

能　源	折标准煤系数及单位		
品　种	单　位	系　数	单　位
原煤	t	0.7143	tce/t
无烟煤	t	0.900	tce/t
洗精煤	t	0.900	tce/t
重油	t	1.4286	tce/t
柴油	t	1.4571	tce/t
汽油	t	1.4714	tce/t
焦炭	t	0.9714	tce/t
液化石油气	t	1.7143	tce/t
电力(当量值)	10^4 kW·h	1.229	tce/10^4 kW·h
热力①	GJ	0.0341	tce/GJ
煤气(热值为 1250×4.1868 kJ/m^3)	10^4 m^3	1.786	tce/10^4 m^3
天然气	10^3 m^3	1.3300	tce/10^3 m^3

① 蒸汽折标准煤系数按热值计。

常用耗能工质能源等价值参考值如表 A.2 所示，能源等价值如有变动，以国家统计部门最新公布的数据为准。

表 A.2　常用耗能工质能源等价值

序号	名称		单位	能源等价值		备注
				热值(MJ)	折标准煤(kgce)	
1	液体	新鲜水	t	7.5350	0.2571	指尚未使用过的自来水，按平均耗电计算
2		软化水	t	14.2347	0.4857	
3	气体	压缩空气	m^3	1.1723	0.0400	—
4		二氧化碳	m^3	6.2806	0.2143	
5		氧气	m^3	11.7230	0.4000	
6		氮气	m^3	11.7230	0.4000	当副产品时
				19.6771	0.6714	当主产品时
7		乙炔	m^3	243.6722	8.3143	按耗电石计算
8	固体	电石	kg	60.9188	2.0786	按平均耗焦炭、电等计算

变形铝及铝合金铸造锭、铸轧卷单位产品能源消耗限额

前　言

本标准4.1和4.2是强制性的,其余为推荐性的。

本标准4.3是评价企业能耗先进水平的,旨在引导企业通过技术改造达到用能先进水平。

本标准按照GB/T 1.1-2009给出的规则起草。

本标准的附录A为资料性附录。

本标准由上海有色金属行业协会和上海市有色金属标准化技术委员会建议,由上海市发展和改革委员会、上海市经济和信息化委员会、上海市质量技术监督局共同提出。

本标准由上海市有色金属标准化技术委员会归口。

本标准由上海有色金属行业协会、上海市有色金属标准化技术委员会负责起草。

本标准由上海铝业行业协会、萨帕铝热传输(上海)有限公司、上海浙东建材有限公司、上海沪鑫铝箔有限公司、华峰铝业股份有限公司、上海友升铝业有限公司、上海亚细亚铝制品有限公司、上海鑫益瑞杰有色合金有限公司、上海长亚机械设备有限公司参加起草。

本标准主要起草人:陆云、李杨、唐林标、王晓华、陈国桢、唐宗平。

本标准参加起草人:夏伟民、陈健、张闯、吴汇、张方杰、张长城、翟玉佳、罗滨、李耀明、乐嘉仿。

变形铝及铝合金铸造锭、铸轧卷单位产品能源消耗限额

1　范围

本标准规定了变形铝及铝合金铸造锭、铸轧卷单位产品能源消耗(简称能耗)限额的技术要求、计算原则、计算范围、计算方法和节能管理与措施。

本标准适用于铝材加工生产企业熔铸工序能耗的计算、考核①,以及对新建项目的能耗控制。

① 企业产品能耗以报告期内企业生产的各类合格产品的产量与对应单位产品能耗限额的乘积之和为限额进行考核评定。

2 规范性引用文件

下列文件对于本文件的应用是必不可少的。凡是注日期的引用文件，仅注日期的版本适用于本文件。凡是不注日期的引用文件，其最新版本（包括所有的修改单）适用于本文件。

GB/T 2589 综合能耗计算通则

GB/T 3880.1 一般工业用铝及铝合金板、带材 第1部分：一般要求

GB/T 14846 铝及铝合金挤压型材尺寸偏差

GB 17167 用能单位能源计量器具配备和管理通则

3 术语和定义

下列术语和定义适用于本文件。

3.1 工序能源单耗 unit energy consumption in working procedure

工序生产过程中生产单位合格产品消耗的能源量。

3.2 工艺能源单耗 unit energy consumption of technology

工艺生产过程中生产单位合格产品消耗的能源量。

3.3 辅助能耗 assistant energy consumption

企业的辅助生产系统和附属生产系统，在产品生产的报告期内实际消耗的各种能源，以及耗能工质在企业内部进行贮存、转换及计量供应（包括外销）中的损耗，分摊到产品的能耗量。

3.4 综合能源单耗 unit consumption of integrate energy

即单位产品综合能耗，指生产单位合格产品所消耗的全部能源量，为工序（工艺）能源单耗与辅助能耗分摊量之和。

3.5 企业综合能耗 enterprise integrate energy consumption

报告期内企业的主要生产系统、辅助生产系统和附属生产系统的综合能耗总和。

4 技术要求

4.1 铝及铝合金铸造锭、铸轧卷现有生产企业单位产品能耗限额限定值

现有铝及铝合金铸造锭、铸轧卷生产企业单位产品能耗限额限定值应符合表1的要求。

表 1　现有生产企业单位产品能耗限定值　　单位为千克标准煤每吨

产品分类		原料	综合能耗限定值①②③	
			软合金④	硬合金④
扁锭		重熔用铝锭等熔炼炉喂给料	≤180	≤225
圆铸锭	直径不大于 200 mm 的 6063 合金铸造锭		≤150	—
	其他铸造锭		≤165	≤210
铸轧卷			≤155	—

注：① 变形铝及铝合金铸造锭生产时，未 100%通过静置炉进行熔体静置处理，能耗限额值为表中数值减去静置能耗基数 J（$J=40\times$未经过熔体静置的合格铸锭产量/全部合格铸锭产量）。

② 变形铝及铝合金铸造锭生产时，未 100%进行均匀化热处理，能耗限额值为表中数值减去均匀化热处理能耗基数 R（$R=50\times$未经过均匀化热处理的合格铸锭产量/全部合格的铸锭产量）。

③ 熔炼工序使用发生炉煤气时，则能耗限额值为表中规定数值乘系数 1.2。

④ 铝及铝合金扁铸锭的软合金对应 GB/T 3880.1 中的 A 类合金，硬合金对应 GB/T 3880.1 中的 B 类合金；铝及铝合金圆铸锭的软合金和硬合金与 GB/T 14846 相对应。

4.2　铝及铝合金铸造锭、铸轧卷新建生产企业单位产品能耗限额准入值

新建铝及铝合金铸造锭、铸轧卷生产企业单位产品能耗限额准入值应符合表 2 的要求。

表 2　新建生产企业单位产品能耗准入值　　单位为千克标准煤每吨

产品分类		原料	综合能耗限定值①②③	
			软合金④	硬合金④
扁锭		重熔用铝锭等熔炼炉喂给料	≤165	≤205
圆铸锭	直径不大于 200 mm 的 6063 合金铸造锭		≤125	—
	其他铸造锭		≤145	≤180
铸轧卷			≤140	—

注：①、②、③、④同表 1。

4.3　铝及铝合金铸造锭、铸轧卷生产企业单位产品能耗限额先进值

铝及铝合金铸造锭、铸轧卷生产企业单位产品能耗限额先进值应符合表 3 的要求。

表 3　企业单位产品能耗先进值　　单位为千克标准煤每吨

产品分类		原料	综合能耗限定值①②③	
			软合金④	硬合金④
扁锭		重熔用铝锭等熔炼炉喂给料	≤155	≤195
圆铸锭	直径不大于 200 mm 的 6063 合金铸造锭		≤100	—
	其他铸造锭		≤110	≤140
铸轧卷			≤125	—

注：①、②、③、④同表 1。

5　能耗计算原则、计算范围及计算方法

5.1　计算原则

企业应对所消耗的各种能源全部统计计算，不得重计或漏计。存在供需关系时，

输入、输出双方在计算中量值上应保持一致。设备大修的能源消耗也应计算在内，且按大修后设备的运行周期逐月平均分摊。企业综合能耗的计算按 GB/T 2589 的规定进行。

5.1.1　企业实际消耗的各种能源

企业实际消耗的各种能源，系指用于生产活动的各种能源。它包括：一次能源（原煤、原油、天然气等）、二次能源（如电力、热力、石油制品、焦炭、煤气等）和生产使用的耗能工质（水、氧气、压缩空气等）所消耗的能源和余热资源。包括能源及耗能工质在企业内部进行储存、转换及计量供应（包括外销）中的损耗。其主要用于生产系统、辅助生产系统和附属生产系统，包括厂区用能和办公楼用能应分摊在各工序能耗中。不包括批准的基建项目用能。

5.1.2　企业报告期内的燃料实物消耗量

企业报告期内某种燃料实物消耗量按式(1)计算：

$$e = e_1 + e_2 - e_3 - e_4 - e_5 \tag{1}$$

式中：

e——燃料实物消耗量；

e_1——购入燃料实物量；

e_2——库存燃料实物增减量(库存减少为正，库存增加为负)；

e_3——外销燃料实物量；

e_4——生活用燃料实物量；

e_5——工程建设用燃料实物量。

5.1.3　企业报告期内的能源消耗量

企业报告期内的能源消耗量按式(2)计算：

$$E = E_1 + E_2 - E_3 - E_4 - E_5 \tag{2}$$

式中：

E——能源消耗量；

E_1——购入能源量；

E_2——库存能源增减量(库存减少为正，库存增加为负)；

E_3——外销能源量；

E_4——生活用能源量；

E_5——企业工程建设用能源量。

5.1.4　能源实物量的计量

能源实物量的计量必须符合 GB 17167 的规定。

5.1.5　能源的计量单位

企业生产能耗量、产品工艺能耗量（或称产品直接综合能耗）、产品综合能耗量的单位：千克标准煤（kgce）、吨标准煤（tce）、万吨标准煤（10^4 tce）。

企业消耗的各种主要能源实物计量单位如表 4 所示。

表 4　各种能源实物计量单位

能源实物种类	计量单位										
	Kg	t	10^4 t	kW·h	10^4 kW·h	kJ	MJ	GJ	m^3	10^3 m^3	10^4 m^3
煤、焦炭、石油制品	○	○	○	—	—	—	—	—	—	—	—
电	—	—	—	○	○	—	—	—	—	—	—
蒸汽	○	○	○	—	—	○	○	○	—	—	—
各类燃气、氧气、氮气、压缩空气	—	—	—	—	—	—	—	—	○	○	○
水	○	○	○	—	—	—	—	—	○	○	○

5.1.6　能源折算原则

应用基低（位）发热量等于 29.3076 兆焦（MJ）的燃料，称为 1 千克标煤。

外购燃料能源、二次能源及耗能工质采用国家统计部门规定的折算系数（参见附录 A）折算为标准煤（外购电力按当量值折算）。

企业能源转换自产时，按实际投入的能源实物量折算标准煤量。

企业内回收的余热，按热力的折算系数折算。

5.1.7　余热利用计算原则

企业余热回收装置的用能计入企业能耗。

回收的余热能源自用部分，计入自用工序；转供其他工序时，在所用工序以正常消耗计入。

回收的余热能源应在回收余热的工序、工艺中扣除。

5.1.8　单位产品产量计算原则

计算单位产品能耗，应采用同一报告期内产出的合格产品产量。

所有合格铝型材产量均以企业统计主管部门正式上报的数据为准。

5.1.9　其他

辅助能耗应根据各产品工艺能耗占企业生产工艺能耗量的比例分摊给各个产品。

5.2　计算范围

本标准能耗计算范围如表 5 所示。

表 5　能耗计算范围

能耗分类	能耗计算范围	能源单耗代号		
		实物能源单耗	工艺能源单耗	综合能源单耗
工序能耗	将重熔用铝锭等原料投入熔炼炉中熔炼工序(工序代号为1)的能耗	e_{SZ}^1	E_{GZ}^1	E_{ZZ}^1
	熔体静置、在线精炼工序(工序代号为2)的能耗	e_{SZ}^2	E_{GZ}^2	E_{ZZ}^2
	铸造工序(工序代号为3)的能耗	e_{SZ}^3	E_{GZ}^3	E_{ZZ}^3
	均匀化处理工序(工序代号为4)的能耗	e_{SZ}^4	E_{GZ}^4	E_{ZZ}^4
	切头、切尾工序(工序代号为5)的能耗	e_{SZ}^5	E_{GZ}^5	E_{ZZ}^5
产品生产能耗	从重熔用铝锭等原料投入熔炼炉中熔炼,至产出铸造锭或铸轧卷的生产过程(生产过程代号为Z,图1为其生产工艺流程简图)发生的能耗,对应上述工序能耗总和	e_{SZ}	E_{GZ}	E_{ZZ}

能耗计算范围所指生产工艺流程如图1所示。

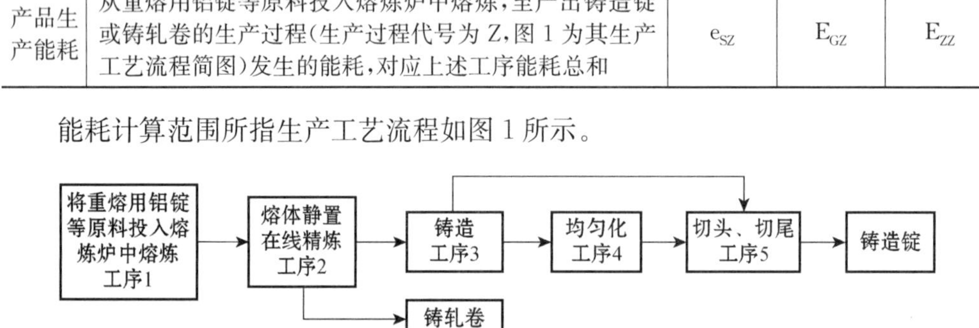

图1　铸造生产工艺流程简图

5.3　计算方法

5.3.1　工序能源

5.3.1.1　实物单耗

工序能源实物单耗按式(3)计算:

$$E_{GZ}^i = \frac{E_{HZ}^i}{P_{ZZ}^i} \tag{3}$$

式中:

i——工序代号(1、2、3、4、5);

E_{GZ}^i——i 工序报告期内的实物单耗;

E_{HZ}^i——i 工序报告期内直接消耗的某种能源实物总量;

P_{ZZ}^i——i 工序报告期内产出的合格产品总量,单位为吨(t)。

5.3.1.2　工艺能源单耗

工艺能源单耗按式(4)计算:

$$E_{ZZ}^i = E_{GZ}^i + E_{FZ}^i \tag{4}$$

式中:

i——工序代号(1、2、3、4、5)；

E_{ZZ}^{i}——i 工序报告期内工艺能源单耗，单位为千克标准煤每吨(kgce/t)；

E_{GZ}^{i}——i 工序报告期内直接消耗的各种能源实物量折标准煤之和，单位为千克标准煤(kgce)，当含回收余热时，按 5.1.7 条规定执行；

E_{FZ}^{i}——i 工序报告期内产出的合格产品总量，单位为吨(t)。

5.3.1.3 综合能源单耗

综合能源单耗按式(5)计算：

$$e_{SZ}^{i} = m_{SZ}^{i} + p_{ZZ}^{i} \tag{5}$$

式中：

i——工序代号(1、2、3、4、5)；

e_{SZ}^{i}——i 工序报告期内的综合能源单耗，单位为千克标准煤每吨(kgce/t)；

m_{SZ}^{i}——i 工序报告期内的工艺能源单耗，单位为千克标准煤每吨(kgce/t)；

p_{ZZ}^{i}——i 工序报告期内产出的合格产品辅助能耗分摊量，单位为千克标准煤每吨(kgce/t)。

5.3.2 产品生产能耗

5.3.2.1 产品实物单耗

产品实物单耗按式(6)计算：

$$E_{ZZ} = E_{GZ} + E_{FZ} \tag{6}$$

式中：

E_{ZZ}——报告期内，产品生产过程中发生的实物单耗，单位为吨每吨(t/t)；

E_{GZ}——报告期内，产品生产过程中直接消耗的某种能源实物总量，单位为吨(t)；

E_{FZ}——报告期内产出的合格铸造锭、铸轧卷总量，单位为吨(t)。

5.3.2.2 产品工艺能源单耗

产品工艺能源单耗按式(7)计算：

$$e_{sz} = \frac{m_{sz}}{p_{zz}} \tag{7}$$

式中：

e_{sz}——报告期内，产品生产过程中发生的工艺能源单耗，单位为千克标准煤每吨(kgce/t)；

m_{sz}——报告期内，产品生产过程中直接消耗的各种能源实物量折标准煤之和，单位为千克标准煤(kgce)，当含回收余热时按 5.1.7 规定执行；

p_{zz}——报告期内产出的合格铸造锭、铸轧卷总量，单位为吨(t)。

5.3.2.3　产品综合能源单耗

产品综合能源单耗按式(8)计算：

$$E_{GZ} = \frac{E_{HZ}}{P_{ZZ}} \tag{8}$$

式中：

E_{GZ}——报告期内，产品生产过程中发生的综合能源单耗，单位为千克标准煤每吨(kgce/t)；

E_{HZ}——报告期内，产品生产过程中发生的工艺能源单耗，单位为千克标准煤每吨(kgce/t)；

P_{ZZ}——报告期内，产品生产过程中发生的辅助能耗分摊量，单位为千克标准煤每吨(kgce/t)。

6　节能管理与措施

6.1　节能基础管理

企业应建立产品能耗测试数据、能耗计算和能耗考核结果的文件档案，并对文件进行受控管理。

企业应建立能效考核制度，把考核指标分解落实到各基层部门，定期对铸造生产的主要工序用能情况进行考核。

企业应根据GB 17167的要求配备能源计量器具，建立可操作的能源计量管理制度，确保计量器具的精度和能源计量的有效性。

企业应宣传、贯彻本标准，推动企业完善科学用能的管理机制，担负起不断提高节能水平的社会责任。

6.2　节能技术措施

提高工业炉窑热能利用率，加强炉窑保温、密封，减少热能损失。

大力推行节能燃烧技术和余热回收利用技术，最大限度地提高热效率和热能利用。

鼓励使用清洁能源，改造和逐步淘汰燃煤、燃油等用能高、排放大的炉窑及装置。

优化改进生产工艺，鼓励以缩短铸造生产工艺流程实现节能。

推广使用变频节能装置、节能型变压器和电机，采用绿色节能环保照明，搞好无功功率补偿。

推广使用循环水，努力减少新水取用量，提高水资源再利用率，实现环保、节能双赢。

加强能源转换管理，提高能源转换效率，通过减少转换损失实现系统节能。

附录 A
(资料性附录)
常用能源品种现行参考折标准煤系数

A.1　常用能源品种的现行折标准煤系数如表 A.1 所示,折标准煤系数如遇国家统计部门规定发生变化,能耗等级指标则按国家规定。

表 A.1　常用能源品种现行折标准煤系数

能　　源		折标煤系数及单位	
品　　种	平均低位发热量	系　数	单　位
原煤	20 908 kJ/kg(5 000 kcal/kg)	0.714 3	kgce/kg
洗精煤	26 344 kJ/kg(6 300 kcal/kg)	0.900	kgce/kg
重油	41 816 kJ/kg(10 000 kcal/kg)	1.428 6	kgce/kg
柴油	42 652 kJ/kg(10 200 kcal/kg)	1.457 1	kgce/kg
汽油	43 070 kJ/kg(10 300 kcal/kg)	1.471 4	kgce/kg
焦炭	28 435 kJ/kg(6 800 kcal/kg)(灰分 13.5%)	0.971 4	kgce/kg
液化石油气	50 179 kJ/kg(12 000 kcal/kg)	1.714 3	kgce/kg
电力(当量值)	3 600 kJ/ kW·h(860 kcal/kW·h)	0.122 9	kgce/(kW·h)
热力	—	0.034 12	kgce/MJ
煤气	1 250×4.186 8 kJ/m^3	1.786	tec/$10^4 m^3$
天然气	38 931 kJ/m^3(9 310 kcal/m^3)	1.330 0	tec/$10^3 m^3$

注:蒸汽折标煤系数按热值计。

常用耗能工质能源等价值参考值如表 A.2 所示,能源等价值如有变动,以国家统计部门最新公布的数据为准。

表 A.2　常用耗能工质能源等价值

序号	名　　称		单位	能源等价值		备　　注
				热值/MJ	折标准煤/kgce	
1	液体	新鲜水	t	7.535 0	0.257 1	指尚未使用过的自来水,按平均耗电计算
2		软化水	t	14.234 7	0.485 7	
3	气体	压缩空气	m^3	1.172 3	0.040 0	—
4		二氧化碳	m^3	6.280 6	0.214 3	
5		氧气	m^3	11.723 0	0.400 0	
6		氮气	m^3	11.723 0	0.400 0	当副产品时
				19.677 1	0.671 4	当主产品时
7		乙炔	m^3	243.672 2	8.314 3	按耗电石计算
8	固体	电石	kg	60.918 8	2.078 6	按平均耗焦炭、电等计算

蒸压灰砂砖单位产品综合能耗限额

前　　言

本标准4.1、4.2为强制性条款，其余为推荐性条款。

本标准依据GB/T 1.1-2009给出的规则进行起草。

本标准的附录A为资料性附录。

本标准由上海市经济和信息化委员会提出。

本标准由上海市建材专业标准化技术委员会归口。

本标准起草单位：上海市资源综合利用协会。

上海市建筑科学研究院(集团)有限公司。

蒸压灰砂砖单位产品综合能耗限额

1　范围

本标准规定了蒸压灰砂砖单位产品综合能耗术语和定义、要求、统计范围及计算方法。

本标准适用于蒸压灰砂砖生产企业进行单位产品综合能耗的计算、考核和节能管理。

2　规范性引用文件

下列文件对于本文件的应用是必不可少的。凡是注日期的引用文件，仅所注日期的版本适用于本文件。凡是不注日期的引用文件，其最新版本(包括所有的修改单)适用于本文件。

GB 11945　蒸压灰砂砖

GB 17167　用能单位能源计量器具配备和管理通则

GB 18613　中小型三相异步电动机能效限定值及节能评价值

GB 19153　容积式空气压缩机能效限定值及节能评价值

GB 19761　通风机能效限定值及节能评价值

GB 20052　三相配电变压器能效限定值及节能评价值

GB/T 213　煤的发热量测定方法

GB/T 2589　综合能耗计算通则

GB/T 12497　三相异步电动机经济运行

GB/T 12723　单位产品能源消耗限额编制通则

GB/T 13462　工矿企业电力变压器经济运行导则

GB/T 13470　通风机系统经济运行

GB/T 24851　建筑材料行业能源计量器具配备和管理要求

JC/T 637　蒸压灰砂多孔砖

DB31/T 599　非承重蒸压灰砂多孔砖技术要求

3　术语和定义

下列术语和定义适用于本标准。

3.1　蒸压灰砂砖产品综合能耗　The comprehensive energy consumption of autoclaved sand-lime brick

在统计期内蒸压灰砂砖生产全部过程中实际消耗的各种能源总量（电耗和标煤耗）。包括生产系统、辅助生产系统和附属生产系统的各种能源消耗量，不包括生活能源消耗量。

3.2　蒸压灰砂砖单位产品综合能耗　The comprehensive energy consumption per unit products of autoclaved sand-lime brick

以单位产品产量表示的蒸压灰砂砖产品综合能耗，本标准确定单位产品产量为万块标砖。

3.3　蒸压灰砂砖单位产品综合电耗　The comprehensive electricity consumption per unit products of autoclaved sand-lime brick

以蒸压灰砂砖单位产品产量表示的直接消耗的电量。

3.4　蒸压灰砂砖单位产品综合标煤耗　The comprehensive coal consumption per unit products of autoclaved sand-lime brick

以蒸压灰砂砖单位产品产量表示的直接消耗的标煤量。

4　要求

4.1　现有蒸压灰砂砖企业单位产品综合能耗限额限定值

现有蒸压灰砂砖企业单位产品综合能耗应符合表1中能耗限额限定值的规定。

表1　现有蒸压灰砂砖企业单位产品综合能耗限额限定值

电耗（kw·h/万块标砖）	标煤耗（kgce/万块标砖）
≤140	≤260

4.2　新建/扩建蒸压灰砂砖企业单位产品综合能耗限额准入值

新建/扩建蒸压灰砂砖企业单位产品综合能耗应符合表2中能耗限额准入值的

规定。

表2　新建/扩建蒸压灰砂砖企业单位产品综合能耗限额准入值

电耗(kw·h/万块标砖)	标煤耗(kgce/万块标砖)
≤130	≤230

4.3　蒸压灰砂砖企业单位产品综合能耗限额先进值

蒸压灰砂砖企业在生产过程中应通过节能技术改造和加强节能管理,使蒸压灰砂砖单位产品综合能耗限额先进值符合表3要求。

表3　蒸压灰砂砖企业单位产品综合能耗限额先进值

电耗(kw·h/万块标砖)	标煤耗(kgce/万块标砖)
≤120	≤210

5　统计范围和计算方法

5.1　统计范围

蒸压灰砂砖能耗统计范围包括:从原料制备到成品堆放的全部生产过程中电及煤的能源消耗量。不包括生活能源消耗。

5.2　统计方法

利用符合GB 17167要求配备的能源计量器具对报告期内的能源数量和生产合格产品产量进行统计。

5.3　能源折算系数取值原则

产品综合能耗的计算应符合GB/T 2589的规定。在统计期内,对实际消耗的一次能源(煤炭、石油、废旧木材)和二次能源(如石油制品、电力)所消耗的能源进行统计。各种能源的热值以企业的实测热值为准。没有条件实测的,可采用本标准附录A,通过系数折算为标准煤,进行综合计算所得的能源消耗量。

5.4　计算方法

5.4.1　蒸压灰砂砖单位产品综合电耗的计算

蒸压灰砂砖单位产品综合电耗应按式(1)计算:

$$e_a = \frac{\sum E_a}{P} \tag{1}$$

式中:

e_a——统计期内单位产品综合电耗,单位为千瓦时每万块标砖(kW·h/万块标砖);

$\sum E_a$——统计期内综合电耗,单位为千瓦时(kW·h);

P——统计期内符合 GB 11945、JC/T 637 和 DB31/T 599 的合格产品产量，单位为万块标砖。

5.4.2 蒸压灰砂砖单位产品综合标煤耗的计算

蒸压灰砂砖单位产品综合标煤耗应按式(2)计算：

$$e_b = \frac{\sum E_b}{P} \tag{2}$$

式中：

e_b——统计期内单位产品综合标煤耗，单位为千克标准煤每万块标砖(*kgce*/万块标砖)；

$\sum E_b$——统计期内综合标煤耗，单位为千克标准煤(*kgce*)；

P——统计期内符合 *GB* 11945、*JC*/*T* 637 和 *DB*31/*T* 599 的合格产品产量，单位为万块标砖。

6 节能管理与措施

6.1 节能基础管理

企业应建立用能管理责任制度，定期对生产中单位产品消耗的用电量、用标煤量进行考核，并把考核指标分解落实到各基层部门。

企业应按要求建立能耗统计体系，建立能耗测试数据、能耗计算和考核结果的文件档案，并对文件进行受控管理。

企业应建立计量管理制度，能源计量器具的配备应符合 *GB* 17167 和 *GB*/*T* 24851 的要求。

企业生产过程应优化工艺流程设计和加强生产过程优化管理，提升生产运行效率。

6.2 节能技术管理

6.2.1 用能设备管理

企业使用的电动机系统、电力变压器等耗能设施应符合 *GB*/*T* 12497、*GB*/*T* 13462 等相关标准要求。

企业所用的中小型三相异步电动机、容积式空气压缩机、三相配电变压器等通用耗能设备应达到 *GB* 18613、*GB* 19153、*GB* 20052 等相应耗能设备能效标准中节能评价值的要求。

企业应建立健全的生产设备各项运行管理制度并严格执行，确保生产设备长期、安全、高效运行。

6.2.2 生产过程管理

企业在原料选择中，应综合利用江河湖淤砂等废弃资源。

企业在生产过程中的水作为耗能工质，蒸压釜中废气应综合利用和合理倒汽、冷凝水必须循环使用并作为原材料用水。

企业在生产过程中，应采取有效的节能管理措施，保证生产系统正常、连续和稳定运行，提高系统运转率，实现优质、低耗和清洁生产。

企业在生产过程中，应加强设备的日常维护保养，防止设备意外停机或经常开停设备。

企业在实施质量、环境、职业健康安全和能源管理体系的基础上，鼓励引入预防维修体制（*TPM*）等先进的管理理念和管理方法，开展技术创新，加强绩效管理和评价。

6.2.3 节能降耗导向

企业宜通过电机变频改造、高压电机无功补偿技术、水泵变频及节电改造、低压供电系统增加无功功率补偿装置等节能技术改造，降低生产及辅助生产能耗。

企业宜设置能耗监测系统，通过安装分类和分项能耗计量装置，采用远程传输等手段实时采集能耗数据，实施能耗在线监测与动态分析，为用能限额控制提供数据支持。

企业在生产过程中，宜采用对标管理模式，提高生产绩效。

企业宜采用合同能源管理模式，实施节能技术改造和节能管理，实现节能降耗。

附录 A
（资料性附录）
常用能源和耗能工质的折标准煤系数

A.1 常用能源折标准煤参考系数

常用能源折标准煤参考系数见表 *A*.1。

表 A.1 常用能源折标准煤参考系数

能源名称	系数单位	折标煤系数
原煤	kgce/kg	0.7143
洗精煤	kgce/kg	0.9000
气田天然气	kgce/m^3	1.2143
液化石油气	kgce/kg	1.7143
焦炭（含石油焦）	kgce/kg	0.9714
汽油	kgce/kg	1.4714

（续表）

能源名称	系数单位	折标煤系数
柴油	kgce/kg	1.457 1
煤油	kgce/kg	1.471 4
原油	kgce/kg	1.428 6
燃料油	kgce/kg	1.428 6
电力（当量值）	kgce/kW·h	0.122 9
热力（当量值）	kgce/MJ	0.034 12
废旧木材	kgce/kg	0.52

A.2　常用耗能工质折标准煤系数

常用耗能工质折标准煤系数见表 A.2。

表 A.2　常用耗能工质折标准煤系数

能源名称	系数单位	折标煤系数
新水	kgce/t	0.085 7
软水	kgce/t	0.485 7
压缩空气	kgce/m^3	0.040 0
蒸汽（低压）	kgce/t	128.60
蒸汽（10 MPa）	kgce/t	131.429
鼓风	kgce/m^3	0.030 0
二氧化碳气	kgce/m^3	0.214 3
氧气	kgce/m^3	0.400 0
氮气（做副产品）	kgce/m^3	0.400 0
氮气（做主产品）	kgce/m^3	0.671 4

节能技术改造及合同能源管理项目节能量审核与计算方法

节能技术改造及合同能源管理项目节能量审核与计算方法(空气压缩机系统)

前　言

DB31/TXXX《节能技术改造及合同能源管理项目节能量审核与计算方法》已经或计划发布以下部分总则：

——第1部分：总则

——第2部分：空气压缩机系统

——第3部分：电机系统(水泵)

——第4部分：锅炉系统

——第5部分：电梯系统

——第6部分：炉窑系统

——第7部分：冷却塔系统

——第8部分：电磁感应加热系统

——第9部分：制冷系统

——第10部分：照明系统

——第11部分：电机系统(风机)

——第12部分：配电变压器

本部分为DB31/TXXX的第2部分。

本标准由上海市经济和信息化委员会、上海市合同能源管理指导委员会共同提出。

本标准由上海市能源标准化技术委员会归口。

本标准负责起草单位：上海市能效中心、上海市能源标准化技术委员会。

本标准参加起草单位：上海节能技术服务有限公司、上海英格索兰压缩机有限公司、美国自然资源保护委员会、上海应用技术学院、上海理工大学、国际铜业协会。

本标准主要起草人：秦宏波、谢仲华、潘志旸、汪国兴、薛恒荣、李玉琦、张泠、俞增盛、施文勇、许用权、钱惠国、赵军、刘洋、沈黎芸。

本标准为首次制定。

节能技术改造及合同能源管理项目节能量审核与计算方法空气压缩机系统

1 范围

本标准规定了空气压缩机系统节能技术改造和合同能源管理项目节能量审核与计算方法。

本标准适用于上海市所辖工业企业，其他单位可参照执行。

2 规范性引用文件

下列文件对于本文件的应用是必不可少的。凡是注日期的引用文件，仅所注日期的版本适用于本文件。凡是不注日期的引用文件，其最新版本（包括所有的修改单）适用于本文件。

GB/T 3485 评价企业合理用电技术导则

GB/T 8222 用电设备电能平衡通则

GB/T 12497 三相异步电动机经济运行

GB/T 13234 企业节能量计算方法

GB/T 13466 交流电气传动风机（泵类、空气压缩机）系统经济运行通则

GB/T 16665 空气压缩机组及供气系统节能监测方法

GB 17167 用能单位能源计量器具配备和管理通则

DB31/T 54 动力用空气压缩机（站）经济运行与节能监测

DB31/TXXX《节能技术改造及合同能源管理项目节能量审核与计算方法 第1部分：总则》

3 术语和定义

下列术语和定义及GB/T13466和GB/T16665所确定的术语和定义适用于本标准。

3.1 空气压缩机系统 air compressor system

由空气压缩机组、过滤净化装置、供气管网、辅助设备、用气系统组成的总体。

3.2 空气压缩机系统供应侧 supply side of air compressor system

压缩空气系统供应侧包括压缩机，储气罐，干燥器，过滤器及其之间连接的阀门和管道。

3.3 空气压缩机系统需求侧 demand side of air compressor system

压缩空气系统需求侧包括压缩空气供应侧外部向压缩空气用户供应压缩空气的

管道及用气设备。

3.4　空气压缩机系统容积流量　volum flow of air compressor system

单位时间内，从供气侧排出的空气实际容积流量，该流量应换算到空压机的标准状态（温度、压力、组分），参照 DB31/T54 中规定的方法测试和计算。

3.5　基期　baseline period

用以比较和确定项目节能量的，节能措施实施前的时间段。

3.6　统计报告期　reporting period

用以比较和确定项目节能量的，节能措施实施后的时间段。

3.7　统计期　statistical period

计算节能量时确定的时间范围，统计期无特殊约定为一个连续的日历年。

3.8　节能率　energy saving rate

统计报告期比基期的单位能耗降低率，用百分数表示。

3.9　空气压缩机系统供气单耗　specific electricity consumption of air compressor system

空气压缩机系统供应侧每输出一个标准立方米气量所需的输入电能，参照 DB/T 54 规定的方法测试和计算。

4　节能量审核

节能量审核应符合 DB31/TXXX《节能技术改造及合同能源管理项目节能量审核与计算方法　第1部分：总则》的规定。

审核时应根据项目要求，确定空气压缩机系统边界，在边界范围内对空气压缩机系统的节能量进行考核计算和评价。

确定基期及统计报告期，设定项目基期和统计报告期时，均应覆盖项目的典型工况。

审核时应考核空气压缩机系统的运行和计量仪表配备是否符合 GB17167 和 GB/T3485 的有关规定。

审核时必须有完整、真实的资料。包含：空气压缩机系统设备台账及技术资料，计量器具配置图，用电量统计报表等。

推荐采用空压机系统在线测量装置进行用电量及空气流量、压力等相关量的测量。在线测量装置应完好准确，满足测量要求。

当空压机系统未安装在线测量装置或在线测量装置无法满足测量要求，可采用移动检测设备检测。

采用移动检测设备检测空气压缩机系统电动机输入平均功率，测试方法按 GB/

T12497 中的规定执行。

采用移动检测设备检测空气压缩机系统平均流量,测试方法按 DB31/T 54 中的规定执行。

节能量应按有关规定的能源折标准煤系数,折算为标准煤。

5 计算方法

根据空气压缩机系统节能技术改造特征,选择合适的计算方法计算空气压缩机系统节能量。

5.1 企业单位产品用气节能量计算

本计算适用于但不仅限于以下情况:

——空气压缩机系统产出的压缩空气,供单一产品生产使用。

5.1.1 基期单位产品用气量按式(1)计算

$$D_1 = \frac{Q_1}{G_1} \tag{1}$$

式中:

D_1——基期单位产品用气量,单位为标准立方米每个(Nm^3/个);

Q_1——基期用气量,单位为标准立方米(Nm^3);

G_1——基期企业生产合格品数量,单位为个(或为产品计量单位的其他表达方式)。

5.1.2 统计报告期单位产品用气量按式(2)计算

$$D_2 = \frac{Q_2}{G_2} \tag{2}$$

式中:

D_2——统计报告期单位产品用气量,单位为标准立方米每个(Nm^3/个);

Q_2——统计报告期用气量,单位为标准立方米(Nm^3);

G_2——统计报告期企业生产合格品数量,单位为个(或为产品计量单位的其他表达方式)。

5.1.3 单位产品节气率按式(3)计算

$$\xi_1 = \frac{(D_1 - D_2)}{D_1} \times 100\% \tag{3}$$

式中:

ξ_1——节能技改后单位产品节能率。

5.1.4 基期空气压缩机系统供气单耗按式(4)计算

$$W_1 = \frac{P_1}{F_1} \tag{4}$$

式中：

W_1——基期空气压缩机系统供气单耗，单位为千瓦时每标准立方米(kWh/Nm^3)；

P_1——基期空气压缩机系统内电动机输入平均功率，单位为千瓦(kW)；

F_1——基期空气压缩机系统平均流量，单位为标准立方米每小时(Nm^3/h)。

5.1.5　企业单位产品用气节能量按式(5)计算

$$E_1 = W_1 \times D_1 \times \xi_1 \times G \times k + E_{\mathrm{r}} \tag{5}$$

式中：

E_1——节能技改后空气压缩机系统节能量，单位为吨标准煤(tce)；

G——统计期内，企业生产合格产品数量，单位为个(或为产品计量单位的其他表达方式)；

k——能源折标准煤系数；

E_r——由压缩空气热回收受益而减少的能源消耗的变化量数据，单位为吨标准煤(tce)。

5.2　空气压缩机系统供应侧降低供气单耗节能量计算

以下几种情况推荐使用本计算方法：

——采用高效电机更换现有电动机；

——采用高效空气压缩机更换现有空气压缩机；

——增加调节用空气压缩机降低空气压缩机供气单耗；

——采用集中控制降低空压机系统供气单耗；

——采用变频技术降低空气压缩机系统供气单耗；

——采用高效空气处理方法降低系统供气单耗；

5.2.1　基期空气压缩机系统供气单耗按式(6)计算

$$W_1 = \frac{P_1}{F_1} \tag{6}$$

5.2.2　统计报告期空气压缩机系统供气单耗按式(7)计算

$$W_2 = \frac{P_2}{F_2} \tag{7}$$

式中：

W_2——统计报告期空气压缩机系统供气单耗，单位为千瓦时每标准立方米(kWh/Nm^3)；

P_2——统计报告期系统内电动机输入平均功率，单位为千瓦(kW)；

F_2——统计报告期空气压缩机系统平均系统流量，单位为标准立方米每小时(Nm^3/h)。

5.2.3 改造后空气压缩机系统节能率按式(8)计算

$$\xi_2 = \frac{W_1 - W_2}{W_1} \times 100\% \tag{8}$$

式中：

ξ_2——节能技改后空气压缩机系统节能率。

5.2.4 统计期空气压缩机系统供应侧降低供气单耗节能量按式(9)计算

$$E_2 = P_1 \times \xi_2 \times T \times k + E_r \tag{9}$$

式中：

E_2——节能技改后空气压缩机系统节能量，单位为吨标准煤(tce)；

T——统计期内，空气压缩机系统运行时间，单位为时(h)。

5.3 空气压缩机系统需求侧合理设计及管理用气节能量计算

本计算适用于具有下述情况之一的空气压缩机系统综合改造，但不仅限于以下情况：

——改造压缩空气管道系统，减少泄漏损失，管道阻力损失；

——减少和取消不合理用气方式；

——在满足生产要求的前提下，合理提供供气压力

——不同供气等级分别供气，并安装连接阀门自动调节两端气压；

——安装压力流量控制器及配置合理容量的储气罐降低供气单耗；

——当5.2节情况中测试条件不具备时。

5.3.1 恒定负荷的空气压缩机系统需求侧节能量计算

5.3.1.1 改造后空气压缩机系统节能率按式(10)计算

$$\xi_3 = \frac{P_1 - P_2}{P_1} \times 100\% \tag{10}$$

式中：

ξ_3——节能技改后空气压缩机系统节能率。

5.3.1.2 统计期恒定负荷的空气压缩机系统节能量按式(11)计算

$$E_3 = P_1 \times \xi_3 \times T \times k + E_r \tag{11}$$

式中：

E_3——节能技改后空气压缩机系统节能量，单位为吨标准煤(tce)。

5.3.1.3 统计期变化负荷的空气压缩机系统需求侧节能量按式(12)计算

$$\begin{aligned} E_4 = &(P_{11} - P_{21}) \times T_1 \times k + (P_{12} - P_{22}) \times T_2 \times k + \cdots + \\ &(P_{1n} - P_{2n}) \times T_n \times k + E_r \end{aligned} \tag{12}$$

式中：

E_4——节能技改后空气压缩机系统节能量，单位为吨标准煤(tce)；

$P_{11}, P_{12} \cdots P_{1n}$——基期各典型工况系统内电动机输入平均功率，单位为千瓦(kW)；

$P_{21}, P_{22} \cdots P_{2n}$——统计报告期各典型工况系统内电动机输入平均功率，单位为千瓦(kW)；

$T_1, T_2 \cdots T_n$——统计期各典型工况全年运行时间，单位为时(h)。

节能技术改造及合同能源管理项目
节能量审核与计算方法[电机系统(水泵)]

前　言

DB31/TXXX《节能技术改造及合同能源管理项目节能量审核与计算方法》已经或计划发布以下部分总则：

——第1部分：总则

——第2部分：空气压缩机系统

——第3部分：电机系统(水泵)

——第4部分：锅炉系统

——第5部分：电梯系统

——第6部分：炉窑系统

——第7部分：冷却塔系统

——第8部分：电磁感应加热系统

——第9部分：制冷系统

——第10部分：照明系统

——第11部分：电机系统(风机)

——第12部分：配电变压器

本部分为DB31/TXXX的第3部分。

本标准由上海市经济和信息化委员会、上海市合同能源管理指导委员会共同提出。

本标准由上海市能源标准化技术委员会归口。

本标准负责起草单位：上海市能效中心、上海市能源标准化技术委员会。

本标准参加起草单位：上海电机系统节能工程技术研究中心有限公司、上海节能技术服务有限公司、美国自然资源保护委员会、上海理工大学、上海市质量监督检验技术研究院、同济大学。

本标准主要起草人：秦宏波、谢仲华、汪国兴、俞增盛、强雄、赵军、李玉琦、游梦娜、刘东、刘洋、印慧、李慧波、张浩。

本标准为首次制定。

节能技术改造及合同能源管理项目
节能量审核与计算方法电机系统(水泵)

1 范围

本标准规定了电机系统(水泵)(以下简称泵类系统)节能技术改造及合同能源管理项目节能量审核与计算方法。

本标准适用于上海市企事业单位、机关、公共场所,其他单位可参照执行。

2 规范性引用文件

下列文件对于本文件的应用是必不可少的。凡是注日期的引用文件,仅所注日期的版本适用于本文件。凡是不注日期的引用文件,其最新版本(包括所有的修改单)适用于本文件。

GB/T 3485 评价企业合理用电技术导则

GB/T 8222 用电设备电能平衡通则

GB/T 12497 三相异步电动机经济运行

GB/T 13466 交流电气传动风机(泵类、空气压缩机)系统经济运行通则

GB/T 16666 泵类及液体输送系统节能监测方法

GB 17167 用能单位能源计量器具配备和管理通则

DB31/TXXX《节能技术改造及合同能源管理项目节能量审核与计算方法 第1部分:总则》

3 术语和定义

下列术语和定义适用于本标准。

3.1 泵类系统 pump system

由泵、电动机、控制装置、传动机构、管网及需求设备按流程要求组成的总体。

3.2 基期 baseline period

用以比较和确定项目节能量的,节能措施实施前的时间段。

3.3 统计报告期 reporting period

用以比较和确定项目节能量的,节能措施实施后的时间段。

3.4 统计期 statistical period

计算节能量时确定的时间范围,统计期无特殊约定为一个连续的日历年。

3.5　节能率　energy saving rate

统计报告期比基期的单位能耗降低率，用百分数表示。

4　节能量审核

节能量审核应符合DB31/TXXX《节能技术改造及合同能源管理项目节能量审核与计算方法　第1部分：总则》的规定。

审核时应根据项目要求，确定泵类系统边界，在边界范围内对泵类系统的节能量进行考核计算和评价。

确定基期及统计报告期，设定项目基期和统计报告期时，均应覆盖项目的典型工况。

审核时应考核水泵系统的运行和计量仪表配备是否符合GB17167和GB/T3485的有关规定。

审核时必须有完整、真实的资料。即：泵类系统设备台账及技术资料，计量器具配置图，用电量统计报表等。

泵类系统电动机输入平均功率测试方法按GB/T12497中的规定执行。

泵类系统平均流量测试方法按GB/T16666中的规定执行。

节能量应按有关规定的能源折标准煤系数，折算为标准煤。

5　计算方法

根据水泵系统节能技术改造特征，选择合适的计算方法计算水泵系统节能量。

5.1　用于流体输送的泵类系统节能量计算

5.1.1　负荷恒定工况输送用泵类系统节能量计算

本计算适用于但不仅限于以下几种情况：

——采用高效电机更换现有电动机；

——采用高效泵更换现有泵；

——选用在高效区工作的泵(更换泵或更换叶轮)。

5.1.1.1　基期泵类系统单位流量电耗按式(1)计算

$$W_1 = \frac{P_1}{F_1} \tag{1}$$

式中：

W_1——基期泵类系统单位流量电耗，单位为千瓦时每立方米(kWh/m³)；

P_1——基期泵类系统电动机输入平均功率，单位为千瓦(kW)；

F_1——基期泵类系统平均流量，单位为立方米每小时(m³/h)。

5.1.1.2　统计报告期泵类系统单位流量电耗按式(2)计算

$$W_2 = \frac{P_2}{F_2} \tag{2}$$

式中：

W_2——统计报告期泵类系统单位流量电耗，单位为千瓦时每立方米(kWh/m^3)；

P_2——统计报告期泵类系统电动机输入平均功率，单位为千瓦(kW)；

F_2——统计报告期泵类系统平均系统流量，单位为立方米每小时(m^3/h)。

5.1.1.3　节能技术改造后泵类系统节能率按式(3)计算

$$\xi_1 = \frac{W_1 - W_2}{W_1} \times 100\% \tag{3}$$

式中：

ξ_1——节能技术改造后泵类系统节能率。

5.1.1.4　统计期负荷恒定工况输送用泵类系统节能量按式(4)计算

$$Q_1 = P_1 \times \xi_1 \times T \times k \tag{4}$$

式中：

Q_1——统计期泵类系统节能量，单位为吨标准煤(tce)；

T——统计期泵类系统运行时间，单位为小时(h)；

k——能源折标准煤系数。

5.1.2　负荷变化工况输送用泵类系统节能量计算

本计算适用于但不仅限于以下情况：

——采用水泵无级调速定压控制节能技术。

5.1.2.1　节能技术改造后泵类系统节能率按式(5)计算

$$\xi_2 = \frac{P_1 - P_2}{P_1} \times 100\% \tag{5}$$

式中：

ξ_2——节能技术改造后泵类系统节能率。

注1：由于工况变化，需要在所有典型工况时段内测量平均功率。

注2：应保证基期和统计报告期内所用典型工况一一对应、完全相同的条件下进行节能量计算。

5.1.2.2　统计期负荷变化工况输送用泵类系统节能量按式(6)计算

$$Q_2 = P_1 \times \xi_2 \times T \times k \tag{6}$$

式中：

Q_2——统计期泵类系统节能量，单位为吨标准煤(tce)。

5.2 用于流体循环的泵类系统节能量计算

5.2.1 负荷恒定工况循环用泵类系统节能量计算

本计算适用于但不仅限于以下情况：

——泵工作在低效区，选用工作在高效区的泵，流量不变，效率提高；

——改造系统，减少节流调节损失，管道流动损失，旁通损失，在此基础上配备工作在高效区的泵；

——系统流量过大，采用适当方法减少流量至系统实际需求量，或配备合适参数的泵。

5.2.1.1 节能技术改造后泵类系统节能率按式(7)计算

$$\xi_3 = \frac{P_1 - P_2}{P_1} \times 100\% \tag{7}$$

式中：

ξ_3——节能技术改造后泵类系统节能率。

5.2.1.2 统计期负荷恒定工况流体循环用泵类系统节能量按式(8)计算

$$Q_3 = P_1 \times \xi_3 \times T \times k \tag{8}$$

式中：

Q_3——统计期泵类系统节能量，单位为吨标准煤(tce)。

5.2.2 负荷变化工况循环用泵类系统节能量计算

本计算适用于但不仅限于以下情况：

——节能技术改造前负荷恒定，节能技改后采用电动调节阀门控制，无级调速技术控制；

——节能技术改造前采用电动调节阀控制，节能技改后采用无级调速技术控制。

5.2.2.1 统计期负荷变化工况循环用泵类系统节能量按式(9)计算

$$\begin{aligned} Q_4 = &(P_{11} - P_{21}) \times T_1 \times k + (P_{12} - P_{22}) \times T_2 \times k + \cdots + \\ &(P_{1n} - P_{2n}) \times T_n \times k \end{aligned} \tag{9}$$

式中：

Q_4——统计期泵类系统节能量，单位为吨标准煤(tce)；

$P_{11}, P_{12} \cdots P_{1n}$——基期各典型工况系统内电动机输入平均功率，单位为千瓦(kW)；

$P_{21}, P_{22} \cdots P_{2n}$——统计报告期各典型工况系统内电动机输入平均功率，单位为千瓦(kW)；

$T_1, T_2 \cdots T_n$——统计期各典型工况全年运行时间，单位为小时(h)。

注3：由于工况变化，需要在所有典型工况时段内测量平均功率。

注4：应保证基期和统计报告期内所用典型工况一一对应、完全相同的条件下进行节能量计算。

注5：如果节能技术改造前工况相同，P_{11}，P_{12}…P_{1n}数据相同，测量1个数据即可。

节能技术改造及合同能源管理项目节能量审核与计算方法(锅炉系统)

前　　言

DB31/TXXX《节能技术改造及合同能源管理项目节能量审核与计算方法》已经或计划发布以下部分总则：

——第1部分：总则

——第2部分：空气压缩机系统

——第3部分：电机系统(水泵)

——第4部分：锅炉系统

——第5部分：电梯系统

——第6部分：炉窑系统

——第7部分：冷却塔系统

——第8部分：大功率电磁加热系统

——第9部分：制冷系统

——第10部分：照明系统

——第11部分：电机系统(风机)

——第12部分：配电变压器

本部分为DB31/TXXX的第4部分。

本标准由上海市经济和信息化委员会、上海市合同能源管理指导委员会办公室、上海市能效中心共同提出。

本标准由上海市能源标准化技术委员会归口。

本标准主要起草单位：上海市能效中心、上海市工业锅炉研究所、上海市锅炉管理所、上海节能技术服务有限公司、上海广兴隆锅炉工程有限公司、上海本家空调系统服务有限公司。

本标准主要起草人：谢仲华、袁荣民、杨麟、丁永青、徐剑芳、郁剑敏、秦宏波、俞增盛、沈黎芸、薛文焕、徐道行。

本标准为首次制定。

节能技术改造及合同能源管理项目节能量审核与计算方法锅炉系统

1 范围

本标准规定了锅炉系统节能技术改造及合同管理项目节能量审核与计算方法。

本标准适用于上海市所辖企、事业单位、机关、公共场所，其他单位可参照执行。

2 规范性引用文件

下列文件对于本文件的应用是必不可少的。凡是注日期的引用文件，仅所注日期的版本适用于本文件。凡是不注日期的引用文件，其最新版本(包括所有的修改单)适用于本文件。

GB/T 2588 设备热效率计算通则

GB 3485 评价企业合理用电技术导则

GB/T 10180 工业锅炉热工性能试验规程

GB 10184 电站锅炉性能试验规程

GB 17167 用能单位能源计量器具配备和管理通则

DB 31/TXXX 节能技术改造及合同能源管理项目节能量审核与计算方法 第1部分:总则

3 术语和定义

下列术语和定义及GB/T13234和GB/T13466所界定的术语和定义适用于本标准。

3.1 锅炉设备 boiler equipment

锅炉房以内锅炉、尾部受热面及辅机设备等。

3.2 锅炉系统 boiler system

包括锅炉设备、管道阀门及余热回收装置等。

3.3 基期 baseline period

用以比较和确定项目节能量的，节能措施实施前的时间段。

3.4 统计报告期 reporting period

用以比较和确定项目节能量的，节能措施实施后的时间段。

3.5 统计期 statistical period

计算节能量时确定的时间范围，统计期无特殊约定为一个连续的日历年。

4 节能量审核

节能量审核应符合DB31/TXXX《节能技术改造及合同能源管理项目节能量审核与计算方法 第1部分：总则》的规定。

审核时应根据项目要求，确定锅炉系统边界，对边界范围内的节能量进行考核计算和评价。审核时如确定了多个边界，最终的节能量应予以累加；发生边界重叠时应把重叠部分的节能量予以扣除。

系统采取节能措施后，如影响到锅炉效率，应对锅炉效率进行修正。

确定基期及统计报告期，设定项目基期和统计报告期时，均应覆盖项目的典型工况。

审核时应考核锅炉设备及其用能系统的运行和计量仪表配备是否符合GB 17167和GB/T 3485的有关规定。

审核时必须有完整、真实的资料。即：锅炉及其用能系统设备台账。包括：技术资料，燃料及用汽统计报表等。

本标准中的电站锅炉效率测试按GB 10184《电站锅炉性能试验规程》，工业锅炉效率测试按GB/T 10180《工业锅炉热工性能试验规程》中的规定执行。

鼓励采用第三方检测单位的技术性测试报告。

节能量应按有关规定的能源折标准煤系数，折算为标准煤。

5 计算方法

锅炉系统节能量计算应包括锅炉设备、管道阀门及余热回收装置等。

5.1 节能量计算原则

锅炉系统效率计算应符合GB/T 2588 《设备热效率计算通则》。

5.2 计算方法

5.2.1 锅炉设备节能量计算

锅炉设备节能量按式(1)计算：

$$Q_s = Q_n \xi k \tag{1}$$

式中：

Q_s——统计期锅炉设备节能量，单位为吨标准煤(tce)；

Q_n——统计期燃料耗量，单位为吨或立方米(煤、油单位为吨，气单位为立方米)；

ξ——燃料节约率，按式(2)或式(3)计算；

k——能源折标准煤系数。

5.2.1.1 按锅炉效率计算燃料节约率

本节计算公式适用于对锅炉进行热工效率测试，采用热工测试数据进行计算：

$$\xi = \frac{\eta_2 - \eta_1}{\eta_2} \times 100\% \tag{2}$$

式中：

η_1——基期锅炉效率；

η_2——统计报告期锅炉效率。

5.2.1.2 按煤（油、气）汽比计算燃料节约率

本节计算公式适用于采用燃料及供蒸汽量（热量）的统计数据进行计算

$$\xi = \frac{k_1 - k_2}{k_1} \times 100\% \tag{3}$$

式中：

k_1——基期锅炉煤（油、气）和供蒸汽比，单位为千克每千克（kg/kg）或煤（油、气）和供热量比，单位为千克每兆瓦（kg/MW）；

k_2——统计报告期锅炉煤（油、气）和供蒸汽比，单位为千克每千克（kg/kg）或煤（油、气）和供热量比，单位为千克每兆瓦（kg/MW）。

5.2.2 锅炉系统节能量计算

5.2.2.1 按锅炉系统能量的回收量计算

$$Q_X = Q_h - Q_z \tag{4}$$

式中：

Q_X——统计期锅炉系统节约能量，单位为吨标准煤（tce）；

Q_h——统计期锅炉系统回收能量，单位为吨标准煤（tce）；

Q_z——统计期锅炉系统新增能量，单位为吨标准煤（tce）。

5.2.2.2 按锅炉系统单位时间内耗能量的减少计算

$$Q_X = (q_1 - q_2) \times T \tag{5}$$

式中：

q_1——基期锅炉系统单位时间内消耗能量，单位为吨标准煤每小时（tce/h）；

q_2——统计报告期锅炉系统单位时间内消耗能量，单位为吨标准煤每小时（tce/h）；

T——统计期锅炉系统用汽时间，单位为小时（h）。

5.2.2.3 按生产单位产品消耗能量的减少计算

$$Q_X = (q_3 - q_4) \times M \tag{6}$$

式中：

q_3——基期锅炉系统生产单位合格产品消耗能量，单位为吨标准煤每个（tce/个）；

q_4——统计报告期锅炉系统生产单位合格产品消耗能量，单位为吨标准煤每个（tce/个）；

M——统计期生产合格产品数量，单位为个（或为产品计量单位的其他表达方式）。

节能技术改造及合同能源管理项目
节能量审核与计算方法（电机系统（风机）

前　言

DB31/TXXX《节能技术改造及合同能源管理项目节能量审核与计算方法》已经或计划发布以下部分总则：

——第1部分：总则

——第2部分：空气压缩机系统

——第3部分：电机系统（水泵）

——第4部分：锅炉系统

——第5部分：电梯系统

——第6部分：炉窑系统

——第7部分：冷却塔系统

——第8部分：电磁感应加热系统

——第9部分：制冷系统

——第10部分：照明系统

——第11部分：电机系统（风机）

——第12部分：配电变压器

本部分为DB31/TXXX的第11部分。

本标准由上海市发展改革委员会、上海市经济和信息化委员会共同提出。

本标准由上海市能源标准化技术委员会归口。

本标准负责起草单位：上海市能效中心、上海市能源标准化技术委员会。

本标准参加起草单位：上海节能技术服务有限公司、上海电机系统节能工程技术研究中心有限公司、美国自然资源保护委员会、上海理工大学、上海市质量监督检验技术研究院、同济大学。

本标准主要起草人：秦宏波、谢仲华、薛恒荣、刘洋、李玉琦、游梦娜、张泠、强雄、汪国兴、向勇涛、刘东、赵军、印慧、沈黎芸。

本标准为首次制定。

节能技术改造及合同能源管理项目
节能量审核与计算方法电机系统(风机)

1 范围

本标准规定了电机系统(风机)节能技术改造及合同能源管理项目节能量审核与计算方法。

本标准适用于上海市所辖企、事业单位、机关、公共场所,其他单位可参照执行。

2 规范性引用文件

下列文件对于本文件的应用是必不可少的。凡是注日期的引用文件,仅所注日期的版本适用于本文件。凡是不注日期的引用文件,其最新版本(包括所有的修改单)适用于本文件。

GB/T 3485 评价企业合理用电技术导则

GB/T 8222 用电设备电能平衡通则

GB/T 12497 三相异步电动机经济运行

GB/T 13234 企业节能量计算方法

GB/T 13466 交流电气传动风机(泵类、空气压缩机)系统经济运行通则

GB/T 15913 风机机组与管网节能监测方法

GB 17167 用能单位能源计量器具配备和管理通则

DB31/TXXX《节能技术改造及合同能源管理项目节能量审核与计算方法 第1部分:总则》

3 术语和定义

下列术语和定义及GB/T13234和GB/T13466所界定的术语和定义适用于本标准。

3.1 风机系统 fans system

由风机、电动机、控制装置、传动机构、通风管网及需求设备按流程要求组成的总体。

3.2 基期 baseline period

用以比较和确定项目节能量的,节能措施实施前的时间段。

3.3 统计报告期 reporting period

用以比较和确定项目节能量的,节能措施实施后的时间段。

3.4 统计期 statistical period

计算节能量时确定的时间范围，统计期无特殊约定为一个连续的日历年。

3.5 节能率 energy saving rate

统计报告期比基期的单位能耗降低率，用百分数表示。

3.6 物料输送类 materiel transportation

用来输送物料类的风机系统。

3.7 非物料输送类 immateriality transportation

用于非输送物料类的风机系统，如通风、空调等风机系统。

4 节能量审核

节能量审核应符合 DB31/TXXX《节能技术改造及合同能源管理项目节能量审核与计算方法 第1部分：总则》的规定。

审核时应根据项目要求，确定风机系统边界，在边界范围内对风机系统的节能量进行考核计算和评价。

确定基期及统计报告期，设定项目基期和统计报告期时，均应覆盖项目的典型工况。

审核时应考核风机系统的运行和计量仪表配备是否符合 GB17167 和 GB/T3485 的有关规定。

审核时必须有完整、真实的资料。即：风机系统设备台账及技术资料（风机系统平面布置图及管网布置图），计量器具配置图，用电量统计报表等。

推荐采用风机系统在线测量装置进行用电量及流量、压力等相关量的测量。在线测量装置应完好准确，满足测量要求。

当风机系统未安装在线测量装置或在线测量装置无法满足测量要求，可采用移动检测设备检测。

采用移动检测设备检测风机系统电动机输入平均功率，测试方法按 GB/T12497 中的规定执行。

采用移动检测设备检测风机系统平均流量测试方法按 GB/T 15913 中的规定执行。

节能量应按有关规定的能源折标准煤系数，折算为标准煤。

5 计算方法

根据风机系统节能技术改造特征，选择合适的计算方法计算风机系统节能量。

5.1 输送物料类风机系统节能量计算

5.1.1 输送物料类风机系统恒定负荷节能量计算

本计算适用于但不仅限于以下情况：

——采用高效电机更换现有电动机；

——采用高效风机更换现有风机；

——管网改造；

——选用在高效区工作的风机。(包括更换风机,更换叶轮)

5.1.1.1 基期风机系统输送单位物料电耗按式(1)计算

$$W_1 = \frac{P_1}{F_1} \tag{1}$$

式中：

W_1——基期风机系统输送单位物料电耗,单位为千瓦时每标准立方米(kWh/Nm³)或千瓦时每吨(kWh/t)；

P_1——基期风机系统电动机输入平均功率,单位为千瓦(kW)；

F_1——基期风机系统平均物料输送量,单位为标准立方米每小时(Nm³/h)或吨每小时(t/h)。

5.1.1.2 统计报告期风机系统输送单位物料电耗按式(2)计算

$$W_2 = \frac{P_2}{F_2} \tag{2}$$

式中：

W_2——统计报告期风机系统输送单位物料电耗,单位为千瓦时每标准立方米(kWh/Nm³)或千瓦时每吨(kWh/t)；

P_2——统计报告期风机系统电动机输入平均功率,单位为千瓦(kW)；

F_2——统计报告期风机系统平均物料输送量,单位为标准立方米每小时(Nm³/h)或吨每小时(t/h)。

5.1.1.3 改造后风机系统节能率按式(3)计算

$$\xi_1 = \frac{W_1 - W_2}{W_1} \times 100\% \tag{3}$$

式中：

ξ_1——节能技改后风机系统节能率。

5.1.1.4 统计期风机系统节能量按式(4)计算

$$Q_1 = P_{\times} \xi_1 \times T \times k \tag{4}$$

式中：

Q_1——统计期风机系统节能量，单位为吨标准煤(tce)；

T——统计期内，风机系统运行时间，单位为小时(h)；

k——能源折标准煤系数。

5.1.2　输送物料类风机系统变化负荷节能量计算

本计算适用于但不仅限于以下情况：

——采用风机无级调速定压控制节能技术。

5.1.2.1　改造后风机系统节能率按式(5)计算

$$\xi_2 = \frac{P_1 - P_2}{P_1} \times 100\% \tag{5}$$

式中：

ξ_2——节能技改后风机系统节能率。

注1：由于负荷变化，需要在具有典型性工况时段内测量平均功率。

5.1.2.2　改造后风机系统节能量按式(6)计算

$$Q_2 = P_1 \times \xi_2 \times T \times k \tag{6}$$

式中：

Q_2——统计期风机系统节能量，单位为吨标准煤(tce)。

5.2　非输送物料类风机系统节能量计算

5.2.1　非输送物料类风机系统恒定工况节能量计算

本计算适用于但不仅限于以下情况：

——风机工作在低效区，选用工作在高效区的风机，风量不变，效率提高；

——改造系统，减少节流损失，管道损失，旁通损失，在此基础上配备工作在高效区的风机；

——系统风量过大，减少风量至系统实际需求量，并配备合适参数的风机。

5.1.2.1　改造后风机系统节能率按式(7)计算

$$\xi_3 = \frac{P_1 - P_2}{P_1} \times 100\% \tag{7}$$

式中：

ξ_3——节能技改后风机系统节能率。

5.1.2.2　改造后风机系统节能量按式(8)计算

$$Q_3 = P_1 \times \xi_3 \times T \times k \tag{8}$$

式中：

Q_3——统计期风机系统节能量，单位为吨标准煤(tec)。

5.2.2　非输送物料类风机系统变化工况节能量计算

本节测量计算方法适用但不仅限于以下情况：

——节能技改前工况恒定，节能技改后采用电动调节风门控制，无级调速技术控制；

（上述情况节能技改前工况相同，P_{11}，$P_{12}\cdots P_{1n}$数据相同，测量1个数据即可）

——节能技改前采用电动调节风门控制，节能技改后采用无级调速技术控制。

非输送物料类风机系统变化工况节能量按式(9)计算

$$Q_4=(P_{11}-P_{21})\times T_1\times k+(P_{12}-P_{22})\times T_2\times k+\cdots+(P_{1n}-P_{2n})\times T_n\times k \tag{9}$$

式中：

Q_4——统计期风机系统节能量，单位为吨标准煤(tce)；

P_{11}，$P_{12}\cdots P_{1n}$——基期各典型工况系统内电动机输入平均功率；

P_{21}，$P_{22}\cdots P_{2n}$——统计报告期各典型工况系统内电动机输入平均功率；

T_1，$T_2\cdots T_n$——统计期各典型工况全年运行时间。